Horst Füller
Die Schönheit der Tiere

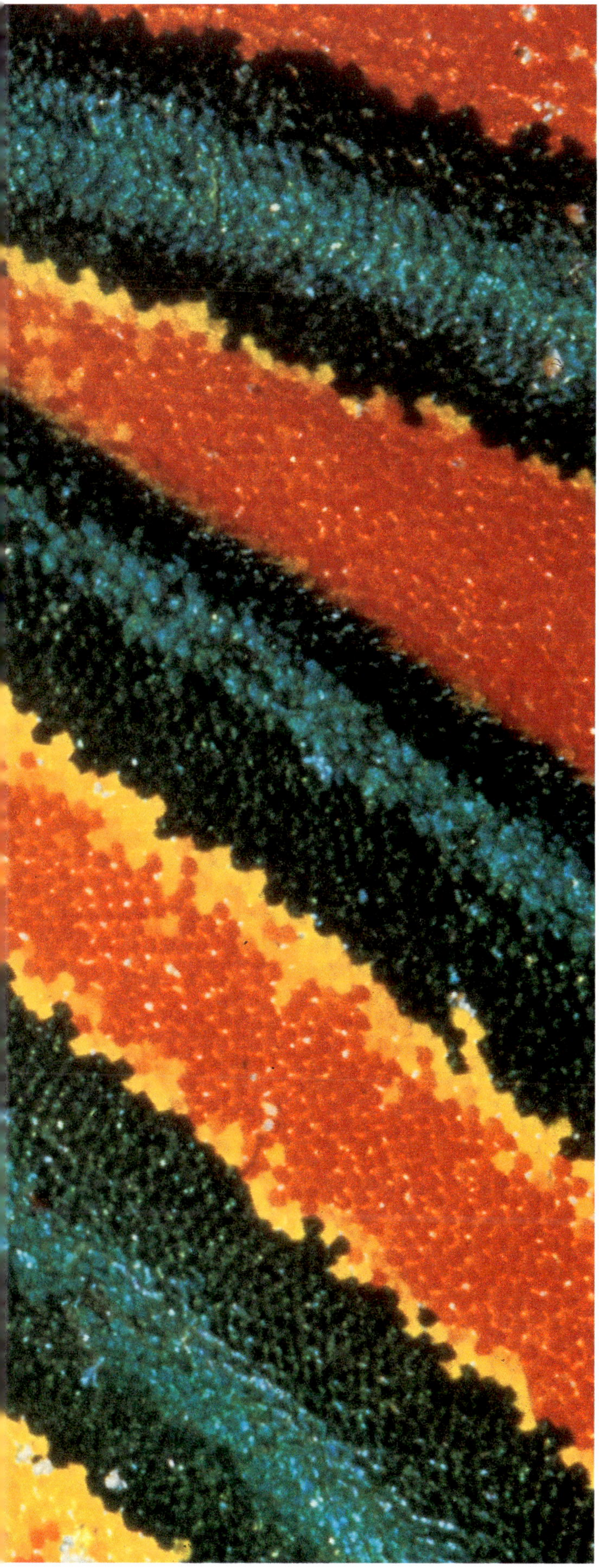

Horst Füller

Die Schönheit der Tiere

Studien über die tierische Erscheinung

Urania Verlag
Leipzig/Jena/Berlin

Frontispiz:
Makroaufnahme eines Schmetterlingflügels

Die Deutsche Bibliothek – CIP-Einheitsaufnahme

Füller, Horst:
Die Schönheit der Tiere : Studien über
die tierische Erscheinung / Horst Füller.
[Zeichn.: Lutz E. Müller]. – 1. Aufl. – Leipzig ;
Jena ; Berlin : Uranias-Verl., 1995

ISBN 3-332-00553-7

1. Auflage 1995

Urania-Verlag Leipzig · Jena · Berlin 1995
Lektor: Annette Bromma
Zeichnungen: Lutz E. Müller
Umschlag und Gestaltung: Dietmar Kunz
Satz und Repoduktion:
Satz Repro Grafik GmbH, Leipzig
Druck und buchbinderische Verarbeitung:
Druck- und Verlagshaus Erfurt GmbH
Printed in Germany

Inhalt

Die Freude am Tier

Auf vielen Wegen fand der Mensch in den Jahrhunderttausenden seiner Geschichte zum Tier. Für den Eiszeitmenschen mit der grandiosen Tierwelt seines Lebensraums, die ihm Lebensunterhalt bot und zugleich Gefahren brachte, waren es gewiß andere als für einen Großstadtbewohner unseres 20. Jahrhunderts, der in einer technisierten Umwelt durch die Haustierhaltung oder den Besuch eines zoologischen Gartens den Kontakt zur Natur sucht.

Es ließe sich an zahllosen Beispielen belegen, daß bei tiefergehender Beschäftigung mit dem Tier – unabhängig von den dazu führenden Motiven – der mit offenen Sinnen begabte Mensch von der Gestalt der Tiere, der Vielfalt ihrer Formen und Farben, der Grazie oder Kraft ihrer Bewegung fasziniert wurde. Die altsteinzeitlichen Höhlenmalereien von Altamira oder Lascaux, der berühmte assyrische Löwenjagdfries aus Ninive, Albrecht Dürers Bild eines jungen Hasen oder Maria Sibylla Merians Insektenbilder belegen ebenso wie die künstlerischen Tierfotos der zahllosen Bildbände unserer Zeit, daß die Künstler nicht nur Bau und Eigenarten der dargestellten Tiere auf das genaueste kannten, sondern von der Schönheit der tierischen Erscheinung gefesselt waren.

Für viele Menschen, die Freude an der Schönheit der Tiere empfinden, ist dies der letzte Zweck ihrer Beschäftigung mit ihnen. Der Weg vom bunte Falter oder glänzende Käfer sammelnden Schüler, dem farbenprächtige Zierfische pflegenden Aquarianer oder dem von der Mannigfaltigkeit unserer Vogelwelt beeindruckten Liebhaberornithologen zum Forscher, der mit wissenschaftlicher Akribie den Geheimnissen des Tierlebens nachspürt, ist jedoch nicht weit. Die Biographien vieler bedeutender Zoologen belegen, daß sie ihn gegangen sind.

Wie sehr muß ein Wissenschaftler von der Schönheit seines Gegenstandes beeindruckt sein, wenn er diesem Empfinden mit überschwenglichen Worten selbst in einer nüchternen wissenschaftlichen Monographie Ausdruck gibt. So schrieb Ernst Haeckel im Vorwort zu seinem »System der Medusen«: »Niemals werde ich das Entzücken vergessen, mit welchem ich die erste Tiara und Irene, die erste Chrysaora und Cyanea beobachtete und die prächtigen Formen und Farben mit dem Pinsel wiederzugeben versuchte.«

Fünf Jahrzehnte vor dem Aufkommen des Sporttauchens, das der Allgemeinheit die Faszination der Unterwasserwelt erschloß, schrieb der amerikanische Zoologe Brooks: »Keine Beschreibung ist fähig, eine Vorstellung von der Schönheit und Pracht der Korallenriffe zu geben. Wundervolle Fische, schwarz, goldgelb und kobaltblau, schweben zwischen gelben und lilafarbigen Gorgonien.«

Carl Chun, der gegen Ende des 19. Jahrhunderts als Leiter der ersten deutschen Tiefseeexpedition »Valdivia« bekannt wurde, brachte in der Einleitung seines umfangreichen Werkes über die Rippenquallen des Golfes von Neapel mit beredten Worten zum Ausdruck, welchen Anteil die Freude an der Schönheit dieser Tiere am Erfolg ihrer wissenschaftlichen Erforschung hatte: »Wird nicht die Freude, die Natur in ihrem Schaffen zu ergründen, verdoppelt, wenn das Objekt der Untersuchung so freigebig den Zauber zur Schau trägt, womit es fast überreichlich ausgestattet ist. So haben denn die Rippenquallen seit ihrer Entdeckung sich in hervorragendem Maße der am Meeresstrand weilenden Forscher zu erfreuen gehabt und keiner hat es versäumt, mit beredten Worten diese zartesten Meisterwerke der Natur zu preisen, ehe er den Ton nüchterner Darstellungsweise anschlug.«

Man könnte auch für viele andere Tiergruppen durch Zitate aus der Fachliteratur belegen, welche Bedeutung die Freude am Tier und dessen Wirkung auf unser Gemüt für dessen wissenschaftliche Erforschung hat. Kann man die vom Fachzoologen wie von den meisten Menschen empfundene Freude an der Vogelwelt mit wärmeren Worten ausdrücken, als es Rudolf Berndt und Wilhelm Meise im Vorwort zu ihrer dreibändigen »Naturgeschichte der Vögel« taten?

»Keine andere Gruppe des Tierreiches erfreut sich so allgemeiner Beliebtheit wie die Klasse der Vögel. Diese verdanken die besondere Wertschätzung ihren meist bunten oder auffälligen Farben, ihren fast immer ästhetisch wirkenden Körperformen und ihren überwiegend melodischen Rufen und Gesängen, deren höchststehende das musikalisch Vollendetste in der Natur darstellen. Auch die Fähigkeit, aus eigener Kraft zu fliegen, ist nirgends sonst im Tierreich zu solcher Vollkommenheit gelangt, so daß der Mensch gerade im Vogelflug schon immer einen seiner schönsten Träume verwirklicht sah. Und während das Fliegen dem Vogel seine weiten, rätselvollen Wanderungen über Länder und Erdteile ermöglicht, begleitet ihn dabei wieder unsere eigene Sehnsucht nach fernen Ländern und mischt sich mit dem Geheimnis des Vogelzuges. Reizvoll und anziehend sind aber auch die Bilder, die das Brutgeschäft der Vögel bietet, und es gibt kaum etwas in der ganzen Natur, was das Herz des Menschen so rührt wie das Familienleben der Vögel.«

Obwohl für viele Zoologen die Freude an der Schönheit der Tiere erster Anlaß zu tiefergehender Beschäftigung mit der Tierwelt war, so hat doch kaum einer diese selbst zum Gegenstand seiner Untersuchungen gemacht.

Der große Jenaer Zoologe Ernst Haeckel wollte mit seinem berühmt gewordenen Tafelwerk »Kunstformen der Natur« durch unmittelbare Anschauung begeistern und dem Künstler Anregungen vermitteln. Ein wissenschaftliches Anliegen verfolgte er damit nicht.

Karl Möbius, der Mitbegründer der Ökologie und langjährige Direktor des Berliner Museums für Naturkunde, beschäftigte sich im letzten Jahrzehnt seines Lebens in mehreren Aufsätzen mit den ästhetischen Eigenschaften der Tiere. Er brachte wenige Monate vor seinem Tode im Jahre 1908 die zusammenfassende Darstellung einer »Ästhetik der Tierwelt« heraus, die in ihrer Art einmalig blieb. Sein Bemühen war darauf gerichtet, die Gesetze aufzudecken, nach denen wir entscheiden, ob uns Tiere gefallen oder nicht gefallen.

Während Möbius von der subjektiven Seite unserer ästhetischen Empfindungen ausgehend die Vielfalt der Tiergruppen und Bauplantypen einer analytischen näheren Betrachtung unterzog, verfolgte der Baseler Zoologe Adolf Portmann ein halbes Jahrhundert später einen anderen Weg. Er suchte in einer vergleichend-biologischen Betrachtung der Tiergestalten nach der Bedeutung der tierischen Erscheinung. In seinem Bemühen um die Ganzheit der Tiergestalt verstand er es, auf Wesenszüge ihres Gestaltungsreichtums aufmerksam zu machen, die der rein analytischen Betrachtung des Morphologen in der Regel verschlossen blieben. Bei der Lektüre seines Buches über »Die Tiergestalt«, die selbst zu einem ästhetischen Genuß wird, ahnt man, daß Portmann ähnlich Haeckel in seiner Jugend schwankte, ob er Wissenschaftler oder Künstler werden sollte.

Während Adolf Portmann sich von biologischer Seite um eine Erfassung von Wesen und Bedeutung der Tiergestalt mühte, ist Gottfried Bammes mit seinem 1975 erschienenen Lehrbuch der Künstleranatomie »Die Gestalt des Tieres« bestrebt, die Kenntnis der Wesenszüge und Eigenarten tierischer Gestalten in den Dienst der künstlerischen Aussage zu stellen. Er weist nachdrücklich darauf hin, daß »unser Naturverstehen nicht allein von der Wissenschaft mit ihrer dominant analytischen Methode, sondern ebenso von künstlerisch-synthetischem, ganzheitlichem Erleben bestimmt wird«. In den einleitenden Kapiteln seines Werkes zeigt er eindrucksvoll, welchen Anteil beide am Erlebnis der Schönheit des Tieres haben.

Wenn wir die Farbenpracht und den Formenreichtum des Paradiesvogelgefieders, das Filigrangewebe eines Glasschwammskeletts oder den Sprung eines Panthers als schön empfinden, so verlassen wir den Boden rationaler Erfassung der tierischen Gestaltung und Bewegung. Wir erleben das Tier in der Ganzheit seiner Erscheinung und geben uns dem ästhetischen Empfinden hin. Indem wir ein Tier als »schön« bezeichnen, bekunden wir als Subjekt gegenüber dem Objekt Tier ein Werturteil und erschließen uns ein neues Verhältnis zu ihm.

Für das ästhetische Erleben des Tieres müssen wir unsere ganze emotionale Bereitschaft aufbringen, die zum mitschwingenden Gefühl beim Innewerden der tierischen Erscheinung führt. Wir identifizieren uns letztlich mit ihm und projizieren unsere Empfindungen, Vorstellungen und Wünsche in das Tier. Die oben zitierten Sätze von Berndt und Meise über unser Verhältnis zur Vogelwelt sind ein beredtes Beispiel hierfür.

Das ästhetische Erlebnis informiert uns sowohl über bestimmte Eigenschaften des Objektes wie über den Eindruck, den sie in uns hervorrufen. Ob der Betrachter ein Tier als »schön« oder »unschön« empfindet, wird jedoch in nicht geringem Maße auch von Besonderheiten seiner Persönlichkeit bestimmt, auf die solche Faktoren wie Sensibilität, Temperament, Interessenrichtung, Vorbildung und Lebenserfahrung einwirken.

Zu welchen Erkenntnissen die moderne Biologie bisher über die diesen Prozessen zugrunde liegenden neurobiologischen, psychologischen und verhaltensbiologischen Gesetzmäßigkeiten gekommen ist, wird in dem von Retschler, Herzberger und Epstein herausgegebenen Werk über »Beauty and the Brain« sowie von Berlyne in seinem Buch »Aesthetics and Psychobiology« dargestellt.

Es kann nicht Anliegen dieses Buches sein, die subjektive Seite unseres ästhetischen Verhaltens zum Tier näher zu analysieren. Das ist Aufgabe der Ästhetik, Psychologie,

Mit der Entdeckung der faszinierenden Unterwasserwelt der Korallenriffe erschloß sich dem Menschen eine neue Dimension tierischer Schönheit.

Neurobiologie und Kunstwissenschaft. Uns geht es vielmehr um das Objekt des ästhetischen Erlebnisses.

Von den vielfältigen Aspekten der Schönheit des Tieres steht in diesem Buche der zoologische im Vordergrund. Bei näherer Beschäftigung mit den Eigenschaften der tierischen Erscheinung und den ihnen zugrunde liegenden biologischen Gesetzmäßigkeiten sehen wir bald, daß sich hier eine endlose Reihe von Fragen und ein unerschöpfliches Feld wissenschaftlicher Betätigung auftut. Die nähere Beschäftigung mit den auf diesem Gebiet vorliegenden Problemen und Erkenntnissen wird unsere Bereitschaft zum ästhetischen Erlebnis des Tieres stärken und unsere Freude an der Vielfalt und Schönheit der tierischen Erscheinung vertiefen.

Betrachtungen zur Schönheit des Pfaus

Der Pfau in der Kulturgeschichte

Die sprichwörtlich gewordene Schönheit des Pfaus hat seit Jahrtausenden die Menschen so beeindruckt, daß er bei vielen Völkern Eingang in Brauchtum, Literatur und Kunst gefunden hat. Ernst Thomas Reimbold hat dies in eindrucksvoller Weise in seinem Buch über den Pfau geschildert.

Der in Indien und auf Ceylon beheimatete Vogel gilt noch heute in manchen Gegenden seiner Heimat als heilig. Er wurde schon im Altertum in Indien und China gehalten, war den Pharaonen bekannt und soll auf den Schiffen des Königs Salomo mit Gold, Silber und Elfenbein aus dem sagenhaften Goldland Ophir geholt worden sein. Der Pfau gelangte über Vorderasien nach Griechenland, wo er als Naturwunder und heiliges Tier galt. Da man im Augenglanz des aufgeschlagenen Pfauenrades das Symbol des Sternenhimmels sah, wurde er in der griechischen Mythologie zum Vogel der Himmelskönigin Hera. Der Sage nach soll Hera die hundert Augen des Wächters Argos nach dessen Tötung auf die Schwanzfedern des Pfaus gesetzt haben.

Alexander der Große bewunderte in Indien die Pracht der Pfauen und brachte gezähmte Tiere mit nach Europa. Der große römische Gelehrte Marcus Terentius Varro berichtete in seinem Buch über die Landwirtschaft, daß bereits zu Ciceros Zeiten von den Römern ganze Herden von Pfauen gehalten wurden. Er schrieb, daß »unter allen Vögeln dem Pfau der Preis der Schönheit gebührt«. Von Plinius d. Ä. sind ähnliche Äußerungen bekannt. In seiner »Naturgeschichte« lesen wir: »Unter den großen Vögeln . . . steht der Pfau durch Schönheit und auch dadurch obenan, daß er seinen eigenen Wert zu schätzen weiß. Lobt man ihn, so breitet er sein glänzendes Farbenspiel aus, vorzüglich gegen die Sonne, weil sich so der prachtvolle Schimmer desto schöner zeigt. Indem er ein Rad schlägt, wölbt er seine Farben so, daß auch dunklere Schattierungen mit einfallen, und er zieht diejenigen Augen seiner Federn, welche er für die sehenswertesten hält, in einen Haufen zusammen.«

Der Pfau fand als Sinnbild der Schönheit vielfältigen Eingang in die Kunst. Er wurde in der Antike auf Münzen wie in Plastiken und Statuetten abgebildet. Von frühchristlicher Kunst wurde der Pfau als Symbol der himmlischen Herrlichkeit und Unsterblichkeit aufgefaßt und vielfältig dargestellt. Wir finden den Pfau auf den aus dem 5. und 7. Jahrhundert stammenden weltberühmten Fresken der indischen Höhlentempel von Ajanta ebenso wie ein Jahrhundert später auf indischen Miniaturen der Mogulmalerei. Dem Thron des Großmoguls diente er als hervorragendes Schmuckstück. Es heißt: »Unter dem Thronhimmel standen Pfauen mit aufgehobenen Schweifen von Saphiren und Edelsteinen, den Leib mit Gold und Perlen garniert, mit einem großen Rubin und einer 50karätigen Perle auf der Brust.«

In der europäischen Kunst finden wir seit der Renaissance immer wieder Darstellungen des Pfaus, denen in den verschiedenen Stilrichtungen unterschiedliche Bedeutungen zukamen. Er diente als Symbol des Göttlichen und der Auferstehung, war in der Vier-Elemente-Lehre Verkörperung des Elements Luft und wurde immer wieder als Sinnbild der Schönheit, aber auch der Eitelkeit, des Stolzes und des Hochmuts dargestellt. Eine besondere Stellung nahm er in der Malerei des Peter Paul Rubens ein, der wie die Renaissancekünstler mit seinen Pfaudarstellungen anknüpft und ihn schließlich in seinem »Liebesgarten« zu einem Symbol der sinnenfreudigen Erfahrung des Schönen dieser Welt macht. Das Rokoko erhob den Pfau mit seiner dekorativen Schönheit und seinem theatralischen Gehabe zum Lieblingstier der Zeit.

Lieblingstier war der Pfau auch in der Traumwelt des extravaganten Königs Ludwig II. von Bayern. Während sein Schloß Neuschwanstein von der Symbolik des Schwans, seines zweiten Lieblingstiers, bestimmt war, werden die Schlösser Herrenchiemsee und Linderhof durch herrliche Kunstwerke des Pfaus bereichert. Für Schloß Linderhof ließ Ludwig nach dem indischen Vorbild einen mit verschwenderischer Pracht ausgestatteten Pfauenthron gestalten. Er diente ihm wie die übrigen großartigen Pfauendarstellungen als Ausdruck majestätischer Prachtentfaltung und königlichen Glanzes.

Einen letzten Höhepunkt erreichten die Pfauendarstellungen am Ausgang des 19. Jahrhunderts in der Kunst des Symbolismus und des Jugendstils. Ihnen diente der Pfau »als dekoratives Element in einer Welt der Eleganz und des verfeinerten Luxus, der Träume, aber auch des morbiden Symbolismus« (Reimbold).

Es wäre verwunderlich, wenn die Schönheit dieses Vogels ihn nicht zu einem begehrten Objekt der Mode gemacht hätte. So dienten im Mittelalter Pfauenfedern als beliebter Schmuck für Ritter und Frauen. Es wird be-

Der von der Schönheit des Pfaus inspirierte, mit verschwenderischer Pracht ausgestattete Pfauenthron König Ludwigs II. von Bayern diente ihm als Ausdruck majestätischer Prachtentfaltung und königlichen Glanzes.

richtet, daß in der Provence die Meistertroubadoure mit Kränzen aus Pfauenfedern gekrönt wurden. Vom 13. bis ins 16. Jahrhundert hinein war der dicht mit Pfauenfedern besetzte »Pfauenhut« eine beliebte Kopfbedeckung, die allerdings aufgrund der Kostbarkeit ihres Materials Personen hohen Standes vorbehalten war. Bis in das 16. Jahrhundert erhielt sich übrigens auch die bereits von den Römern geübte Sitte, Pfauen im Schmuck ihrer Federn auf die Festtafel zu bringen.

Die Gestalt des Pfauhahns

Ein Tier, das über Jahrtausende als Inbegriff des Schönen galt, verdient unsere besondere Aufmerksamkeit. Wer könnte sich auch dem Eindruck der Schönheit des Pfaus entziehen, wenn er die im Zoo oder einem Park umherlaufenden Vögel beobachtet, der Pfauhahn plötzlich seine herrliche Schleppe fächerförmig zum Rad aufschlägt und mit der Pracht des vor Erregung zitternden Schauorgans vor den Hennen paradiert. Der optische Eindruck wird dabei noch durch eine Art Instrumentalmusik unterstrichen, indem er mit den Federn des Rades durch Aneinanderschlagen der Federkiele ein rasselndes Geräusch hervorbringt. Und dennoch versichern Kenner des wildlebenden Pfaus, daß niemand eine Vorstellung von der wahren Schönheit des Tieres bekommen kann, der es nicht in der Wildnis seiner Heimat beobachtet hat.

Überlegen wir, welchen Eigenschaften ein Pfauhahn seine prächtige Erscheinung verdankt, so werden wir auf mancherlei Besonderheiten des Tieres aufmerksam. Wie bei allen Vögeln wird auch bei ihm die Gestalt und das Aussehen vor allem durch das Gefieder bestimmt. Es sind nicht so sehr die Proportionen der Körperteile, sondern vor allem die der verschiedenen Bereiche des Gefieders, von denen die Gestalt des balzenden Pfauhahns bestimmt wird.

Hervorragendstes Merkmal des männlichen Pfaus ist die wunderbare Federschleppe, die bei der Balz zum Rad aufgeschlagen wird. Es handelt sich dabei bemerkenswerterweise nicht um den Schwanz des Tieres, sondern um die extrem verlängerten Oberschwanzdeckfedern. Diese erreichen eine Länge von 1,3 m, während die Schwanzlänge nur 60 cm beträgt. In der Rückenansicht des balzenden Pfauhahns kann man diese eigenartigen Größenverhältnisse sehr schön erkennen. Ungewöhnliche Proportionen zeigen auch die 20 bis 24 Federn, die den Kopf mit der charakteristischen Pfauenkrone zieren und nur an der Spitze Federbärte tragen.

Das Wunder der Pfauenfeder

Wohl am meisten fesselt den Betrachter die wunderbare Färbung des Tieres. Glanz und Farbenpracht eines im Sonnenlicht balzenden Pfauhahns übersteigen das Ausdrucksvermögen unserer Sprache. Wir können nur mit nüchternen Worten feststellen, daß Kopf, Hals und Vorderbrust purpurblau mit grünlich-goldenem Schimmer, der Rücken grün bis kupferfarbig und die Unterseite schwarz gefärbt ist, während die Schwung- und Schwanzfedern eine nußbraune Färbung aufweisen.

Die über hundert Oberschwanzdeckfedern, von denen die Schleppe gebildet wird, sind grün bis rötlich gefärbt

Die Pracht des balzenden Pfauhahns gilt seit dem Altertum als Inbegriff tierischer Schönheit.

und durch prächtige, große Augenflecke geziert, in denen ein tiefblaues Zentrum von türkisfarbigen und kupferbraunen Feldern umgeben ist, die wieder von schmalen grüngoldenen, violetten und dunkelgrünen Randstreifen umgrenzt werden.

Es war kein geringerer als Charles Darwin, der den Augenfleck der Pfauenfeder als »sicher eines der schönsten Objekte der Welt« bezeichnete. Der überwältigende Eindruck, den nicht nur die »Pfauenaugen«, sondern das gesamte Gefieder des Vogels dem Betrachter vermittelt, ist weniger auf dessen reine Farbigkeit zurückzuführen, die ja von vielen anderen Vögeln bei weitem übertroffen wird. Faszinierend wirkt vor allem der prächtige Glanz und das wunderbare Farbenspiel, in dem das Pfauengefieder in Abhängigkeit von Lichteinfall und Betrachtungsrichtung erstrahlt.

Es ist verständlich, daß die Frage nach den Ursachen dieser herrlichen Färbung seit langem viele Beobachter beschäftigt hat. Wir wissen heute, daß es sich dabei um Schillerfarben handelt, die nach rein physikalischen Prinzipien durch Interferenzerscheinungen an feinsten Raumgitterstrukturen der Pfauenfeder erzeugt werden. Die entsprechenden Verhältnisse konnten vor einigen Jahren durch elektronenmikroskopische Untersuchungen aufgeklärt werden. Man sollte jedoch nicht vergessen, daß bereits Newton in seinem 1704 erschienenen Werk »Treatise on Optics« die Pfauenfeder als typisches Beispiel für »Dünnblattfarben« angeführt hat.

So, wie neben der Größe auch die Form des aufgeschlagenen Pfauenrades an der Gestaltbildung des balzenden Hahns entscheidend mitwirkt, spielt auch bei der einzelnen Schleppenfeder neben der Größe und Farbe die Form eine wichtige Rolle. Dies gilt sowohl für die grobe Form der äußeren Federkontur als auch die feinere Formgebung der Federäste und Federstrahlen.

Die Fahnen der Schleppenfedern erscheinen fast in ihrer ganzen Länge aufgelöst, da die Federstrahlen der aufeinanderfolgenden Federäste nicht miteinander verhakt sind. Nur zum Schaftende der Feder hin wird im Bereich des Augenflecks eine zusammenhängende Fahnenfläche ausgebildet. Im größten Teil der Feder bilden die Federäste jedoch einen lockeren Besatz langer fransenartiger Anhänge des Federschaftes, die der Schleppe insgesamt ihren schleierartigen Charakter und die wunderbar grün oder kupferfarbig schillernde Färbung verleihen. Die längsten Oberschwanzdeckfedern erscheinen an ihren Spitzen wie abgeschnitten. Sie bilden Fahnenenden in Form auf der Spitze stehender Dreiecke, die in ihrer Gesamtheit das aufgeschlagene Pfauenrad wie ein gemusterter Ziersaum umgeben.

Symmetriebetrachtungen

Ein wichtiger Faktor unseres ästhetischen Empfindens sind die Symmetrieeigenschaften der von uns als schön bezeichneten Objekte. Betrachten wir unter diesem Gesichtspunkt die Erscheinung des balzenden Pfauhahns, so können wir charakteristische Symmetrieeigenschaften sowohl an der Gesamtgestalt des Tieres als auch an der einzelnen Schleppenfeder erkennen. Der Vogel zeigt – wie alle Wirbeltiere – eine bilaterale Symmetrie. Sein Körper wird also durch eine Symmetrieebene in zwei spiegelbildlich gleiche Hälften unterteilt. Das aufgefächerte Pfauenrad ist in diese Bilateralsymmetrie eingeordnet, die übrigens in der Rückansicht des balzenden Pfauhahns besonders deutlich in Erscheinung tritt.

Betrachten wir eine einzelne Schleppenfeder genauer, so können wir feststellen, daß auch ihr Augenfleck bilateral-symmetrisch aufgebaut ist. Das blaue Zentralfeld jedes Flecks weist in Richtung zum Federkiel hin eine Einbuchtung auf. Die dadurch festgelegte Symmetrieebene des Augenflecks fällt mit dem Federschaft zusammen.

Es war genau diese Einbuchtung des Augenflecks, die Darwin veranlaßte, über die stammesgeschichtliche Herkunft der Augenzeichnung des Pfauengefieders nachzudenken. Die von ihm gefundene Erklärung beschrieb er ausführlich in seinem Buch über »Die Abstammung des Menschen und die geschlechtliche Zuchtwahl«, in dem bemerkenswerterweise nahezu ein Viertel des Textes den sekundären Geschlechtsmerkmalen der Vögel gewidmet ist.

Darwin kam auf die Lösung des ihn lange beschäftigenden Problems durch Vergleich der Augenflecke des Pfauengefieders mit jenen der verwandten Spiegelpfauen der Gattung *Polyplectron*. Er fand, daß die verschiedenen Arten dieser Gattung sowohl in der Länge der Oberschwanzdeckfedern als auch in der Gestaltung ihrer Augenflecke sich stufenweise der Ausbildung dieser Merkmale beim Pfauhahn annähern. Die Federn der Spiegelpfauen besitzen zwei Augenflecke, die symmetrisch

Form, Farbe und Glanz der Pfauenfeder gaben Künstlern und Kunstgewerblern seit langem mannigfache Anregungen.

Die überwältigende Schönheit des Pfauengefieders beeindruckte auch Charles Darwin, der den Augenfleck der Pfauenfeder als »sicher eines der schönsten Objekte der Welt« bezeichnete.

zu beiden Seiten des Federschaftes angeordnet sind. Sie können sich bei manchen Arten unvollständig zu einem noch geteilten Augenfleck vereinigen. Nach Darwins Deutung ist somit die Einkerbung des Augenflecks der Pfauenfeder eine Erinnerung an die Herkunft aus zwei in der stammesgeschichtlichen Entwicklung verschmolzenen Augenflecken auf den Federn ihrer Vorfahren, wie wir sie heute noch bei Spiegelpfauen sehen.

Das Problem der Musterbildung

Die Gliederung der Augenflecke und deren Anordnung im Pfauenrad sind ein charakteristisches Beispiel tierischer Muster. Bei näherer Beschäftigung mit dem Erscheinungsbild der Tiere werden wir immer wieder feststellen, daß Musterbildungen ein wesentliches Element der Schönheit der Tiere darstellen. Wir können noch kaum erklären, wie diese Muster in der Individualentwicklung der Tiere gebildet werden.

In unserem Beispiel kann man bislang nur feststellen, daß ein männlicher Pfau erst im dritten Jahr seine charakteristische Färbung und Zeichnung erlangt, was übrigens bereits Aristoteles wußte. Dieselbe Federanlage einer Oberschwanzdeckfeder ist offenbar befähigt, bei den aufeinanderfolgenden Mausern des Jungvogels ganz unterschiedlich aussehende Federn zu bilden, die erst beim drei Jahre alten Pfau eine typische Schleppenfeder darstellen. Welchen Gesetzmäßigkeiten diese zeitlich unterschiedlich gesteuerte Aktivität der Erbanlagen folgt, wissen wir noch nicht.

Die Gestaltung der Geschlechter

Wir haben bisher nur die Pracht des Pfauhahns in den Mittelpunkt unserer Betrachtung gestellt, die schlichte Erscheinung der Pfauhenne, der sowohl die prächtige Färbung des Gefieders als auch jede Andeutung einer Schleppe fehlt, jedoch unbeachtet gelassen. Für Darwin war dieser extreme Unterschied der beiden Geschlechter gerade der Ansatzpunkt für tiefergehende Fragestellungen.

Wenn Darwin sich in dem erwähnten Buch besonders ausführlich mit dem Gefieder des Pfauhahns beschäftigte, so war es weniger die Schönheit des Tieres selbst, die ihn dazu veranlaßte, sondern die Frage nach ihrer Bedeutung. Für ihn war der Pfau zunächst ein besonders eindrucksvolles Beispiel von Geschlechtsdimorphismus. Die Ur-

Für den Zoologen bietet nicht nur die äußere Erscheinung der Tiere, sondern auch das Studium ihrer inneren Strukturen eine Quelle ästhetischen Genusses. So erinnert das filigrane Netzwerk des Kieselskeletts eines Gießkannenschwamms *(Euplectella aspergillum)* an das Kunstwerk eines Goldschmieds.

sache für die stammesgeschichtliche Entstehung der Geschlechtsunterschiede des Gefieders sah er im Wirken der geschlechtlichen Zuchtwahl.

Es hat in den vergangenen Jahrzehnten vor allem unter den Verhaltensforschern umfangreiche Diskussionen darüber gegeben, ob Darwins Prinzip der sexuellen Auslese in der Natur tatsächlich die von ihm vermutete Rolle spielt. Beim Beispiel unserer Pfauen würde das ja bedeuten, daß die Pfauhennen – wie es Darwin angenommen hatte – für die Schönheit der Pfauhähne empfänglich sind und im Laufe der Stammesgeschichte von ihnen jeweils die Hähne mit den längsten und prächtigsten Schleppen ausgewählt wurden.

Die Bedeutung des Prachtkleides

Man mag darüber streiten, ob die Vögel ein Schönheitsempfinden haben. Daß die Besonderheit und Pracht der Erscheinung des Pfauhahns für die Hennen bestimmt ist und von ihnen auch wahrgenommen wird, läßt sich nur durch genaue Verhaltensbeobachtungen und Experimente nachweisen. Ein Beobachter balzender Pfauen wird kaum daran zweifeln, daß die Hähne bemüht sind, den Hennen die Pracht ihres aufgeschlagenen Rades zu zeigen. Hiervon war auch ein so kompetenter Verhaltensforscher wie Oskar Heinroth überzeugt, dem wir eine genaue Beschreibung der Pfauenbalz verdanken. Interessant ist in diesem Zusammenhang die Beobachtung, daß ein Pfauhahn vor Bäumen sein Rad nicht wie sonst senkrecht, sondern im Winkel von etwa 45 Grad aufschlägt, so daß die auf den Bäumen sitzenden Hennen wiederum senkrecht auf die Fläche des prächtigen Schauorgans blicken.

Eine Stütze verhaltensbiologischer Befunde läßt sich schließlich durch sinnesphysiologische Untersuchungen erbringen, in denen geprüft wird, ob die Sinnesorgane der Tiere überhaupt befähigt sind, die Besonderheiten des präsentierten Sehobjekts in ihren Feinheiten wahrzunehmen. Wir werden später sehen, daß eine derartige Fragestellung bei der Beurteilung der Bedeutung von Gestalt und Erscheinung vieler Tiergruppen eine wichtige Rolle spielt. Für die Vögel wurde von den Sinnesphysiologen nachgewiesen, daß sie nicht nur über ein scharfes Sehvermögen verfügen, sondern entgegen früheren Behauptungen auch zum Farbensehen befähigt sind. Dies gilt in vollem Umfang sicherlich auch für den Pfau.

Aspekte der tierischen Erscheinung

Die Schönheit der Tiere hat viele Aspekte. Wir haben am Beispiel des Pfaus gesehen, daß für die Gesamtheit der tierischen Erscheinung solche Faktoren wie Form, Proportionen, Symmetrie, Zeichnung, Färbung und Glanz eine wesentliche Rolle spielen. Die Frage nach den Ursachen der jeweiligen Ausprägung dieser Eigenschaften wirft eine Vielzahl von Problemen aus den Gebieten der Strukturforschung, Entwicklungsgeschichte, Vererbungslehre, ja selbst der Chemie und Physik auf. Wenn wir andererseits nach der Bedeutung des visuellen Erscheinungsbildes eines Tieres suchen, so begeben wir uns auf die Gebiete der Verhaltensforschung und der Abstammungslehre.

Eine wichtige Frage ist in diesem Zusammenhang die, ob die spezifische Gestaltung der Erscheinung eines Tieres überhaupt von den Artgenossen wahrgenommen werden kann, ob sie möglicherweise für andere Tierarten Bedeutung hat oder nach unserem gegenwärtigen Wissen bedeutungslos ist. Eine Klärung dieses Problemkreises betrifft letztlich die Frage nach der Leistungsfähigkeit der Sinnesorgane und des Zentralnervensystems der betreffenden Arten.

Betrachten wir Gestalt und Aussehen der Tiere in ihrer Wirkung auf uns Menschen, so überschreiten wir den Bereich der reinen Naturwissenschaften. Am Beispiel des Pfaus sahen wir, daß unter diesem Gesichtspunkt der Kreis der Betrachtungen weit gespannt werden kann und solche Bereiche wie Ästhetik, Kunst, Literatur, Brauchtum und selbst die Mode berührt.

Wenn eine tiefergehende Beschäftigung mit der Schönheit des Pfaus uns mit einer Vielfalt von Problemen der unterschiedlichsten Wissensgebiete konfrontierte, so gilt das in ähnlicher Weise auch für die anderen Tiere.

Im Vordergrund des menschlichen Interesses standen von alters her jene Tiergruppen, die den Lebensraum des Menschen teilen. Es waren dies vor allem die größeren landbewohnenden Formen, mit denen er täglich Kontakt hatte, wie die Wirbeltiere, aber auch das große Heer der Insekten und allenfalls solche Gruppen wie die Landschnecken. Sie prägten maßgeblich die allgemeine Vorstellung von der typischen Gestalt eines Tieres.

Überschreiten wir unseren eigenen Lebensbereich, so begegnen wir vor allem im Meer Lebensformen, die gar nicht in unser vertrautes Bild einer Tiergestalt passen. Dies gilt etwa für Nesseltiere und Stachelhäuter, die mit ihrem strahligen Grundbauplan so merkwürdig von der typisch zweiseitigen Symmetrie der Landtiere abweichen. Bei den festsitzenden Schwämmen gar, die bis in die Mitte des 18. Jahrhunderts hinein für Pflanzen gehalten wurden, müssen wir uns erst anhand unserer biologischen Erkenntnisse bewußt machen, daß es sich überhaupt um Tiere handelt. Die eingangs angeführten Zitate belegen, daß auch solche und viele andere Tiergruppen, die ein vor dem Menschen in der Regel verborgenes Leben führen, unser ästhetisches Empfinden in starkem Maße ansprechen können.

Schließlich sei daran erinnert, daß mit der Erfindung des Mikroskops nicht nur eine neue Dimension der visuellen Welt für den Erkenntnisgewinn erschlossen, sondern zugleich ein unabsehbares Feld faszinierender Lebensformen unserer Anschauung zugänglich gemacht wurde. So führten in den unabsehbaren Weiten der Ozeane die Radiolarien ein vor den Augen des Menschen verborgenes Leben, bis um die Mitte des 19. Jahrhunderts Christian Gottfried Ehrenberg und der große Naturforscher Johannes Müller uns mit ihren mikroskopischen Studien den überwältigenden Formenreichtum dieser Einzeller zu erschließen begannen.

Für den Zoologen bietet nicht nur die unübersehbare Mannigfaltigkeit der äußeren Erscheinung der Tiere, sondern auch das Studium der Strukturen ihrer Organe und Gewebe eine Quelle ästhetischen Genusses. Wem würde nicht bei der Betrachtung des zarten Filigrannetzwerks eines Glasschwammskeletts der Vergleich mit dem Kunstwerk eines Goldschmieds aufkommen? Aber auch mikroskopische Bilder von Gewebeschnitten, die wie Produkte der ornamentalen Kunst anmuten und in der Ordnung ihrer Formelemente etwas von den Gesetzmäßigkeiten ahnen lassen, die der Bildung organischer Strukturen zugrunde liegen, können uns faszinieren und entzücken. In dieser Hinsicht hat erst vor wenigen Jahrzehnten die Erfindung des Elektronenmikroskops und schließlich des Rasterelektronenmikroskops dem Anschauungsbedürfnis des Biologen neue Dimensionen erschlossen. So kann der mit offenen Sinnen begabte Forscher seiner oft mühsamen Arbeit auch eine ästhetisch-emotionale Seite abgewinnen, deren Bedeutung für den Erfolg der Forschung man nicht unterschätzen sollte.

Die Symmetrie der Tiergestalt

Vom Wesen der Symmetrie

Symmetrie ist eine so fundamentale Eigenschaft der Naturerscheinungen, daß Symmetriebetrachtungen von grundsätzlicher Bedeutung für viele Bereiche der modernen Naturwissenschaften wurden. Das gilt für die Kristallographie und Kristallphysik, für die Physik der Elementarteilchen wie die Theorien über Raum und Zeit, aber auch für die Stereochemie und Molekularbiologie.

Lange bevor diese modernen Wissenschaftsdisziplinen begründet wurden, hatte das Prinzip der Symmetrie jedoch im alltäglichen Leben des Menschen eine umfassende Bedeutung anderer Art. Der um die Symmetrieforschung verdiente Mathematiker Hermann Weyl charakterisierte sie mit den Worten: »Die Symmetrie ist diejenige Idee, mit deren Hilfe der Mensch durch die Jahrtausende seiner Geschichte versucht hat, Ordnung, Schönheit und Vollkommenheit zu begreifen und zu schaffen.« Symmetrie erwies sich so als wesentliche Komponente des ästhetischen Genusses und der Kunst.

Wir empfinden die symmetrische Gestalt eines Kristalls, einer Pflanze oder eines Tieres ebenso wie die eines Werkes der Architektur oder der Bildenden Kunst als schön und angenehm. Symmetrie und Schönheit sind zwei so eng miteinander verknüpfte Begriffe, daß sie im Altertum beinahe als verschiedene Bezeichnungen für dieselbe Sache verstanden wurden.

Das symmetrisch Schöne wird vom Menschen unmittelbar empfunden. Es wird aber um so entschiedener wahrgenommen und im Kunstwerk um so vollkommener dargestellt, je tiefer die ihm zugrunde liegenden Gesetzmäßigkeiten erkannt und durchdacht sind.

Jeder Mensch, der sich an einem symmetrischen Gegenstand der Natur oder Kunst erfreut, hat intuitiv eine mehr oder weniger genaue Vorstellung davon, was man unter Symmetrie versteht. Er verbindet damit die Vorstellung einer regelmäßigen Form, der gesetzmäßigen Wiederholung von Strukturelementen und deren harmonische Zusammenfügung zum Ganzen. Wenn wir hier die Symmetrie der Tiergestalt als wesentliche Komponente der Schönheit des Tieres betrachten wollen, so müssen wir den Symmetriebegriff jedoch präziser fassen.

Suchen wir nach einer umfassenderen Begriffsbestimmung, so finden wir in einem Aufsatz von Karl Lothar Wolf aus dem Jahr 1949 die Formulierung: »Symmetrie ist gegeben im schönen Verhältnis des Teils zum Teil und der Teile zum Ganzen; sie äußert sich in der räumlichen oder zeitlichen Wiederholung gleichartiger Elemente, Motive oder Verhalten.« Wolf wies darauf hin, daß es bei der Symmetrie im weiteren Sinne nicht nur um die Wiederholung nicht unterscheidbar gleicher, sondern auch um die ähnlicher oder sonstwie verwandter Elemente geht. Wir werden sehen, daß gerade diese Erweiterung des Symmetriebegriffes für unsere Betrachtung der Tiergestalten von Bedeutung ist.

Bilateralsymmetrie – ein Grundmotiv der Tiergestalt

Wenn wir in der Umgangssprache von symmetrischen Gebilden sprechen, denken wir in der Regel an zweiseitige Symmetrie oder »Bilateralsymmetrie«. Sie ist es, die den Körperbau der meisten uns vertrauten Tiere bestimmt. Wenn sie uns so wohlbekannt und beinahe selbstverständlich erscheint, mag dies damit zusammenhängen, daß unser eigener Körper zweiseitig gebaut ist und unser Leben durch diese Tatsache maßgeblich beeinflußt wird.

Ein bilateralsymmetrisches Tier ist dadurch charakterisiert, daß man durch seinen Körper eine gedachte Ebene legen kann, die diesen in zwei spiegelbildlich gleiche Hälften teilt. Unsere Abbildung veranschaulicht am Beispiel eines Fisches die Lage dieser Spiegelebene, die vom Zoologen als Medianebene bezeichnet wird. Sie verläuft durch die Längsachse des Tieres und trennt die rechte von der linken Körperhälfte. Ebenfalls durch die Längsachse, aber senkrecht zur Medianebene verläuft die Frontalebene. Durch diese wird der Körper in eine Rücken- und Bauchhälfte geteilt, die jedoch unterschiedlich gestaltet sind. Jeder senkrecht zu beiden Ebenen geführte Schnitt bildet eine Transversalebene.

Durch die Schnittlinien dieser drei Ebenen werden die drei Körperachsen bestimmt. Die Längsachse des Tieres und die Vertikalachse zeigen eine Polarität, die der Differenzierung von Vorder- und Hinterende bzw. von Rücken- und Bauchseite entspricht. Demgegenüber ist die Transversalachse entsprechend der Unterteilung des Körpers in die spiegelbildliche rechte und linke Körperhälfte in zwei symmetrische Hälften gegliedert.

Besonders eindrucksvoll erscheint uns der bilaterale Symmetrietyp bei den Schmetterlingen, bei denen die zweiseitige Symmetrie des Körpers durch die beiden großen Flügelpaare zusätzlich betont wird. Für jeden aufmerksamen Beobachter ist es eine faszinierende Tat-

Die faszinierende Schönheit des Ritterfalters *Papilio demodocus* wird nachhaltig durch die überraschend exakte Bilateralsymmetrie der komplizierten Zeichnungsmuster beider Flügel unterstrichen.

sache, daß die farbenprächtigen und oft außerordentlich komplizierten Zeichnungsmuster der linken Flügel mit großer Exaktheit und in allen Einzelheiten spiegelbildlich auf den rechten Flügeln wiederholt sind. Wir können das leicht bei unseren häufigsten Tagfaltern, wie etwa dem Tagpfauenauge *(Inachis io)* oder dem kleinen Fuchs *(Aglais urticae)* sehen.

Bilateralsymmetrie oder – wie man sie auch nennen könnte – Rechts-Links-Symmetrie findet sich bei vielen und bestimmt den Bauplan von 95 Prozent aller Tiergruppen. Sie ist charakteristisch für die Säugetiere, Vögel, Reptilien, Amphibien und Fische. Wir finden sie als Körpergrundform bei den zahllosen Arten der Insekten, Krebse, Spinnentiere, Hundertfüßer und Tausendfüßer. Aber auch viele Gruppen der niederen Wirbellosen zeigen eine zweiseitige Symmetrie ihres Körperbaus. Denken wir nur an die Plattwürmer, Schnurwürmer oder Ringelwürmer. Selbst die Weichtiere besitzen primär eine bilaterale Körpergrundform, obwohl die Ausbildung der Schneckenschalen für viele ein Musterbeispiel tierischer Asymmetrien ist. Schließlich sei darauf hingewiesen, daß sogar solche Tierformen, die – wie die Stachelhäuter – im erwachsenen Zustand keine Bilateralsymmetrie aufweisen, als Larven doch spiegelsymmetrisch gebaut sein können. Die weite Verbreitung der zweiseitigen Symmetrie des Körperbaus im Tierreich wirft die Frage nach ihrer Bedeutung und den Ursachen ihrer Entstehung auf. Eine Antwort ist leicht zu finden, wenn man nach den Gemeinsamkeiten der Lebensweise dieser Tiere sucht. Es handelt sich bei ihnen durchweg um freibewegliche Formen, die sich bevorzugt in einer Richtung des Körpers fortbewegen.

Die Bevorzugung einer Fortbewegungsrichtung führte in der Evolution der Tiere zur Längsstreckung des Körpers und einer Polarisierung der Körperlängsachse, wobei sich der vordere Pol zum Kopfende mit der Mundöffnung sowie den Hauptsinnesorganen und dem Gehirn entwickelte. Da für die Fortbewegung und Umweltorientierung die zu beiden Seiten des Tieres liegenden Bereiche der Umwelt gleichgewichtig waren, bildete sich bei der Mehrzahl der Tiergruppen die bilaterale Symmetrie des Körpers heraus.

Im Gegensatz zur horizontalen Dimension der Umwelt zeigt für die am Boden kriechenden und die frei im Wasser oder der Luft sich fortbewegenden bilateralen Tiere die vertikale Dimension der Umwelt eine Polarisierung durch die Richtung der Gravitation, die Lage des Untergrundes und den Lichteinfall. Dies führte zur Polarität der vertikalen Körperachse mit der unterschiedlichen Ausbildung einer Bauch- und Rückenseite.

Man kann in stammesgeschichtlicher Hinsicht mit großer Wahrscheinlichkeit annehmen, daß fast alle Gruppen der vielzelligen Tiere primär bilateralsymmetrisch gebaut waren. Nach der von dem schwedischen Zoologen G. Jägersten 1955 begründeten Bilaterogastraea-Hypothese ist als gemeinsame Stammform eine frei bewegliche »Bilaterogastraea«, also ein gastrulaähnlicher Organismus mit bilateraler Symmetrie anzunehmen.

Wenn die Nesseltiere und Stachelhäuter heute einen Körper mit radiärer Symmetrie besitzen, so ist dies danach offensichtlich so zu erklären, daß ihre freibeweglichen Vorfahren zur festsitzenden Lebensweise übergingen. Es erlangte damit die vertikale Dimension der Umwelt mit ihrer Polarität vorrangige Bedeutung, während die horizontalen Richtungen gleichbedeutend für die Tiere wurden. Dies führte zur evolutiven Entwicklung eines strahligen Körperbaus. Die radiäre Symmetrie der frei schwimmenden Medusen hängt mit der festsitzenden Lebensweise ihrer Polypengeneration zusammen. Wenn die Korallenpolypen und Seerosen äußerlich völlige Rotationssymmetrie zeigen, aber innerlich spiegelsymmetrisch gebaut sind, so ist diese Spiegelsymmetrie vielleicht ein Hinweis auf das frühere Freileben.

Besondere Beachtung verdienen schließlich die Symmetrieverhältnisse der mikroskopisch kleinen Einzeller, die außerordentlich vielgestaltig sind. Hier sei nur darauf hingewiesen, daß frei schwebende Protozoen vielfach einen kugeligen Körperbau aufweisen, da für sie keine Raumrichtung der Umwelt irgendwie Bevorzugung aufweist.

Die Vielfalt der Symmetrietypen

Wir haben bisher vorrangig die Bilateralsymmetrie betrachtet. Wenn wir die ganze Vielfalt der im Tierreich realisierten Symmetrietypen richtig erfassen wollen, müssen wir uns zunächst einige Grunderkenntnisse der allgemeinen Symmetrielehre vergegenwärtigen.

Ernst Haeckel hatte in seiner 1866 erschienenen »Generellen Morphologie der Organismen« mit einem umfangreichen Kapitel zur »Promorphologie« den Versuch unternommen, ein umfassendes System von Grundformen der Organismen aufzustellen. Diese Bemühungen fanden jedoch bei den Zoologen wenig Resonanz. Wenn man von Haeckels Bemühungen absieht, haben Betrachtungen über die Symmetrie des Tierkörpers in der Zoologie im Vergleich zur Kristallkunde oder auch der Botanik einen sehr geringen Raum eingenommen. Wilhelm Ludwig wies einmal darauf hin, daß man bei Durchsicht der wichtigsten Lehrbücher zu der Ansicht kommen könnte, daß ein gegen Ende des vorigen Jahrhunderts geschriebenes Kapitel immerfort ohne wesentliche Änderungen übernommen wurde. Heute nach über vier Jahrzehnten hat sich an dieser Einschätzung nichts geändert.

In der Grundformenlehre der Tiere wurden in der Regel fünf Symmetrietypen des Körperbaus unterschieden. Neben den erwähnten zweiseitigsymmetrischen, strahligen und kugeligen Bauplantypen wurden noch eine zweistrahlig-symmetrische und eine monaxone Körpergrundform unterschieden. Bei näherer Betrachtung ergibt sich jedoch, daß die Vielfalt der Symmetrieerscheinungen des Tierreichs damit nicht erfaßt werden kann. Überlegen wir, wie dieses Problem aus der Sicht der allgemeinen Symmetrielehre erscheint.

Wir hatten Symmetrie als Wiederholung gleichartiger Strukturelemente charakterisiert. Zum Nachweis der Symmetrie werden Deckoperationen verwendet, bei denen

Die Vielfalt der Symmetrietypen tierischer Baupläne kann auf wenige Grundformen zurückgeführt werden. 95 Prozent aller Tierarten zeigen einen bilateralsymmetrischen Bau wie die Wirbeltiere (1, 2). Der Badeschwamm (3) ist ein Vertreter der seltenen asymmetrischen Tierformen. Der Einzeller *Didinium* (4) zeigt die monaxone Grundform eines rotationssymmetrischen Körpers. Das Radiolar *Heliosphaera actinota* (5) ist ein Vertreter des kugelförmigen homaxonen Symmetrietyps. Die durch eine doppelte Spiegelsymmetrie charakterisierte disymmetrische Grundform ist am klarsten bei den Rippenquallen, wie etwa dem Venusgürtel *Cestus veneris* (6) ausgebildet. Der Schlangenstern *Ophiura bullata* (7) besitzt Radiärsymmetrie. Spiralsymmetrie finden wir unter den Einzellern bei vielen Foraminiferen, wie der abgebildeten *Rotalia freyeri* (8). Der Hundertfüßer *Cryptops cultratus* (9) zeigt eine metamere Gliederung des bilateralsymmetrischen Körpers in hintereinanderliegende gleichwertige Körperabschnitte.

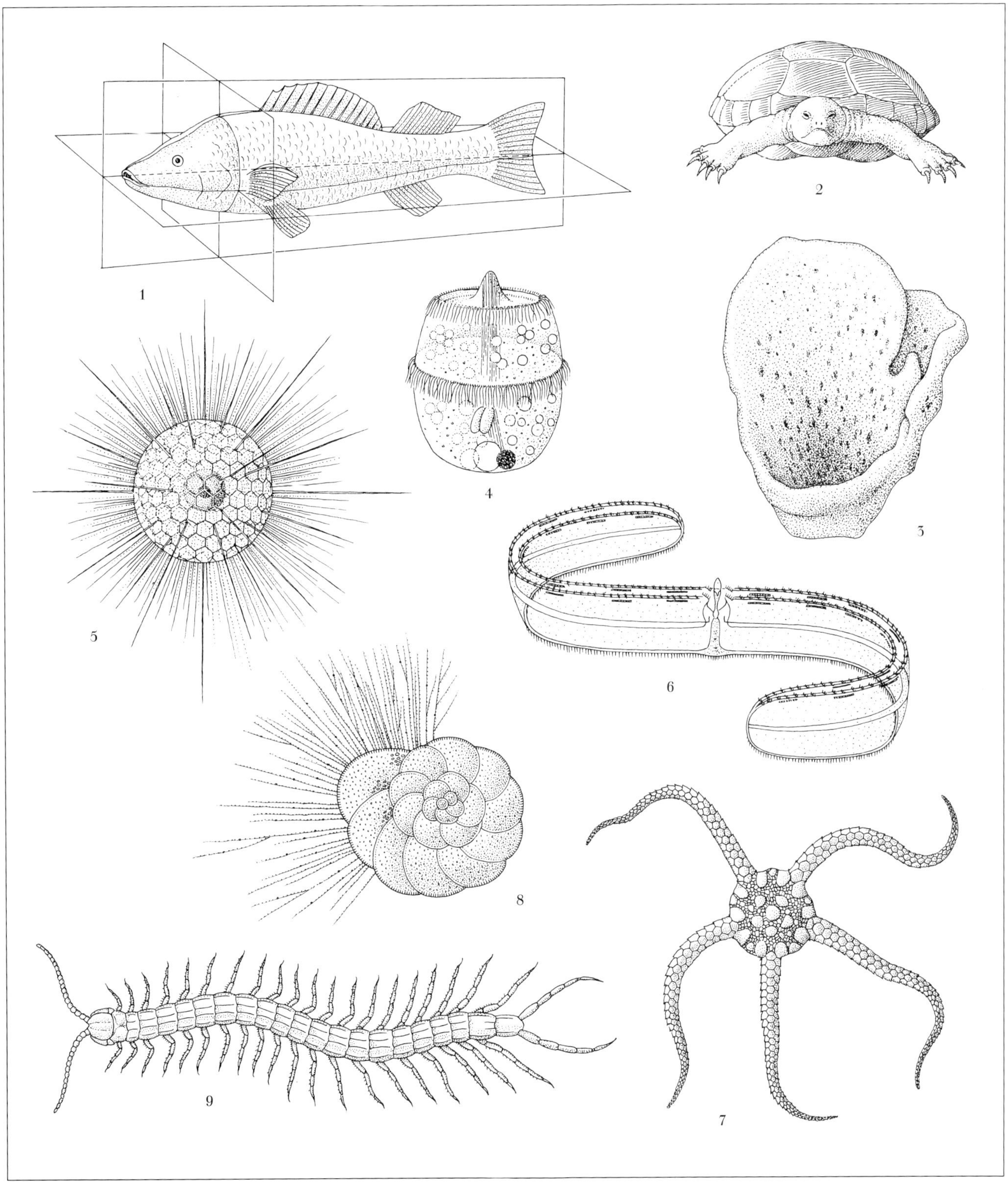

Rechte Seite:
Die aus Kieselsäure bestehenden, mikroskopisch kleinen Skelette der Radiolarien haben durch Ernst Haeckels Veröffentlichungen als »Kunstformen der Natur« Berühmtheit erlangt. 1 *Circogonia icosahedra*, 2 *Circostephanus coronarius*, 3 *Haeckeliana porcellana*, 4 *Cortinetta tripodiscus*, 5 *Medusetta tetranema*, 6 *Challengeria murrayi*. (Nach Haeckel)

man durch Lageänderungen die zu analysierenden Objekte mit sich selbst zur Deckung bringt. Diejenigen Ebenen, Achsen oder Punkte, an denen die Deckoperationen ausgeführt werden, bezeichnet man als »Symmetrieorgane«. Durch Art, Anzahl und Lage der Symmetrieorgane wird der Bauplan eines Körpers bestimmt. Das gilt für einen Tierkörper ebenso wie für einen Kristall.

Vom Mathematiker werden als grundlegende Symmetrieoperationen die geradlinige Verschiebung oder Gleitung (Translation), die Drehung um eine Drehachse, die seitenvertauschende Spiegelung an einer Spiegelachse oder Spiegelebene und die Streckung mit gesetzmäßiger Veränderung des Motivs unterschieden. Da einem symmetrischen Körper auch mehrere Deckoperationen gleichzeitig zukommen können, ist noch eine ganze Reihe kombinierter Deckoperationen zu unterscheiden, von denen hier als Beispiele nur die Gleitdrehung, Gleitspiegelung und Drehspiegelung genannt seien. Wenden wir die von der allgemeinen Symmetrielehre unterschiedenen Deckoperationen bei Symmetriebetrachtungen des Tierkörpers an, so kommen wir zu einer größeren Mannigfaltigkeit tierischer Grundformen, als sie üblicherweise unterschieden werden.

Wenn der Zoologe ähnlich wie der Kristallograph verschiedene Symmetrietypen seiner Untersuchungsobjekte unterscheidet, so darf man freilich nicht übersehen, daß es sich um etwas grundsätzlich anderes als bei der Kristallsymmetrie handelt. Die Symmetrie der Tierkörper ergibt sich nicht aus einfachen physikalisch-chemischen Beziehungen ihrer molekularen Bausteine, sondern ist der Ausdruck von Bauplänen, die in der Evolution in Abhängigkeit von bestimmten Lebensbedingungen erworben wurden.

Die kugelförmige Grundform

Eine homaxone Grundform liegt nach Angabe der Zoologielehrbücher dann vor, wenn die gesamte Körpermasse des Tieres in Gestalt einer Kugel angeordnet ist. Den griechischen Mathematikern galt ja die Kugel als vollkommenster Körper, der sich durch die größtmögliche Symmetrie auszeichnet. Durch ihren als Symmetriezentrum wirkenden Mittelpunkt läßt sich eine beliebige Anzahl gleichwertiger Drehachsen legen. Jede durch den Mittelpunkt gelegte Ebene teilt die Kugel in zwei spiegelbildlich symmetrische Hälften. Kugelig oder homaxon können nur solche Tiere gebaut sein, die frei im Wasser schweben und nach allen Seiten gleiches Reaktionsvermögen zeigen.

Als typische Vertreter dieser nur bei Einzellern vorkommenden homaxen Grundform werden im allgemeinen die Sonnentierchen (Heliozoa) und viele Radiolarien genannt. Betrachten wir freilich diese mikroskopisch kleinen Tierchen genauer, so müssen wir feststellen, daß die charakterisierte Idealform in der Regel nur in grober Annäherung realisiert ist. So werden in den kugelförmigen Cytoplasmakörpern der Radiolarien aus anorganischen Materialien Kieselsäure- oder Strontiumsulfat-Skelette gebildet, deren ungeheurer Formenreichtum die verschiedensten Symmetrietypen repräsentiert.

Ernst Haeckel hat uns in zahlreichen Abbildungen seiner großen Radiolarienmonographien mit diesen wahren »Kunstformen der Natur« bekannt gemacht. So sehen wir beispielsweise auf einer Tafel seiner Bearbeitung von Tiefseeradiolarien der Challenger-Expedition nebeneinander Radiolarienskelette, die ganz klar die Symmetrietypen von Oktaederkörpern, Ikosaederkörpern und Dodekaederkörpern repräsentieren. Allerdings sind neben der homaxonen Grundform auch andere Symmetrietypen bei diesen Einzellern realisiert.

Wir können die Entstehung des erstaunlichen Formenreichtums der Radiolarienskelette nicht ursächlich erklären. Es kann sich dabei keinesfalls um Anpassungserscheinungen der Einzeller an besondere Lebensbedingungen handeln, da die mehreren tausend beschriebenen Arten fast alle unter weitgehend übereinstimmenden Bedingungen als Plankton in den tieferen Schichten der warmen Meere leben. So können wir nur vermuten, daß die symmetrische Zusammenfügung der Skelettelemente letztlich nach Gesetzen erfolgt, die weitgehend durch genetisch bedingte, artspezifische Besonderheiten der Radiolarienzellen und das skelettbildende Material vorgegeben sind. Wir können die wunderbare Formenvielfalt der Radiolarienskelette, die eine wahre Fundgrube für Symmetriebetrachtungen darstellt, bislang eigentlich nur beschreiben und uns an ihr erfreuen.

Einachsige Tiere

Als monaxone Grundform des Tierkörpers werden jene seltenen Fälle zusammengefaßt, bei denen die Tiere einen rotationssymmetrischen oder zylindrischen Körperbau mit einer durch die Körpermitte verlaufenden Symmetrie-

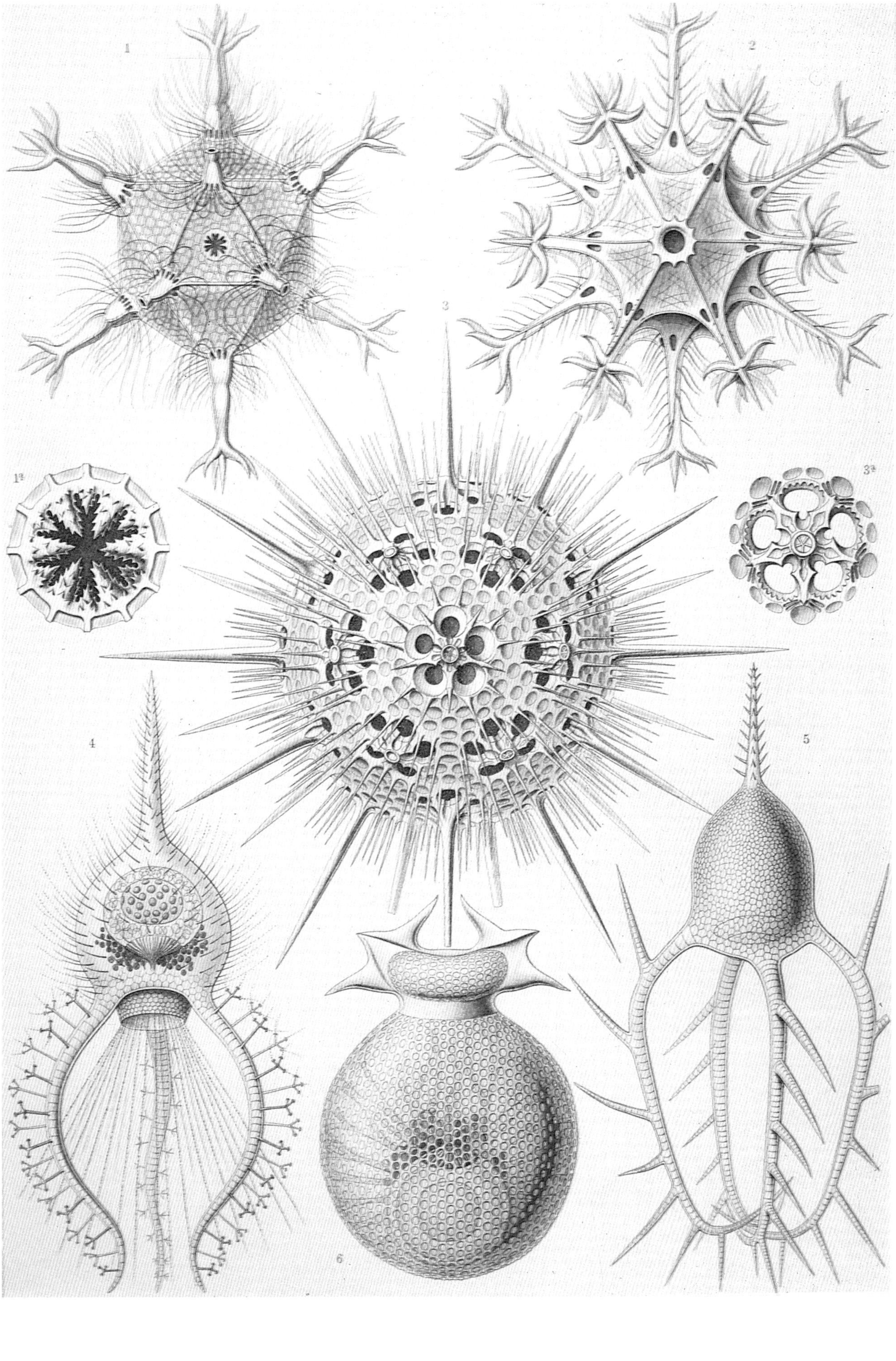

25

Das Rasterelektronenmikroskop ermöglicht dem Forscher fesselnde Einblicke in die Ästhetik und Symmetrie der Ultrastrukturen, wie sie diese Aufnahme eines Radiolarienskeletts vermittelt.

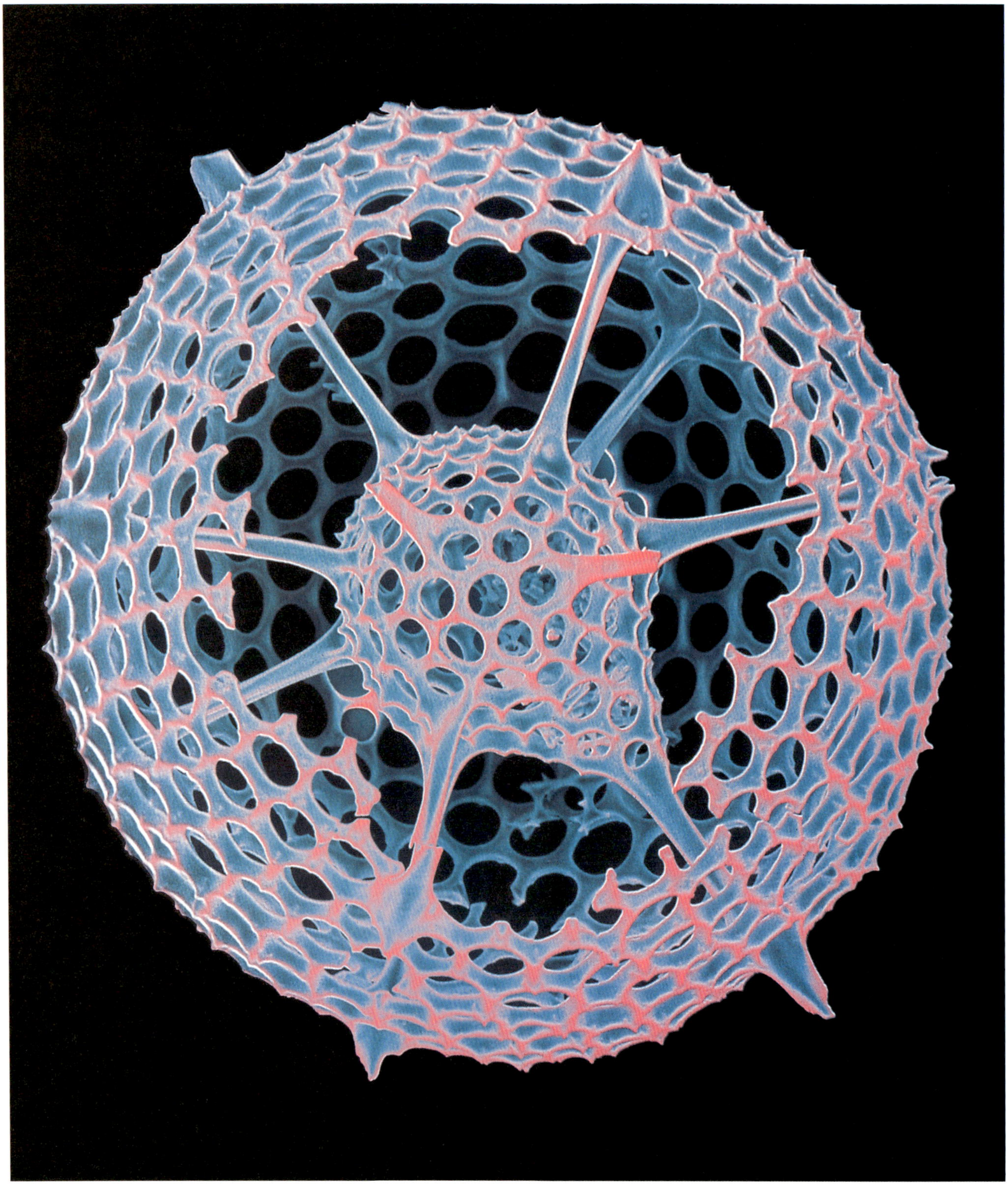

Beim radiären Körperbau des Seesterns handelt es sich um eine Drehsymmetrie. Der Körper des Tieres kann bei einer Drehung von 360 Grad um seine fünfzählige Symmetrieachse fünfmal mit sich selbst zur Deckung gebracht werden.

achse besitzen. Senkrecht zu dieser unterschiedliche Pole aufweisenden Hauptachse können beliebig viele, untereinander gleichwertige und gleichpolige Nebenachsen durch das Tier gelegt werden. Alle durch die Hauptachse gelegten Ebenen teilen den Tierkörper in spiegelbildliche Hälften.

Die monaxone Körpergrundform findet sich – wenn man von den freischwimmenden Gastrulastadien mancher Vielzeller absieht – nur bei einfachen, am Untergrund festsitzenden Tierformen. Sie kommt bei manchen mit einem Stiel festsitzenden Einzellern, einigen kleinen Kalkschwämmen (Calcarea) und den stark vereinfachten Nesseltierpolypen der Gattung *Protohydra* vor.

Radiärsymmetrie und ihre Abwandlungen

Viel verbreiteter als der monaxone ist der damit verwandte radiäre oder strahlige Grundtyp des Körperbaus. Ein radiär gebautes Tier besitzt ebenfalls eine Hauptachse mit ungleichen Polen. Senkrecht zu ihr steht jedoch nur eine geringe Anzahl gleichwertiger Nebenachsen oder Radien, die durch eine Wiederholung bestimmter Organe im Umkreis der Hauptachse festgelegt sind. Der Körper eines radiär gebauten Tieres kann durch die in der Mitte zwischen zwei Radien gelegten Ebenen in ebensoviel kongruente Teilstücke (Antimeren) zerlegt werden, wie Radien vorhanden sind.

Im Sinne der Symmetrielehre handelt es sich beim radiären Körperbau um Drehsymmetrie. Betrachten wir als Beispiel einen Seestern. Die Hauptachse seines Körpers ist zugleich Symmetrieachse. Der Körper des Tieres kann bei einer Drehung von 360 Grad um diese Achse fünfmal mit sich selbst zur Deckung gebracht werden. Man bezeichnet in diesem Fall die Symmetrieachse als fünfzählig. Wir können weiterhin durch fünf Symmetrieebenen, deren Schnittlinie mit der Hauptachse zusammenfällt, den Seestern jeweils in spiegelbildlich gleiche Hälften teilen.

Vorderende der Seewalze *Pontacta anceps* mit verästelten Tentakeln. Die Umwandlung des strahlig angelegten Grundbauplans der Seewalzen in eine tertiäre Bilateralsymmetrie kommt selbst in der Anordnung der Tentakel zum Ausdruck.

So kann bei den Polypen und Medusen der Körper im Prinzip in vier, sechs oder acht gleichwertige Sektoren geteilt werden. Allerdings ist bei manchen Formen dieser übersichtliche Grundtyp der Radiärsymmetrie durch Vervielfachung mancher Organe, wie der Tentakel, mehr oder weniger verdeckt. Sehr schön können wir bei unserer so häufigen Ohrenqualle *Aurelia aurita* die tetraradiale Symmetrie, durch die der Quallenkörper in vier identische Quadranten gegliedert wird, an der Lage der Mundarme und Keimdrüsen erkennen.

Wir hatten bei der Besprechung der Bilateralsymmetrie gesehen, daß die Symmetrieform des Tierkörpers letztlich mit der Lebensweise zusammenhängt. Während der zweiseitig-symmetrische Körperbau durch die gerichtete Fortbewegung des Tieres bedingt ist, muß die Radiärsymmetrie primär als Anpassung an eine festsitzende Lebensweise betrachtet werden. Diese Zusammenhänge sind bei den festsitzenden, radiären Polypenformen der Nesseltiere leicht erkennbar. Wenn die freischwimmenden Medusen den strahligen Körperbau ebenfalls aufweisen, so hängt dies damit zusammen, daß sie in der Evolution später als die Polypen entstanden sind. Sie stellen im Grunde losgelöste Polypen dar, die deren Radiärsymmetrie beibehalten haben, wie wir es heute noch bei Nesseltieren mit Generationswechsel zwischen Polyp und Meduse beobachten können. Die Ernährungsweise der Medusen durch Absuchen senkrechter Wassersäulen ist im Prinzip dem Einstrudeln oder Einfangen der Nahrung bei festsitzenden, becherförmigen Polypen vergleichbar.

Wenn die Stachelhäuter einen weitgehend radiären Körperbau aufweisen, obwohl die meisten Formen sich langsam fortbewegen können, so hängt dies damit zusammen, daß die Echinodermen wahrscheinlich von festsitzenden Vorfahren abstammen. Deren strahlige Symmetrie war allerdings durch sekundäre Umformung eines ursprünglich bilateralen Bauplans entstanden.

Bei keiner anderen Tiergruppe kommt die metamere Gliederung des bilateralsymmetrischen Körpers in hintereinanderliegende gleichwertige Körperabschnitte so klar zum Ausdruck wie bei diesem wunderbar gefärbten Tausendfüßer aus Venezuela.

Es ist bemerkenswert, daß bei mehreren Gruppen der Seeigel unabhängig voneinander ein neuer bilateraler Bau ausgebildet wurde. Diese nunmehr tertiäre Bilateralsymmetrie steht im Zusammenhang mit einer gerichteten, von den Tieren wiederum erworbenen Fortbewegung. Es sind insbesondere die Gruppen der Schildseeigel (Clypeasteroidea) und Herzseeigel (Spatangoidea), die auf diese Weise den radiärsymmetrischen Bau wieder abgewandelt haben.

In ganz anderer Weise als bei den irregulären Seeigeln ist bei den Seegurken der strahlig angelegte Grundbauplan wieder im Sinne einer Bilateralsymmetrie verändert worden. Dies geschah, indem die bei den anderen Stachelhäutern senkrecht stehende, fünfzählige Hauptachse des Körpers stark verlängert und zur Fortbewegung parallel zum Boden umgelegt wurde. Die Tiere bewegen sich mit den Saugfüßchen von drei Körperradien fort, die damit eine neue physiologische Bauch-seite bildeten.

Eine eigentümliche Abwandlung der Radiärsymmetrie stellt die zweistrahlige oder Disymmetrie dar, die man auch als doppelte Spiegelsymmetrie bezeichnen könnte. Man kann Tiere, die nach diesem Prinzip gebaut sind, durch zwei senkrecht aufeinanderstehende Schnitte in je zwei spiegelbildlich symmetrische Hälften zerlegen. Bei den äußerlich radiärsymmetrischen großen Polypenformen der Seerosen und Hexakorallen ist im inneren Bau die Tendenz zur Ausbildung dieses Symmetrietyps erkennbar. Sehr viel klarer ausgeprägt ist der disymmetrische Bau jedoch bei den Rippenquallen. Die glasklare Durchsichtigkeit dieser wunderbar zarten Meereswesen läßt auch am lebenden Tier alle Einzelheiten dieses Bauplans erkennen.

In der Regel erfolgt die Fortbewegung der pelagisch lebenden Rippenquallen in Richtung der Schnittgeraden beider Spiegelebenen nach oben oder unten. Einige Arten dieser bemerkenswerten Tiergruppe sind jedoch unter

Rechte Seite:
Die von zahlreichen Poren durchbrochenen Kalkschalen der einzelligen Foraminiferen zeichnen sich durch einen faszinierenden Formenreichtum und eine Vielfalt an Symmetrietypen aus. (Nach Haeckel)

Bewahrung eines doppelt spiegelsymmetrischen Körperbaus zum Bodenleben übergegangen und kriechen ohne Bevorzugung einer bestimmten Körperrichtung auf dem Grunde.

Die metamere Körpergliederung

Wir hatten einleitend die bilateralsymmetrische Grundform als verbreitetsten Bautyp der Tiere bereits ausführlicher betrachtet. Ihre Beschreibung bedarf jedoch aus der Sicht der Symmetrielehre in zweifacher Hinsicht einer Ergänzung.

Betrachten wir die nach dem Prinzip der Rechts-Links-Symmetrie gebauten Tierformen genauer, so können wir feststellen, daß die zahlreichen dazugehörigen Tierstämme eigentlich in zwei Gruppen zusammengefaßt werden können. Die eine Gruppe ist dadurch charakterisiert, daß ihre Symmetrieverhältnisse ausschließlich durch das Vorhandensein einer einzigen Symmetrieebene bestimmt werden. Bei den Vertretern der zweiten Gruppe sehen wir, daß der Tierkörper neben der symmetrischen Unterteilung in eine rechte und linke Körperhälfte gleichzeitig in Richtung der Hauptachse eine Gliederung in hintereinanderliegende, mehr oder weniger gleichwertige Körperabschnitte (Metameren oder Segmente) aufweist. Hauptvertreter dieses metameren Symmetrietyps sind die Ringelwürmer (Annelida) und Gliederfüßer (Arthropoda).

Die Körpersymmetrie metamer gegliederter Tiere ist durch zwei Deckoperationen zu charakterisieren, durch die Spiegelung an der Symmetrieebene des Tieres und durch den Prozeß der Verschiebung (Translation) in Richtung der Körperhauptachse.

Beim Vorliegen dieser Längssymmetrie entspricht der Tierkörper im Sinne der formalen Symmetrielehre einem Streifenornament, das aus den Segmenten als Elementarmuster aufgebaut ist. Jeder kennt dieses Symmetrieprinzip vom Bau der Regenwürmer. Es wird besonders deutlich, wenn an jedem Segment ein Gliedmaßenpaar ausgebildet ist, wie wir das bei den Meeresringelwürmern (Polychaeta) oder etwa den Hundertfüßern (Chilopoda) sehen.

Bei näherer Betrachtung metamer gegliederter Tiere stellen wir fest, daß die Längssymmetrie in der Regel nicht genau eingehalten ist. In der Längsrichtung des Tierkörpers ist eine Polarität ausgeprägt, die sich nicht nur in der Bildung eines Kopf- und Hinterendes, sondern vielfach auch in mehr oder weniger unterschiedlicher Gestaltung der Segmente äußert. Bei den Insekten sind beispielsweise die drei hinter dem Kopf liegenden Thorakalsegmente durch den Besitz von Laufbeinen deutlich von den dahinterliegenden extremitätenlosen Segmenten des Abdomens unterschieden. Selbst wenn der Segmentbau noch weitgehend übereinstimmt, kann die Größe der Segmente sich in den verschiedenen Körperregionen gesetzmäßig ändern. Im Sinne der Symmetrieforschung bedeutet dies, daß die Symmetrie eines metamer gegliederten Tieres nicht nur durch die Deckoperationen der Spiegelung und Verschiebung, sondern auch durch das Prinzip der Streckung mit gesetzmäßiger Änderung des Motivs charakterisiert ist.

Spiralsymmetrie – eine weniger beachtete Grundform des Tierkörpers

Ein Symmetrietyp, der in den Lehrbüchern der Zoologie ein wenig vernachlässigt wird, ist die Spiralsymmetrie.

Sie kommt freilich in der Regel kombiniert mit einem bilateralsymmetrischen Grundbauplan vor. Am bekanntesten ist die Spiralsymmetrie der Molluskenschalen.

Bei genauerer Betrachtung des Schalenaufbaus der Schnecken (Gastropoda), Muscheln (Bivalvia) und Kopffüßer (Cephalopoda) sehen wir zwei Grundtypen der Spiralsymmetrie realisiert. Die Gehäusespirale ist entweder in einer Ebene oder im Raum aufgewunden. In jedem Fall zeigen die aufeinanderfolgenden Windungen eine kontinuierliche Größenzunahme.

Den ersten Typ der Spiralsymmetrie sehen wir sehr schön bei der Schale des »Perlbootes« *(Nautilus)*, eines altertümlichen Vertreters der Cephalopoden, ausgebildet. Besonders eindrucksvoll sieht man am Längsschliff durch die Schale, daß ihre Symmetrie ganz klar einer logarithmischen Spirale entspricht. Die durch Querwände abgeteilten Kammern zeigen eine kontinuierliche Größenzunahme. Die letzte Kammer beherbergt den Weichkörper des Tieres, wobei die Rückenseite dem Schalenzentrum zugewandt ist. Es fällt somit die Spiralisationsebene mit der Symmetrieebene zusammen. Trotz der Spiralsymmetrie der Schale ist das gesamte Tier spiegelsymmetrisch aufgebaut.

Die heutigen vier Arten der Gattung *Nautilus* sind die letzten Vertreter einer im Paläozoikum artenreichen

Rechte Seite:
Die Hornkorallen (Gorgonaria) sind durch ihre Größe, die starke Verzweigung und die Farbenpracht ihrer Tierstöcke maßgeblich am Erscheinungsbild der Korallenriffe beteiligt. Dieser Ausschnitt aus dem Tierstock einer Hornkoralle zeigt, daß die Wuchsform des Polypenstocks anderen Gesetzen folgt als die Symmetrie des Einzelpolypen.

Gruppe. Wir finden bei ihren fossilen Vertretern wie auch bei den nahe verwandten, völlig ausgestorbenen Ammoniten des Mesozoikums den charakterisierten Spiraltyp der Symmetrie klar ausgebildet.

Einer anderen Symmetrieform entspricht der Bau der meisten Schneckenschalen. Diese zeigen einen schraubigen Aufbau, der nach den Begriffen der Symmetrielehre als »spiraloider Streckstabkörper« bezeichnet werden kann. Wie jede Schraube kann auch das Gehäuse einer Schnecke rechts- oder linksgewunden sein. Bemerkenswerterweise sind fast alle Arten rechtsgewunden. Die Tatsache, daß bei einer normalerweise rechtsgewundenen Schnecke in ganz seltenen Fällen linksgewundene Individuen auftreten, wirft entwicklungsphysiologische Fragen auf, die wir bis heute noch nicht eindeutig beantworten können.

Spiralsymmetrien eigentümlicher Art findet man auch bei den zweiklappigen Schalen der Muscheln (Bivalvia) und Armfüßer (Brachiopoda). Obwohl die Vertreter beider Gruppen äußerlich eine gewisse Ähnlichkeit ihrer Schalen zeigen, ist die Orientierung der Spiralebene des Körpers ganz unterschiedlich. Bei den Armfüßern sind die Schalen in Richtung der Symmetrieebene spiralig eingerollt, bei den Muscheln senkrecht zu ihr. Die Vertreter beider Gruppen zeigen allerdings im allgemeinen eine unterschiedliche Form der beiden Schalen eines Tieres.

Auch unter den Einzellern finden wir eine Gruppe, die in der Evolution eine bemerkenswerte Vielfalt an Gehäuseformen, darunter auch Spiralen, entwickelt hat, die den Reichtum der Schalenformen der Mollusken weit übertrifft. Es ist dies die Wurzelfüßerordnung der Foraminiferen, denen man aufgrund der Struktur ihrer Gehäuse die deutschen Namen Porentiere, Lochträger oder Kammerlinge gegeben hat. Die Mehrzahl dieser ausschließlich im Meere und zwar meist am Boden lebenden Einzeller besitzen aus mehreren Kammern bestehende Kalkschalen, deren äußere Wand von zahlreichen Porenkanälen durchsetzt ist.

Der große Reichtum an Symmetrieformen der Foraminiferenschalen kommt durch die verschiedenartige Anordnung der Kammern zustande. Unsere Abbildung zeigt neben spiraligen Schalenformen auch Symmetrietypen, wie sie sonst im Tierreich nicht zu finden sind. Die Kammern können geradlinig in einer Reihe, in zwei Reihen, spiralig, schraubig oder auch in konzentrischen Kreisen angeordnet sein. Eine merkwürdige Abwandlung der Spiralsymmetrie, bei der jede folgende Kammer auf die der vorigen gegenüberliegende Seite zu liegen kommt, finden wir bei Arten der Foraminiferengattungen *Miliola*, *Liliola* und *Spiroculina*. Für die Benennung dieser eigenartigen Symmetrieverhältnisse, die man sonst an den Sproßachsen vieler Pflanzen beobachten kann, wurde das Wortungeheuer »Doppelstreckstreifensymmetrie« geprägt.

Symmetrieerscheinungen auf unterschiedlichen Strukturebenen der Tiere

Wir haben bisher stets die Symmetrie des gesamten Tierkörpers betrachtet. Symmetrieerscheinungen können jedoch auf allen Strukturniveaus der tierischen Organismen beobachtet werden. Dies gilt beispielsweise für das Vorkommen radiärer Symmetrie auf der Ebene der Organellen, Zellen, Zellprodukte, Zellgruppen, Organe, Organgruppen, Organismen und Tierkolonien.

Eine ausführliche Betrachtung würden die Symmetrietypen der aus Individuengruppen gebildeten Tierstöcke verdienen, die bei den Einzellern, Schwämmen, Nesseltieren, Moostierchen und Manteltieren vorkommen. Sie beeinflussen maßgeblich das Erscheinungsbild der betreffenden Tiere und bieten eine Fülle ästhetisch ansprechender Formen. Hier sei nur darauf hingewiesen, daß unter den Nesseltieren die Mehrzahl der festsitzenden Hydroidpolypen außerordentlich zierliche, verzweigte Kolonien (Tierstöcke) bilden, deren Wuchs- und Verzweigungsformen an die der Pflanzen erinnern.

Die Entstehung der Symmetrie in der Individualentwicklung

Man kann die Symmetrieverhältnisse der Tiere allein von der formalen Seite her betrachten und sich um die Erfassung der ihnen zugrunde liegenden mathematischen Gesetzmäßigkeiten bemühen. Der Biologe wird sich aber damit nicht zufriedengeben, sondern auch nach den Mechanismen fragen, die in der Individualentwicklung, der Ontogenese, zur Ausbildung der Symmetrie des erwachsenen Tieres führen. Es werden damit Probleme angesprochen, die seit einem Jahrhundert die Gemüter der Entwicklungsphysiologen bewegt haben, aber noch heute voller Rätsel stecken.

Betrachten wir als Beispiel die Entwicklung der Bilateralsymmetrie eines Wirbeltieres, nämlich des Frosches.

Die befruchtete Eizelle ist kugelförmig gebaut, zeigt in ihrer äußeren Form also homaxone Symmetrie. Bei genauerer Betrachtung ergibt sich jedoch, daß im Froschei bereits bestimmte Achsen festgelegt sind. So ist schon das unbefruchtete Ei in seiner Feinstruktur deutlich polar gebaut, da der eine animale Pol eine oberflächliche Pigmentzone aufweist, während am gegenüberliegenden, vegetativen Pol der Dotter liegt. Die dadurch festgelegte Eiachse entspricht der späteren Hauptachse des Tieres.

Eine bilaterale Symmetrie wird in der Eizelle mit der Befruchtung durch den Eintritt des Spermiums festgelegt, indem gegenüber seiner Eintrittsstelle aufgrund von Cytoplasmabewegungen eine teilweise depigmentierte Zone, der graue Halbmond, ausgebildet wird. Seine Lage entspricht der späteren Rückenseite des Tieres. Die durch die Mitte des grauen Halbmonds verlaufende Medianebene der Eizelle wird zur Symmetrieebene des bilateralsymmetrischen Frosches.

So wie beim Frosch konnte auch bei vielen anderen Tierarten die Entstehung der Symmetrieverhältnisse bis zur Eizelle zurückverfolgt werden. Welche genetischen und letztlich molekularen Mechanismen aber in der Eizelle oder im frühen Embryonalstadium zur Ausbildung der die Symmetrie bestimmenden Polaritäten führen, ist noch weitgehend unbekannt.

Wir wissen, daß der Windungssinn der Schneckenschalen genetisch festgelegt ist und durch die Richtung der Teilungsspindeln bei der Furchungsteilung des Schneckeneies bestimmt wird. Betrachten wir das Achtzellstadium vom animalen Pol, und sehen wir die oberen 4 Zellen durch Schrägstellung der Teilungsspindeln im Uhrzeigersinn gegen ihre darunterliegenden Schwesterzellen verschoben, so erfolgt die »Spiralfurchung« des Eies nach rechts gerichtet, d. h. »dexiotrop«. Aus solch einem Ei geht eine Schnecke mit rechtsgewundener Schale hervor. Bei links gerichteter (läotroper) Furchung wird später eine linksgewundene Schneckenschale gebildet. Die Frage nach den Ursachen der Spindelstellung hat man vielfach damit beantwortet, daß sie durch eine entsprechende »Intimstruktur« des Eicytoplasmas bestimmt werde. Dies ist aber nur eine Umschreibung der Tatsache, daß wir die molekularen Grundlagen bisher nicht kennen.

Wir haben dieses Kapitel mit der Feststellung eingeleitet, daß die Symmetrie des Tierkörpers eine wesentliche Komponente der Schönheit des Tieres darstellt. Bei Kenntnis der Vielfalt tierischer Symmetrieformen wird uns die Erscheinung eines Tieres nicht nur emotionell ansprechen, sondern auch anregen, die zugrunde liegenden Symmetrieeigenschaften zu erkennen. Die dabei aufkommenden Fragen nach den Mechanismen der Symmetrieausbildung des Tierkörpers eröffnen ein weites Feld künftiger Forschung.

Die Proportionen des Tierkörpers

Wir erfassen die Gestalt eines Tieres mit unseren Sinnen als ein ganzheitlich organisiertes Gebilde. Die bei näherer Betrachtung erkennbare Gliederung in verschiedene Abschnitte und Regionen verleiht jedem Tier sein charakteristisches Gepräge. Neben den Symmetrieeigenschaften sind die Größenverhältnisse der Körperteile von wesentlicher Bedeutung für die jeweilige Eigenart der Tiergestalt. Bei keiner Tierart haben jedoch die Körperproportionen solch eingehende Untersuchung erfahren wie beim Menschen.

Körperproportionen des Menschen

Das Problem der Proportioniertheit des menschlichen Körpers hat die Künstler seit Jahrtausenden beschäftigt. Bereits bei den Ägyptern führte das Bemühen um die Erfassung und Wiedergabe der Proportionen des Menschen zu einer Proportionslehre, die erstmals in einem Kanon die typischen Maße des Körpers festzulegen suchte. Unvollendet erhaltene ägyptische Kunstwerke zeigen uns, wie zu diesem Zweck aus einem engmaschigen Quadratnetz heraus der menschliche Körper konstruiert wurde. In dem bis zur 26. Dynastie gültigen älteren Kanon wurde so die gesamte Körperlänge in 18 gleiche Teile geteilt und in einem 18teiligen Quadratnetz jeder Körperregion ihre ganz bestimmte Lage zugewiesen, die man in allen Bildwerken der älteren ägyptischen Kunst wiederfindet.

Während die ägyptische Proportionslehre im Dienste kultisch-religiöser Aufgaben stand, um die Fixierung traditioneller Vorstellungen bemüht war und nicht etwa das lebensvolle Abbild des Menschen darzustellen strebte, wurde von den Griechen mit ihrem neuen Proportionssystem ein anderes Ziel verfolgt.

Als Vollender und Gesetzgeber der klassischen griechischen Proportionslehre gilt Polyklet von Argos, der neben Phidias bedeutendste Bildhauer des 5. Jahrhunderts. Galenos, der große Arzt und Anatom des Altertums, hat uns in seinen Schriften mit den Vorstellungen Polyklets bekannt gemacht. So wissen wir, daß es dem Griechen nicht darum ging, ein schematisch anzuwendendes Konstruktionssystem zu entwickeln. Er wollte vielmehr die Maßverhältnisse des menschlichen Körpers in ihrer Gesetzmäßigkeit erkennen und einen Kanon der schönen menschlichen Gestalt aufstellen. Polyklet hat die Ergebnisse seiner Proportionsstudien in einer in Fragmenten erhaltenen Schrift niedergelegt. Als Musterbeispiel für seinen Schönheitskanon hat er die berühmte Statue eines Speerträgers, des Doryphoros, geschaffen, von der heute noch Kopien erhalten sind.

Der Gedanke des griechischen Altertums, daß ausgewogene Proportionen Grundlage ästhetischer Vollkommenheit sind, wurde von den Künstlern der Renaissance wieder aufgenommen. Wie seine Vorgänger Ghiberti und Alberti sah auch Leonardo da Vinci die Aufgabe der Proportionslehre in der Bestimmung des Schönen. Er führte zu diesem Zweck zahlreiche vergleichende Messungen durch, die in ihm jedoch Zweifel weckten, ob der Mensch überhaupt eine absolute Schönheit erfassen kann. Leonardo schreibt: »An verschiedenen Körpern finde ich verschiedene Schönheit, aber gleich an Reiz.« Er verzichtet auf die Suche nach der Lösung des Schönheitsproblems und bemüht sich weiterhin mit seinen Proportionsstudien um die Erfassung des Charakteristischen.

Ähnlich wie Leonardo ging es Albrecht Dürer, der die Ergebnisse seiner 28 Jahre währenden Proportionsstudien in den »Vier Büchern von menschlicher Proportion« zusammenfaßte, die allerdings erst nach seinem Tode im Jahre 1528 erschienen. Auch Dürer gab den Versuch auf, das absolut Schöne der menschlichen Gestalt zu erfassen. In seinen Aufzeichnungen schrieb er: »Die Schönheit, was das ist, weiß ich nit, wie wol sie vielen Dingen anhangt.«

Mit seinen umfangreichen Proportionsstudien, die auf zahlreichen Messungen beruhten, ist Dürer letztlich den Weg einer wissenschaftlichen Erforschung menschlicher Proportionen gegangen. Er kam zur Unterscheidung verschiedener, aber doch gleich schöner Proportionstypen des Menschen. Albrecht Dürer zeigte uns als erster, wie man unterschiedliche Proportionen der Gestalt oder des Gesichtes durch Transformation des zur Konstruktion verwendeten Koordinatennetzes ineinander umwandeln kann. Er ist damit zum eigentlichen Erfinder jener Methode der Koordinatentransformation geworden, die 400 Jahre später für die vergleichende Formenlehre der Tiere Bedeutung bekam.

Proportionsstudien an Tieren

Neben den jahrtausendalten Bemühungen der Künstler um die Erfassung menschlicher Proportionen spielten Proportionsstudien an Tieren kaum eine Rolle. Eine Ausnahme mag das Pferd gebildet haben, dessen Darstellung selbst der griechischen Antike als ein kunstwürdiger

Seit der große griechische Bildhauer Polyklet vor zweieinhalb Jahrtausenden erstmals die Körperproportionen des Menschen untersuchte, wurde sein Schönheitskanon zum Maßstab späterer Kunstwerke, wie dieser Nachbildung des David von Michelangelo.

Gegenstand erschien. Wenn das Pferd in der bildenden Kunst seit jeher neben dem Menschen eine gewichtige Rolle spielte, so dürfte dies nicht zuletzt auf die Wohlgefälligkeit seiner Proportionen zurückzuführen sein, die uns die Gestalt des Pferdes als etwas besonders Edles empfinden lassen.

Von Leonardo da Vinci, der als großer Tierliebhaber in Mailand einen eigenen Stall mit prächtigen Pferden hielt, ist in der Königlichen Bibliothek von Windsor ein Blatt mit den Ergebnissen seiner Proportionsstudien an Pferden erhalten, die uns zeigen, wie sehr er sich um die lebensvolle Wiedergabe der Gestalt dieses Tieres bemühte.

In unserer Zeit hat Gottfried Bammes in seiner großartigen Tieranatomie für Künstler die Körperproportionen einer Reihe typischer Landsäugetiere analysiert. Seine eindrucksvollen Schemata zeigen uns, daß exakte Proportionsstudien nicht nur wichtige Vorarbeiten für eine künstlerische Darstellung der Tiere bilden, sondern auch dem Zoologen die Erfassung der charakteristischen Merkmale einer Tiergestalt erleichtern. Sie geben zugleich wertvolle Hinweise für das Verständnis der wechselseitigen Bedingtheit von Körperbau und Lebensweise, die für das biologische Verständnis eine so große Bedeutung hat.

Vergleichen wir die Proportionen des Löwen und Bären, so wird uns klar, daß die Eigenart der Tiergestalt beim Säugetier maßgeblich durch das System des Bewegungsapparates, durch Skelett und Muskulatur bestimmt wird. In den Körperproportionen des Löwen kommt seine vollendete Raubtiernatur zum Ausdruck. Sie äußert sich in der Schlankheit und Geschmeidigkeit des Rumpfes, der Entwicklung eines kräftigen Sprungapparates sowie der Ausbildung eines gedrungenen Schädels mit mächtigem Gebiß und muskelkräftigem Hals. Wie anders wirkt dagegen die gedrungene, massige Form des Bärenkörpers, für die nicht so sehr die lange, zottige Behaarung, sondern vor allem die Proportionierung der Körperteile verantwortlich ist.

Unsere Beispiele zeigen, daß die Gestalt und Eigenart des Säugetierkörpers maßgeblich durch die Größenverhältnisse von Kopf, Hals, Rumpf, Schwanz und Gliedmaßen bestimmt werden. Im Prinzip trifft dies für die übrigen Wirbeltiere ebenso zu, wobei jede Klasse und Ordnung dieser Tiergruppe ihre Besonderheiten der Körperproportionen aufweist.

Die edle Gestalt des Pferdes ließ dessen Darstellung seit der griechischen Antike als kunstwürdigen Gegenstand erscheinen. Von Leonardo da Vinci sind Proportionsstudien an Pferden erhalten, die zeigen, wie sehr er sich um die lebensvolle Wiedergabe der Gestalt deses Tieres bemühte.

Auch bei den wirbellosen Tieren wird die Eigenart der Gestalt in starkem Maße durch die Proportionen der Körperteile beeinflußt. Im Rahmen unserer Betrachtungen können zu dieser Problematik jedoch nur einige allgemeine Gesichtspunkte angesprochen werden, da eine Gegenüberstellung und Wertung unterschiedlicher Körperproportionen jeweils nur innerhalb des Bauplans einer Tiergruppe sinnvoll ist und mit ein Anliegen der speziellen Zoologie darstellt.

Wir hatten bei unseren Betrachtungen zur Symmetrie des Tierkörpers gesehen, daß der Symmetriebauplan eines Tieres letzten Endes durch die Lagebeziehungen gleichartiger Körperabschnitte bestimmt wird. Für die Proportionierung einer Tiergestalt ist es wesentlich, in welchem Verhältnis diese als Symmetrieelemente zu betrachtenden Abschnitte zum Gesamtkörper stehen, wobei deren Anzahl, Form und eventuelle Größenunterschiede von Bedeutung sind. Beim radiär gebauten Tier geht es also um Anzahl und Proportionen der strahlenförmig angeordneten Antimeren, bei metameren Formen um die entsprechenden Verhältnisse der hintereinanderliegenden Segmente. Für die Eigenart der Gestalt metamer gegliederter Tiere ist es wesentlich, daß bei den Gliederfüßern, aber auch vielen Ringelwürmern, mehrere Segmente zu Segmentgruppen zusammengefaßt sind. Diese bilden bei den Insekten Kopf (Caput), Brust (Thorax) und Hinterkörper (Abdomen), bei den Spinnentieren Vorderkörper (Prosoma) und Hinterkörper (Opisthosoma).

Die Gestalt eines Tieres wird beim Vorhandensein von Körperanhängen in starkem Maße von deren Verhältnis zum Körperstamm beeinflußt. So ist für das Aussehen der Nesseltiere die Anzahl und Größe der Tentakel wesentlich. Ähnliches gilt bei anderen Tiergruppen für die als Träger von Sinnesorganen dienenden Fühler, für offen liegende Kiemenanhänge, oder auch die Saugarme der Kopffüßer (Cephalopoda).

Besondere Bedeutung kommt in diesem Zusammenhang schließlich den Fortbewegungsorganen zu, deren Anzahl und Größe nachhaltig das Erscheinungsbild eines Tieres beeinflussen. Das gilt für die Parapodien der Meeresringelwürmer ebenso wie für die Extremitäten der Gliederfüßer oder Wirbeltiere, aber auch für die unpaaren Flossen der Fische und die Flügel der Insekten.

In ähnlicher Weise, wie Leonardo da Vinci und Albrecht Dürer im Ergebnis ihrer Proportionsstudien zur genaueren Unterscheidung menschlicher Proportionstypen kamen, so dient die Erfassung der Hauptproportionen des Tierkörpers zunächst zur besseren Charakterisierung tierischer Bauplantypen. Die für den einzelnen kaum übersehbare Formenvielfalt der über eine Million beschriebenen Tierarten kommt im Grund durch vielfältige Varianten weniger Grundthemen, eben dieser Bauplantypen der Tiergruppen, zustande. Dabei spielen mehr oder weniger starke Proportionsänderungen eine wichtige Rolle.

Die Beschäftigung mit dieser Mannigfaltigkeit der Körperproportionen führt uns auf zwei Fragen. Zum einen interessiert uns aus biologischer Sicht, wie derartige Proportionsverschiebungen zustande kommen. Andererseits ergibt sich die Frage, welchen Einfluß unterschiedliche Proportionen auf unser ästhetisches Erlebnis der Tiergestalt haben.

Von der ästhetischen Wirkung der Körperproportionen

Genauere Untersuchungen über die ästhetische Wirkung tierischer Körperproportionen liegen, wenn wir etwa von den Säugetieren absehen, bisher kaum vor. Nur Karl Möbius hat in seiner »Ästhetik der Tierwelt« versucht, aus eigenem Erlebnis und seiner tiefgründigen Kenntnis des Tierreichs allgemeinere Aussagen zu dieser Frage zu machen. Einige der zahlreichen von ihm formulierten »Schönheitsgesetze« der Tiere seien hier thesenhaft zusammengestellt. Zur allgemein ästhetischen Wirkung der Körperproportionen schreibt Möbius:

»Wenn wir Formen von Tierkörpern als schön empfinden, erfreut uns das Zusammenwirken ihrer verschiedenen Ausdehnungen zu einer leicht überschaubaren Einheit.«

Über die radiär gebauten Tierformen finden wir folgende Feststellungen:

- »Die gleichförmigen und gleichmäßig arbeitenden Körperteile der Strahltiere liegen in der Regel in gleichen Entfernungen voneinander um den Mittelpunkt oder um die Hauptachse des Körpers herum. Jedes regelmäßig ausgebildete Strahlenglied wirkt ästhetisch ebenso, wie alle anderen derselben Gruppe.«
- »Eine kleine, leicht überschaubare Anzahl von gleichförmigen Strahlengliedern gefällt mehr als eine Menge, deren Zahl ohne Abzählen nicht zu bestimmen ist.«
- »Polypen mit vielen Tentakeln sind nicht so schön, wie Polypen mit nicht mehr als acht Tentakeln.«

Bilateralsymmetrische Tiere bieten nach Möbius der ästhetischen Betrachtung mehr Mannigfaltigkeit dar als radiärsymmetrische. Zu den metamer gegliederten Formen unter ihnen trifft er folgende Feststellungen:

- »Eine große Anzahl gleichförmiger Folgestücke gefällt nicht. Man sieht nichts Neues, wird ermüdet und gelangweilt.«
- »Eine große Anzahl gleichförmiger Abteilungen gefällt mehr, wenn deren Größe allmählich zunimmt. Man erhält den Eindruck ihres gesetzmäßigen Wachsens.«
- »Tiere mit einer geringen, leicht erkennbaren Anzahl von Abteilungen in der Längsrichtung des Körpers gefallen mehr als vielgliedrige Formen. Der Grad ihrer Schönheit hängt ab von der verhältnismäßigen Größe der Folgestücke, aus denen sie bestehen.«

Ausführlich äußert sich Möbius zur ästhetischen Bedeutung der Gliederung des Körpers der Wirbeltiere und Insekten in Hauptregionen:

- »Säugetiere und Vögel, aus deren Rumpf vorn ein deutlich ausgebildeter Hals entspringt, hinten ein abgesetzter Schwanz, sind schöner als die Körperformen der Wale und der meisten Fische, deren Kopf, Rumpf und Schwanz ineinander übergehen.«
- »Auch Insekten, deren Kopf, Brust und Hinterleib undeutlich geschieden sind, gefallen weniger, als Formen, in welchen sich diese Teile deutlich voneinander abheben.«
- »Insekten, in welchen die Größe der Körperabteilungen stufenweise zunimmt, sind schöner als Formen, die aus einer auffallend großen und unerwartet kleinen Abteilungen bestehen.«
- »Körperformen, die aus wenigen, fast gleich großen Abteilungen bestehen, sind nicht schön, weil der Blick von einer Abteilung zur anderen gezogen und dadurch die Erfassung der ästhetischen Einheit des ganzen Tieres erschwert wird.«

- »Der Schwanz bildet ein ästhetisch wirkendes Gegengewicht zur Hals-Kopfmasse. Die ungeschwänzten Bären oder Steißhühner sind nicht so schön, wie ähnliche Tierformen mit wohl entwickeltem Schwanz. Langhalsige Vögel mit kurzem Schwanz sind nicht so schön, wie langhalsige, die auch einen langen Schwanz haben.«

Über die ästhetische Wirkung von Anhängen und Erhöhungen der Körperoberfläche kommt Möbius zu folgenden Erkenntnissen:

- »Unregelmäßig abstehende fadenförmige Anhänge mißfallen, weil sie den Blick hin und her führen und die Erfassung der ästhetischen Einheit erschweren.«
- »Regelmäßige Erhöhungen und Furchen auf den Schalen von Muscheln, Schnecken und Stachelhäutern gefallen als gesetzmäßige Bildungen.«
- »Borstenbüschel und Kiemen an dem Körper von Würmern gefallen, weil sie Reihen bilden. Auch spiralig geordnete Kiemen und hufeisenförmige Tentakelträger gefallen als regelmäßige Bildungen.«

Zur ästhetischen Bedeutung der Fortbewegungsorgane schreibt Möbius:

- »Große Mengen gleichförmiger Füße gefallen nicht. Man sieht nichts Neues, sondern langweilende Wiederholung schon gesehener Formen. Angenehmer zu überblicken ist die geringere Zahl von Beinen bei Insekten, auch noch Spinnen, Meerspinnen und manchen Krebsen.«
- »Formen mit auffallend langen Beinen, die den Blick vom Körper stark ablenken, gefallen nicht.«
- »Bei den Wirbeltieren erschweren die leicht überschaubare Anzahl und die verhältnismäßig geringere Größe der Beine die Erfassung der ästhetischen Einheit der ganzen Tiergestalt viel weniger als bei Gliederfüßlern.«

Die ästhetische Wirkung der Form und Lage der Insektenflügel wird so charakterisiert:

- »Die ausgebreiteten Flügel erschweren die Auffassung der einheitlichen Form des ganzen Körpers, weil sie den Blick von dem der Länge nach ausgedehnten Leibe nach rechts und links ablenken. Eine geringere Ablenkung von der Zentralmasse durch die Form der Flügel gefällt mehr als eine stärkere.«

Schließlich sei eine These zur Wirkung von Kopfanhängen wiedergegeben, die auf Vertreter der verschiedensten Tierstämme bezogen werden kann:

- »Besonderen ästhetischen Wert haben auffallend große Anhänge an dem Kopfe bilateralsymmetrischer Tiere, weil sie die Aufmerksamkeit auf denjenigen Teil des Körpers hinlenken, aus dessen Haltung wir hauptsächlich auf den seelischen Zustand des Tieres schließen.«

Karl Möbius hatte diese »Schönheitsgesetze« der Tierproportionen als Ergebnis lebenslanger Beobachtungen in seiner 1908 erschienenen »Ästhetik der Tierwelt« zusammengefaßt. Dieses originelle Buch, das in der zoologischen Literatur kein Gegenstück hat und wohl kaum die ihm gebührende Beachtung fand, bietet dem Leser auch dann eine Fülle von Anregungen zur näheren Beschäftigung mit den ästhetischen Eigenschaften der Tiere, wenn er nicht jeder These des Autors zustimmt. Möbius geht in seinem den Körperproportionen gewidmeten Kapitel nur auf deren ästhetische Wertung ein, läßt deren biologische Aspekte jedoch unberücksichtigt.

Das Prinzip der Koordinatentransformation

Vergleichen wir verwandte Tierarten oder Tiergruppen miteinander, so stellen wir fest, daß in vielen Fällen Unterschiede der Körperproportionen zu den charakteristischsten Merkmalen der betreffenden Tierformen gehören. So wie Albrecht Dürer Proportionsunterschiede bestimmter Konstitutionstypen des menschlichen Körpers durch Koordinatentransformation konstruiert hatte, wurde 400 Jahre später von D'Arcy Thompson erstmals 1917 eine Tierform durch Transformation eines Koordinatensystems in eine andere umgewandelt.

Unser Bild zeigt, wie die ungewöhnliche Gestalt des scheibenförmigen Mondfischs *Mola mola* durch eine solche cartesianische Transformation aus einer normalen Fischgestalt abgeleitet werden kann. Der in ein rechtwinkliges Koordinatensystem eingezeichnete Körperumriß des Fisches *Diodon* ergibt bei Deformation der vertikalen Linien im konzentrischen Kreise, der horizontalen in Hyperbeln die Gestalt des mit *Diodon* verwandten Mondfisches. In ähnlicher Weise kann man die unterschiedlichen Umrißformen der Panzer verschiedener Krebsarten ineinander überführen.

Man kann durch derartige Verschiebungen eines Koordinatensystems offensichtlich wichtige Bauplanänderungen verwandter Tiergruppen verständlich machen, die im Verlaufe ihrer Stammesgeschichte entstanden sind. Die Methode der Koordinatentransformation kann jedoch nicht nur beim Vergleich lebender Tierarten, sondern auch für ausgestorbene Tierformen angewendet werden.

Der Igelfisch *Chilomycterus antennatus* zeigt im aufgeblasenen Zustand die für einen Fisch ganz ungewöhnliche Körperform einer mit Stacheln besetzten Kugel.

Es ergibt sich damit eine Methode zum Verständnis stammesgeschichtlicher Reihen, die allerdings von den Paläontologen noch wenig angewendet wurde. Eines der in dieser Hinsicht am besten untersuchten Beispiele stellt die Pferdeentwicklung dar.

Das Prinzip der Koordinatentransformation zeigt uns zunächst nur, wie man zwei Tierformen mit unterschiedlichen Körperproportionen gedanklich ineinander überführen kann. Wie solche Proportionsverschiebungen in der Phylogenie tatsächlich zustande kommen können, wird uns verständlich, wenn wir die Ontogenie der Tiere, also ihre Individualentwicklung, näher betrachten.

Wachstumsgesetze der Individualentwicklung

Beim Vergleich der Entwicklungsstadien vieler Tiere ergibt sich, daß einzelne Organe oder sonstige Strukturen im allgemeinen so wachsen, daß ihre Zuwachsrate im Verhältnis zum Gesamtkörper über einen kürzeren oder längeren Zeitraum konstant bleibt. Wir sprechen von isometrischem Wachstum, wenn Körper und Organ mit gleicher Geschwindigkeit wachsen. Positiv allometrisches Wachstum liegt vor, wenn ein Organ relativ schneller als der Gesamtkörper wächst. Bei negativer Allometrie bleibt das Organwachstum hinter dem des Körpers zurück.

Oft bleiben bestimmte allometrische Tendenzen über lange Zeiträume der Individualentwicklung erhalten. In anderen Fällen kann zu einem bestimmten Zeitpunkt ein Umschlag von positiv zu negativ allometrischem oder zu isometrischem Wachstum des Organs eintreten oder auch eine Veränderung in umgekehrter Richtung erfolgen. Wird nun bei einem Tier durch irgendwelche Einflüsse die Wachstumsperiode verlängert, so werden Organe mit anhaltend positiv allometrischem Wachstum relativ immer größer, solche mit negativer Allometrie im Vergleich zur Körpergröße immer kleiner. Wir haben damit ein Wachstumsgesetz der Individualentwicklung charakterisiert, das auch für viele Fälle der Stammesentwicklung anwendbar ist und zahlreiche Proportionsunterschiede verwandter Tierformen erklärt.

Der bedeutende Wirbeltier-Paläontologe Edward D. Cope formulierte im Jahre 1896 eine später nach ihm benannte Regel, der zufolge in der stammesgeschichtlichen Entwicklung zahlreicher Tiergruppen eine fortschreitende Körpervergrößerung auftrat. Nach dem Gesetz der Allometrie mußten dabei Organe mit positiv allometrischem Wachstum mit zunehmender Körpergröße der Tiere nicht nur absolut, sondern auch relativ größer werden.

Ein von den Paläontologen gut untersuchtes Beispiel für derartige phylogenetische Proportionsverschiebungen stellt die stammesgeschichtliche Entwicklungsreihe der Brontotherien dar. Die in ihrer Verbreitung auf Nordamerika beschränkte Huftierfamilie der Brontotheriiden begann ihre Entwicklung im frühen Tertiär mit urpferdähnlichen Formen von der Größe einer Dogge. Im Zuge einer kontinuierlichen Größenzunahme erreichten die Titanotheriiden mit ihren jüngsten Vertretern im unteren Oligozän Körperdimensionen, die denen der Elefanten nicht nachstanden. Während die ältesten und damit kleinsten Formen keine Hörner aufwiesen, kam es später zu Hornbildungen mit knöchernen Schädelzapfen am Hinterende der Nasenbeine. Nach dem Prinzip des allometrischen Wachstums wurden diese nach vorn ragenden, paarigen Hörner mit zunehmender Körpergröße immer stärker ausgebildet, bis sie schließlich bei dem gewaltigen *Brontotherium* monströse Ausmaße annahmen.

Die Eigenart der Tiergestalten wird neben ihren Symmetrieeigenschaften maßgeblich durch die Größenverhältnisse der Körperteile bestimmt. Trotz ihrer sehr unterschiedlichen Körperproportionen gehören alle abgebildeten Krebse zur Ordnung der Asseln (Isopoda): 1 *Anthura gracilis* ♂, 2 *Munnopsis typica* ♂, 3 *Macrostylis spinifera* ♂, 4 *Gnathia oxyurea* ♂, 5 *Ischnomesus bispinosus* ♀, 6 *Dendrotion spinosum* ♀, 7 *Eurycope cornuta* ♂, 8 *Porcellio scaber* ♀. Beim Vergleich verwandter Tierarten kann man vielfach von der Gestalt des einen Tieres die des anderen durch Umwandlung des über den Körper projizierten Koordinatensystems ableiten. Fig. 9 zeigt, wie durch dieses Prinzip der Koordinatentransformation der Körperumriß des Fisches *Diodon* in jenen des Mondfischs *Mola mola* umgewandelt werden kann. Unterschiedliche Proportionen verwandter Formen werden oft durch unterschiedliche Wachstumsgeschwindigkeiten der Organe im Verhältnis zum übrigen Körper erreicht. Fig. 10 zeigt dies für die exzessive Schnabellänge der Uferschnepfe *Limosa limosa*.

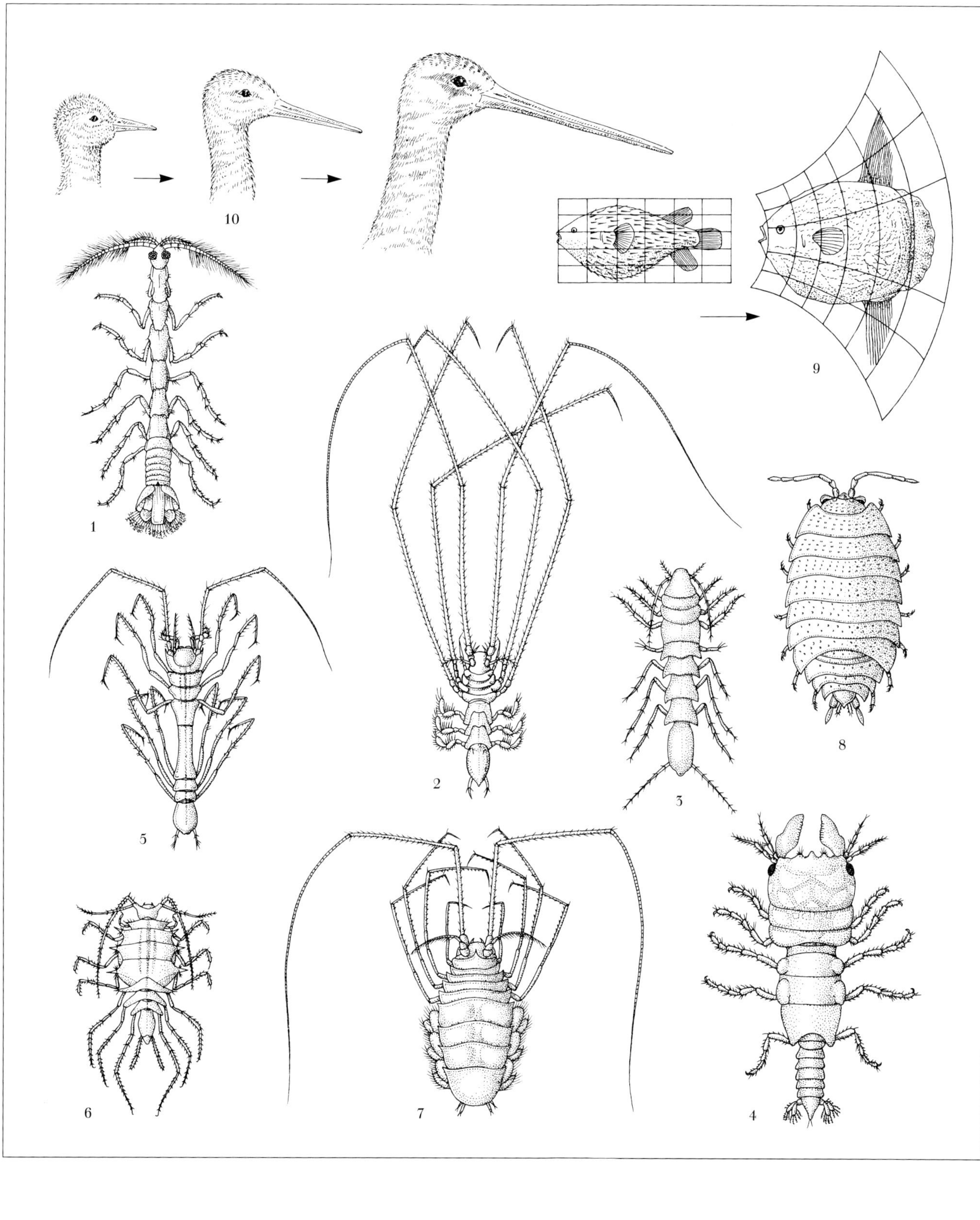

Unser Beispiel der Entwicklung der Brontotheriiden zeigt uns nicht nur, wie mit der weit verbreiteten stammesgeschichtlichen Größenzunahme zwangsläufig Proportionsänderungen des Bauplans verbunden waren. Es macht uns zugleich verständlich, wie es in der Evolution zur Entwicklung extrem vergrößerter exzessiver Organe kommen konnte. Wenn die phylogenetische Körpervergrößerung einer Tiergruppe in der Selektionswirkung Vorteile brachte, ihre Lebenstüchtigkeit steigerte, so konnte die damit in Verbindung stehende Entwicklung nutzloser oder gar schädlicher exzessiver Organe in Kauf genommen werden.

In ähnlicher Weise, wie beim Vorliegen positiver Wachstumsallometrie exzessive Organe entstehen können, kann die negative Allometrie eines Organs zu dessen Größenreduktion und möglicherweise auch einer Rudimentation führen. Wir wissen, daß die Beine der Echsen im Vergleich zum Rumpf negativ allometrisch wachsen. Starke Körpervergrößerung und besonders extreme Verlängerung des Rumpfes konnte so zu einer relativen Verkleinerung der Beine und bei manchen Formen zu einer weitgehenden Rudimentation der Extremitäten führen.

Die Größe der Tiere

Wenn wir ein Tier beschreiben, so geben wir in der Regel seine Größe als ein wichtiges Merkmal an. Wir bezeichnen den Elefanten als großes, die Maus hingegen als kleines Tier. Unbewußt haben wir uns dabei auf unsere eigene Körpergröße als Vergleichseinheit bezogen. Für eine nähere Betrachtung der Tiergröße genügen jedoch solche relativen Angaben nicht. Es sind genauere, absolute Maße erforderlich.

Bei der Beschäftigung mit den Größenverhältnissen der Tierwelt interessiert zunächst, wie groß die größten und wie klein die kleinsten Tiere sind.

Die größten lebenden Tierarten finden wir im Meer. So soll der Blauwal *Balaenoptera musculus* als größtes Tier unserer Erde eine Körperlänge von 33 Metern und eine Körpermasse von 135 000 Kilogramm erreichen. Daneben nimmt sich der Walhai *Rhincodon typus* als größter lebender Meeresfisch mit 18 Metern Länge und 6000 Kilogramm Masse beinahe bescheiden aus. Demgegenüber erreicht der Hausen *Huso huso* als größter Süßwasserfisch »nur« etwa die halbe Länge. Das größte Exemplar dieses Kaviarlieferanten, das 1956 gefangen wurde, war 8,5 m lang.

Den Größenrekord unter den wirbellosen Meerestieren halten die in tieferen Meeresregionen lebenden Tintenfische der Gattung *Architeuthis*. Der größte bisher beobachtete Riesentintenfisch, der 1933 an der Küste Neufundlands angetrieben wurde, erreichte bei einer Körperlänge von 8 m mit ausgestreckten Fangarmen die phantastische Gesamtlänge von 21,95 m. Seine Masse wurde auf 40 000 kg geschätzt.

Hinter diesen Maßen bleiben die Riesen der übrigen im Meer lebenden Tierstämme mit ihrer Körpergröße weit zurück. So erreicht der scheibenförmige Körper des pazifischen Schwamms *Spheciospongia vesparia* einen Durchmesser von 2 m und die gelbe Haarqualle *Cyanea capillata* in der Arktis mit einem Glockendurchmesser von maximal 2,25 m eine ähnliche Größe. Der in der japanischen Tiefsee solitär lebende Hydroidpolyp *Branchiocerianthus imperator* wird mit Stiel ebenfalls 2,25 m lang. Unter den Meeresringelwürmern (Polychaeta) erreicht *Eunice aphroditois* eine Länge von 3 m. Die Riesenmuschel *Tridacna gigas* kann 1,35 m lang und über 200 kg schwer werden. Unter den Stachelhäutern hält der Seestern *Freyella remex* mit einer Spannweite von 1 m und Armlängen von 45 cm den Rekord neben der Seegurke *Synapta maculata*, die sich bei einem Körperdurchmesser von 5 cm auf 2 m Länge ausstrecken kann. Erwähnenswert ist als größter lebender Gliederfüßer die japanische Riesenkrabbe *Macrocheira kaempferi*, die mit ihren 1 m langen Beinen eine Fläche von 1,8 m überspannen kann.

Unter den Landtieren werden die an Körpermasse größten Arten ohne Zweifel von den Wirbeltieren gestellt. Eine Reihe sehr großer Formen finden wir unter den Reptilien. Das Prädikat der längsten Schlangen können der in Hinterindien lebende Netzpython *Python reticulatus* und die südamerikanische Anakonda *Eunectes murinus* beanspruchen. Von beiden Arten sind über 9 m lange Exemplare beobachtet worden. Welcher Kontrast zu den zwergenförmigen Schlankblindschlangen der Gattung *Leptotyphlops*, die bei Streichholzstärke mit 8 bis 10 cm Körperlänge bereits erwachsen sind!

Unter den Echsen stellen der erst 1912 entdeckte Komodowaran *Varanus komodoensis* mit 3 m Körperlänge und der fast ebenso große australische Buntwaran *Varanus varius* die mächtigsten Gestalten. Ihre Körpergröße verblaßt freilich neben jener der großen Krokodile. So kann das Orinoko-Krokodil *Crocodylus intermedius* eine

Für das Erscheinungsbild eines Tieres spielt neben den Körperproportionen, Symmetrieeigenschaften und der Färbung die Größe eine wichtige Rolle. Der männliche Bison *(Bison bison)* macht als größtes Säugetier des amerikanischen Kontinents mit einer Kopfrumpflänge von 3 Metern, der wuchtigen Entwicklung des Vorderkörpers und der eigentümlichen Behaarung auf uns einen gewaltigen Eindruck.

Gesamtkörperlänge von 8 m erreichen. Das größte, 1903 erlegte Nilkrokodil *Crocodylus niloticus* maß vom Kopf bis zur Schwanzspitze 7,6 m und wog 1150 kg.

Als größte Landsäugetiere sind jedermann der Afrikanische Elefant *Loxodonta africana* und der etwas kleinere Asiatische Elefant *Elephas maximus* bekannt. Alte Bullen des Afrikanischen Elefanten sollen in seltenen Fällen eine Körperhöhe von 4 m und ein Gewicht von 5000 bis 6000 kg erreichen. An Höhe werden diese noch von der Giraffe *Giraffa camelopardalis* übertroffen, die mit Hörnern eine Scheitelhöhe von fast 6 m erreichen kann.

Neben den Großsäugetieren nimmt sich der afrikanische Strauß *Struthio camelus* als größter Vogel mit seinem Gewicht von 200 kg und einer Körperhöhe von 3,20 m bescheiden aus. Seine Körpermasse übertrifft aber dennoch um ein Vielfaches jene der größten flugfähigen Vögel. Von diesen erreicht der über den südlichen Ozeanen umherstreifende Wanderalbatros *Diomedea exulans* die phantastische Flügelspannweite von 4,30 m.

Es ist bemerkenswert, daß sich nicht nur unter freilebenden Tieren, sondern auch bei Parasiten Riesenformen finden. Bekannt ist die große Länge, die viele Bandwürmer erreichen. Die längste Art ist der in verschiedenen Raubtieren und auch im Menschen vorkommende Breite Bandwurm oder Grubenkopf *Diphyllobothrium latum*, der bis zu 20 m lang wird. Weniger bekannt ist, daß unter den Fadenwürmern die Weibchen der größten Art *Placentonema gigantissima* bei 2,5 cm Durchmesser eine Körperlänge von 8,4 m erreichen. Die Männchen dieses in der Plazenta des Pottwals gefundenen Nematoden werden mit 3,5 m etwa ebenso lang wie der im Humusboden australischer Wälder und Buschregionen lebende Riesenregenwurm *Megascolides australis*, dessen Körperlänge bei 3 cm Durchmesser etwa 3 m beträgt.

Wir haben unsere Betrachtung der größten Tiere bisher auf die lebenden Arten beschränkt. Bei Berücksichtigung der ausgestorbenen fossilen Formen ergeben sich für viele Tiergruppen ganz andere Größenrekorde.

Am bekanntesten sind die gigantischen Ausmaße der Riesensaurier, deren wahre Größe einem erst bewußt wird, wenn man vor einem vollständigen Skelett oder einer lebensgroßen Rekonstruktion steht. Diese größten Landtiere aller Zeiten erreichten mit *Brachiosaurus* bei einer Kopfhöhe von 12 m die unwahrscheinliche Länge von 27 bis 30 m. Zu den Flugsauriern gehörten die größten flugfähigen Tiere, die jemals auf der Erde lebten. Während man bis vor wenigen Jahren noch meinte, daß *Pteranodon ingens* mit etwa 9 m Spannweite den Größenrekord hält, wurden 1975 die Reste einer noch größeren Art beschrieben. Dieser in der oberen Kreide von Texas gefundene *Quetzalcoatlus northropi* besaß eine Spannweite der Flughäute von mindestens 12 m.

Eine erstaunliche Größe erreichte auch der größte Fisch, der je auf der Erde lebte. Es handelt sich um den Riesenhai *Carcharodon megalodon*, der über 25 m lang wurde und erst vor 1 Million Jahren ausstarb. Das größte ausgestorbene Landsäugetier war ein Nashorn, das vor 25 Millionen Jahren in Asien lebte. Dieses *Baluchitherium* erreichte bei einer Rückenhöhe von 5,50 m eine Körperlänge von 9 m und eine Masse von 20 000 kg.

Fragen wir nach den kleinsten Tieren, so ist es naheliegend, zunächst an die Einzeller zu denken. Ihre kleinsten Vertreter, zu denen wir manche parasitisch lebenden Flagellaten *(Trichomonas columbae)*, Mikrosporidier *(Nosema bombycis)* oder auch Amöben *(Entamoeba hartmanni)* rechnen können, werden nur wenige Mikrometer groß.

Neben diesen Winzlingen gibt es freilich auch viele Protozoen, die wesentlich größer sind. So kann *Amoeba proteus* bis zu 500 µm groß werden und die im Süßwasserschlamm lebende *Pelomyxa palustris* eine Länge von 1 bis 2 mm oder noch mehr erreichen. Unter den hochentwickelten Ciliaten wird das viel untersuchte Pantoffeltierchen *Paramecium caudatum* 300 µm, das Trompetentierchen *Stentor polymorphus* 1 mm, die Art *Bursaria truncatella* 1,5 mm und das langgestreckte *Spirostomum ambiguum* sogar 3 mm lang. Einige Foraminiferen können sogar die für Protozoen ganz ungewöhnliche Größe von mehreren Zentimetern erreichen.

Es ist bemerkenswert, daß zahlreiche vielzellige Tiere kleiner sind als die größeren Einzeller. Die kleinsten Metazoen finden wir unter den Mesozoen und Rotatorien. So wird die in der Leibeshöhle eines Meeresringelwurms lebende Mesozoenart *Pelmatosphaera polycirri* nur 15 x 45 µm groß. Ebenso klein ist das winzige Rädertierchen *Ascomorpha minima*, das bei einer Körperlänge von 41 bis 43 µm etwa 30 µm breit wird. Zu den Zwergen unter den vielzelligen Tieren gehören weiterhin manche Bauchhärlinge (Gastrotricha), deren kleinste Formen nur 70 µm Länge erreichen.

Die Körpergestalt der mittelamerikanischen Buckelzikade *Heteronotus vespiformis* wird wie bei allen Membraciden maßgeblich durch rätselhafte, bizarre Auswüchse des Halsschilds bestimmt.

In zahlreichen Wurmgruppen finden wir Arten, die kleiner als 500 µm sind. Das gilt für die Strudelwürmer (Turbellaria), Saugwürmer (Trematoda), Hakensaugwürmer (Pectobothrii), Kiefermündchen (Gnathostomulida), Fadenwürmer (Nematoda), Kinorhyncha und auch die Wenigborster (Oligochaeta). Die Bärtierchen (Tardigrada) werden im Durchschnitt nur 250 bis 500 µm groß, und die in der Sandlückenfauna der Meeresküsten lebenden Formen des erst 1983 entdeckten eigenartigen Tierstamms der Panzerträger (Loricifera) erreichen ebenfalls nur 300 µm Länge. Unter den Nesseltieren (Cnidaria) verdient der winzige, Medusenmerkmale aufweisende Polyp *Halammohydra octopodides* Erwähnung, der mit 400 µm Körperlänge ebenfalls das Sandlückensystem der Meeresküsten bewohnt.

Von besonderem Interesse ist die Frage nach den kleinsten Vertretern der hochentwickelten Tiergruppen der Insekten und Wirbeltiere.

Unter den Insekten wird der Winzigkeitsrekord von den Zwergwespen (Mymaridae) gehalten, deren Larven sich als Parasiten in Insekteneiern entwickeln. So hat *Alaptus magnanimus* als kleinstes Insekt eine Körperlänge von nur 210 µm. Man kann nur darüber staunen, daß diese winzigen Tiere, die kleiner als das einzellige Pantoffeltierchen *Paramecium caudatum* sind, alle Organsysteme des Insektenbauplans besitzen und komplizierte Verhaltensweisen zeigen.

Der kleinste bisher bekannt gewordene Fisch gehört zu den Grundeln (Gobiidae). Während die um die Jahrhundertwende auf den Philippinen entdeckte Art *Mistichthys luzonensis* 10 bis 14 mm lang wird, mißt die an der Küste von Manila vorkommende *Pandaka pygmaea* nur 7,5 bis 11 mm. Als kleinster Frosch gilt der Kubanische Zwergfrosch *Sminthillus limbatus*, der knapp 1 cm groß wird.

Unter den Vögeln wird der Winzigkeitsrekord von zwei Kolibriarten gehalten. Das Männchen der auf Kuba vorkommenden Bienenelfe *Calypte helenae* wird nur 6 cm lang, wovon die Hälfte auf Schnabel und Schwanz entfällt. Nur wenige Millimeter größer ist die in den Tropenwäldern von Ekuador und Nordperu lebende Hummelelfe *Acestrura bombus*. Als kleinstes Säugetier sei schließlich die in den Mittelmeerländern heimische Etruskerspitzmaus *Suncus etruscus* erwähnt, deren Kopfrumpflänge 34 bis 48 mm beträgt, während der Schwanz 22 bis 33 mm lang wird.

Vergleichen wir die Maße der kleinsten und größten Vertreter einer Tiergruppe, so kommen wir zu der erstaunlichen Erkenntnis, daß derselbe Bauplan offenbar in ganz verschiedenen Dimensionen realisiert sein kann. Es beträgt die Körperlänge des Blauwals nahezu das Tausendfache der Kopfrumpflänge der Etruskerspitzmaus. Die zu den Gespenstheuschrecken (Phasmida) gehörenden längsten Insekten, wie die flügellosen Weibchen von *Pharnacia serratipes* und *Phoebaeticus kirbyi*, erreichen mit 330 mm das 1500fache der Körperlänge der kleinsten Zwergwespe. Bei den Fischen unterscheiden sich die kleinste und größte Art in ihrer Länge um das 2400fache. Die extremsten Größenunterschiede finden wir jedoch bei den Fadenwürmern. Die Körperlänge der kleinsten Nematoden paßt nicht weniger als 28 000mal in jene der 8,4 m langen Riesenart *Placentonema gigantissima*.

Wenn man die Größenunterschiede der Zwerge und Riesen einer Tiergruppe richtig beurteilen will, so genügt es nicht, die Längen zu vergleichen. Mindestens ebenso wichtig ist ein Vergleich der Körpermassen, der zu viel extremeren Unterschieden führt, da ja das Volumen sich mit der dritten Potenz der Länge vergrößert. Vergleichen wir die Körpergewichte der Spitzmaus und des Blauwals, so kommen wir zu der Feststellung, daß der Wal das Hundertmillionenfache der Spitzmaus wiegt. Diese gewaltige Größenzunahme innerhalb derselben Tiergruppe ist vor allem auf eine Vermehrung der Anzahl der Körperzellen zurückzuführen, da sich große und kleine Tiere kaum in der Zellgröße unterscheiden.

Die vor allem in den Tropen Mittel- und Südamerikas vorkommenden zahlreichen Arten der Buckelzikaden (Membracidae) besitzen überaus bizarre Fortsätze des Halsschildes. Der faszinierende Formenreichtum dieser rätselhaften Auswüchse zeigt, daß bei der Evolution dieser Tiere der phantasievollen Abwandlung ihres Grundbauplans kaum Grenzen auferlegt waren. 1 *Cyphonia clavata*, 2 *Bocydium globulare*, 3 *Sphongophorus ballista*, 4 *Heteronotus abbreviatus*, 5 *Sphongophorus inflatus*, 6 *Umbonia spinosa*, 7 *Sphongophorus guérini*, 8 *Stylocentrus ancora*, 9 *Hamma nodosa*.

Obwohl die kleinsten und größten Arten der Insekten ähnliche Größenunterschiede aufweisen wie die kleinsten und größten Säugetiere, so besteht doch zwischen beiden Tiergruppen ein bemerkenswerter Unterschied. Der von den Säugetieren eingenommene Größenbereich liegt etwa um das Hundertfache über jenem der Insekten. Dies ist offensichtlich eine Konsequenz der unterschiedlichen Skelettbildungen beider Tiergruppen. Während das Außenskelett einer Körpervergrößerung der Insekten enge Grenzen setzt und nur die im Wasser lebenden Krebse etwas größer werden, ermöglicht das Innenskelett den Wirbeltieren die Entwicklung solcher Riesenformen wie Saurier oder Wale.

Tiere mit rätselhaften Auswüchsen

Die Biologen sind immer bestrebt, jeder Struktur eines Organismus eine bestimmte Funktion zuzuordnen. Das gilt auch für die oft bizarren Anhänge oder Auswüchse vieler Tiergestalten. Von manchen nehmen wir an, daß sie Waffen darstellen oder als ornamentale Geschlechtsmerkmale der Geschlechterfindung dienen. Andere haben sich im Rahmen allometrischer Wachstumsprozesse zwangsläufig mit dem Körperwachstum herausgebildet. Eine vierte Gruppe umfaßt bizarre Körperfortsätze von kleinen Wassertieren, die durch Vergrößerung des Sinkwiderstandes ein Schweben der Tiere erleichtern.

Es gibt jedoch Insekten mit überaus merkwürdigen Körperauswüchsen, für die keine dieser vier Erklärungen zutrifft. Träger dieser rätselhaften Bildungen sind kleine Zikaden der Familie der Buckelzikaden (Membracidae). In unserer heimischen Fauna finden wir zwei Vertreter dieser Verwandtschaftsgruppe. Während bei der nur 5 mm großen, auf Ginster lebenden Ginster-Dornzikade *Gargara genistae* der buckelförmig aufgewölbte Halsschild nach hinten in einen einfachen spitzen Fortsatz ausgezogen ist, der den Körper teilweise überdeckt, besitzt bei der 8 bis 10 mm großen, überall häufigen Dornzikade *Centrotus cornutus* der Halsschild außerdem zwei kräftige Seitendornen.

Die relativ einfache Grundform des großen Halsschildes unserer deutschen Buckelzikaden erscheint bei anderen Vertretern dieser Insektenfamilie in überaus vielfältiger und bizarrer Weise abgewandelt. Wollen wir freilich den faszinierenden Formenreichtum der Membraciden in seiner vollen Breite erfassen, so müssen wir die in den Tropen lebenden Arten betrachten, vor allem jene aus Mittel- und Südamerika.

Unsere Abbildungen veranschaulichen besser als jede Beschreibung, daß bei der Evolution der Buckelzikaden der phantasievollen Abwandlung eines Grundbauplans offensichtlich kaum Grenzen auferlegt waren. Diese maximale Freiheit bei der Entwicklung bizarrer Anhänge des vorderen Brustsegments wird noch dadurch unterstrichen, daß oft selbst an Tieren derselben Art eine große Variabilität dieser Zierate beobachtet werden kann.

Natürlich haben die Entomologen nach einer funktionellen Bedeutung der rätselhaften Strukturen gesucht. So ist vielfach eine Ähnlichkeit der Thoraxanhänge mit dornen- oder stachelartigen Pflanzenorganen vermutet worden, die den Tieren in ihrer natürlichen Umgebung einen Sichtschutz geben sollen. Wir dürfen jedoch nicht übersehen, daß es sich bei solchen Deutungen eher um Vermutungen als um experimentell gesicherte Erkenntnisse handelt.

Buckelzikaden sind nicht die einzigen Tiere, bei denen wir eine solche Freiheit der Abwandlung eines Organs beobachten können. So gibt es im engeren Verwandtschaftskreis der Zikaden in der Gruppe der Laternenträgerartigen (Fulgoroidea) eine Reihe großer Arten, die sich durch bizarre Kopfzierate auszeichnen. Unter den Käfern ist es die überaus artenreiche Familie der Blatthornkäfer (Scarabaeidae), bei denen viele Arten rätselhafte Auswüchse des Brustschilds und des Kopfes aufweisen.

Aber auch bei den Wirbeltieren können wir viele Fälle einer maximalen Freiheit der Gestaltung bestimmter Organe bei verwandten Arten aufführen. Eindrucksvolle Beispiele liefern unter den Säugetieren die vielfältigen Hornformen der Hornträger (Bovidae) oder unter den Vögeln die Paradiesvögel, bei denen wir eine nahezu richtungslose Vielfalt der Entwicklung von Schmuckfedern beobachten können. Mögen auch in diesen Fällen die eingangs erwähnten Funktionen als ornamentale Geschlechtsmerkmale oder Waffen einen gewissen Erklärungswert für die stammesgeschichtliche Entwicklung dieser Organe haben, so birgt die faszinierende Vielfalt ihrer Gestaltung doch noch eine Fülle ungelöster Probleme.

Innen und außen

Gestaltbildung bei Pflanzen und Tieren

Seit unserer Kindheit sind wir gewohnt, die uns umgebenden Lebewesen in die Organismengruppen der Pflanzen und Tiere einzuordnen. Normalerweise bereitet uns diese Zuordnung keine Schwierigkeiten. Bereits ein Kind erfaßt ja unbewußt die charakteristischen Gestaltunterschiede von Pflanze und Tier, die in der unterschiedlichen Lebensweise beider begründet sind.

Die grüne Pflanze entnimmt die zum Unterhalt der Lebensprozesse erforderliche Energie unmittelbar dem Sonnenlicht und baut mit dessen Hilfe unter Einsatz des Chlorophylls aus Kohlendioxid und Wasser organische Verbindungen auf, die der Pflanze als Energiereserve oder Baustoffe dienen. Dieser Prozeß der Photosynthese kann um so wirkungsvoller ablaufen, je größer die dem Licht zugewandte Oberfläche ist. Das Wachstum der Pflanze führt so zur Entwicklung umfangreicher Außenflächen und damit einer stark gegliederten, offenen Körperform.

Im Gegensatz zur Pflanze ist das Tier auf die Aufnahme vorgefertigter organischer Verbindungen angewiesen. Es entnimmt die für seinen Lebensunterhalt erforderliche Energie und die Baustoffe des Körpers ausschließlich seiner Nahrung. Für die Aufnahme und Verarbeitung der Nahrung, die Verteilung der Nährstoffe im Körper und die Entfernung der Stoffwechselprodukte sind innere Hohlraumsysteme erforderlich. Der Tierkörper zeigt somit eine geschlossene äußere Form mit reicher Entwicklung innerer Oberflächen.

Die äußere und innere Gestaltung des Tierkörpers

Die Mehrzahl der Organe eines Tieres liegt im Inneren seines Körpers und bleibt dem Betrachter in der Regel verborgen. Entscheidend für die äußere Erscheinung des Tieres ist neben der Gestalt vor allem die Beschaffenheit seiner Körperdecke.

Haut und Hautbildungen dienen nicht nur der äußeren Abgrenzung des Körpers und dem Schutz gegen schädigende Einflüsse der Umwelt. Sie bestimmen auch entscheidend das Aussehen eines Tieres und sind zumindest bei den höheren Formen für betrachtende Augen von Artgenossen oder Angehörige fremder Arten optisch gestaltet. Bei Beachtung dieser Tatsache werden wir auf einen bemerkenswerten Gegensatz der tierischen Formbildung aufmerksam, nämlich den zwischen der Gestaltung der inneren und äußeren Organe des Tieres.

Wir hatten bei der Betrachtung der Symmetrieeigenschaften gesehen, daß die Mehrzahl der Tiere zweiseitig symmetrisch gebaut ist. Diese Bilateralsymmetrie, die in der äußeren Gestalt so sinnfällig in Erscheinung tritt, ist bei den höheren Tieren im Inneren des Körpers vielfach im Sinne einer Asymmetrie abgewandelt. Es werden zwar bei den Wirbeltieren die inneren Organe in der Regel noch symmetrisch angelegt, im Verlaufe der Entwicklung aber zunehmend unsymmetrisch gestaltet.

Da beim Körperwachstum die zu ernährende Körpermasse mit der dritten Potenz, die Oberfläche des Darms aber nur mit der zweiten zunimmt, muß mit steigender Körpergröße der Darm unproportional verlängert werden, um die für die Verdauung und Resorption der Nahrung erforderlichen Oberflächen zu schaffen. Der Darm legt sich so in Schlingen, die mit der ebenfalls vergrößerten Leber und dem oft großen Magen den verfügbaren Raum der Leibeshöhle dicht gepackt ausfüllen.

Auch die übrigen inneren Organe zeigen bei den Wirbeltieren vielfach Abweichungen von der Bilateralsymmetrie. So können die Nieren oder Keimdrüsen beider Seiten gegeneinander verschoben sein. Die eine Lunge kann anders gestaltet oder größer als die andere sein. Beim Vogelweibchen werden in der Regel nur die Geschlechtsorgane der linken Seite voll ausgebildet.

Ähnlich wie die Bilateralsymmetrie ist auch die metamere Körpergliederung nur in der äußeren Körperwandung klar ausgeprägt, im Inneren des Körpers aber oft abgewandelt. So können wir bei der Präparation eines Regenwurms feststellen, daß die äußerlich gleichartigen Körpersegmente sich in der Ausbildung ihrer inneren Organe doch unterscheiden. Geschlechtsorgane sind bei Regenwürmern wie bei anderen Gürtelwürmern nur in wenigen Segmenten der vorderen Körperhälfte vorhanden. Dasselbe gilt für die Ausbildung von Seitenherzen des Blutgefäßsystems. Noch stärkere Abweichungen von der metameren Körpergliederung sind bei den Gliederfüßern und insbesondere auch bei den Insekten im Bau der inneren Organe zu beobachten.

Dem Gegensatz des Äußeren und Inneren eines Tieres bezüglich seiner Symmetrieeigenschaften können wir einen zweiten Unterschied hinzufügen. Die Tierarten derselben Verwandtschaftsgruppe unterscheiden sich im allgemeinen kaum im inneren Bau, wohl aber in ihrer äußeren Gestaltung.

Unsere heimischen Meisenarten könnte auch ein erfahrener Ornithologe nicht am Bau der inneren Organe erkennen. Es bereitet jedoch niemand Schwierigkeiten, eine Blaumeise, Kohlmeise, Haubenmeise und Sumpfmeise anhand ihres Gefieders auf einen Blick zu unterscheiden. Die äußere Erscheinung der Vögel ist offensichtlich im Hinblick auf eine leichte Erfaßbarkeit der Artmerkmale optisch gestaltet. Der Monotonie des inneren Baus steht in der gleichen Verwandtschaftsgruppe eine faszinierende Mannigfaltigkeit der sichtbaren Gestaltung des Körperäußeren gegenüber. Unser Beispiel führt uns auf eine Gesetzmäßigkeit, die für viele Gruppen der höheren Tiere in ähnlicher Weise gültig ist.

Wenn wir die Mannigfaltigkeit der äußeren Gestalt richtig verstehen wollen, reicht es nicht, die unterschiedlichen Strukturen, Formen und Farben zu beschreiben und deren Entstehung aufzuklären. Wir müssen auch eine Antwort auf die Frage suchen, welche Bedeutung der sichtbaren Erscheinung der Tiere und ihrer phantastischen Vielfalt zukommt. Diesem faszinierenden Problem der Biologie wollen wir uns in späteren Kapiteln zuwenden. Hier soll zunächst der Frage nachgegangen werden, in welcher Weise die Körperdecke am Aufbau der Tiergestalt und ihrer äußeren Erscheinung mitwirkt.

Außenskelette der Nesseltiere

Zu den ursprünglichsten vielzelligen Tieren müssen wir die Nesseltiere (Cnidaria) rechnen. Trotz ihres überaus einfachen Körperbaus, den wir in wunderbarer Klarheit bei unserem kleinen Süßwasserpolypen vorfinden, hat dieser Tierstamm mit etwa 7700 lebenden Arten eine beachtliche Formenmannigfaltigkeit hervorgebracht. Es ist bemerkenswert, daß von den 19 Ordnungen der Nesseltiere jene mit dem größten Artenreichtum, die Hydroidea, ein Außenskelett ausbilden. Von den meisten dieser 2300 Arten der »Hydraähnlichen« werden zierliche Tierstöcke gebildet, deren vielgestaltige Form maßgeblich durch diese Skeletthülle bestimmt wird, während der innere Körperbau sehr einförmig ist.

Die überaus pflanzenähnlichen Wuchsformen der rasen-, moos-, strauch- oder bäumchenförmigen Hydroidpolypenstöckchen werden zwar ursprünglich durch das Wachstum und die Knospung des Weichkörpers der Tiere bestimmt. Von den äußeren Zellen des Körpers, den Epidermiszellen, wird jedoch bald eine feste, elastische Hüllmembran ausgeschieden, die als röhren- und becherförmiges »Periderm« die Außenseite des Tierkörpers mehr oder weniger umkleidet und notwendigerweise die Form des Tierstocks annimmt. Dieses aus organischer Substanz bestehende, chitinöse Außenskelett ermöglicht die aufrechte Haltung des Stöckchens und wird sekundär zum eigentlichen Träger der vielfältigen artspezifischen Formen, die wir bei dieser Tiergruppe beobachten können.

In ganz anderer Weise als bei den zierlichen Polypenstöckchen der Hydroiden ist bei einer anderen Ordnung der Nesseltiere, bei den Steinkorallen (Madreporaria), das Außenskelett an den Wuchsformen der Polypenkolonien beteiligt. Die Polypen dieser für den am Aufbau der Korallenriffe wesentlichen Tiergruppe scheiden an ihrer Fußfläche ein Außenskelett ab, das zu 99 Prozent aus Calciumkarbonat und nur zum geringsten Teil aus einer organischen Grundsubstanz besteht, in die Kalkkristalle in Form von faserigem Aragonit eingelagert werden.

Obwohl die Form der Steinkorallenskelette außerordentlich vielgestaltig ist, erfolgt deren Bildung immer nach dem gleichen Prinzip. Es wird vom Einzelpolypen zunächst eine basale Skelettplatte abgeschieden, auf der radienförmige Skelettgrate ausgebildet werden, die beim weiteren Wachstum die Körperwand nach oben stülpen. Nahe ihrer Peripherie wird auf der Basalplatte ein runder Skelettwall angelegt, der die radialen Skelettsepten verbindet und allmählich zur Form eines Bechers auswächst.

Da die Skelettabscheidung während des ganzen Polypenlebens ständig anhält, wächst das Skelett unter gelegentlicher Bildung von Skelettquerwänden ständig nach oben. Die unteren Teile des Polypen sterben dabei ab. Bei der durch Knospung der Einzelpolypen entstehenden Stockbildung wird auch von den die Einzelpolypen verbindenden Weichteilen ständig Skelettsubstanz abgeschieden.

Das so entstehende Gesamtskelett des Korallenstocks zeigt je nach Artzugehörigkeit sehr unterschiedliche Wuchsformen, die gemeinsam mit der gekörnten, gezackten oder geperlten Oberflächenbeschaffenheit der Skelettelemente den außerordentlichen Formenreichtum der Steinkorallen bestimmen. Während bei den lebenden Riffkorallen das Kalkskelett von den prachtvoll rot, gelb, grün, goldbraun, blau oder purpurn gefärbten Weichkörpern der Polypen überdeckt ist, treten nach deren Absterben die Wuchsformen und Skulpturen der Skelette erst deutlich hervor. Es ist bemerkenswert, daß der Systematiker die über 1000 heute lebenden Steinkorallenarten vor allem nach der Struktur ihrer Kalkskelette unterscheidet. Er verwendet damit dieselben Prinzipien wie der Paläontologe, der uns mit dem überwältigenden Formenreichtum von 5000 fossilen Steinkorallenarten bekannt macht.

Zum Vorkommen kalkiger Außenskelette

Die Bildung kalkhaltiger Außenskelette blieb in der Evolution des Tierreichs keine einmalige Erfindung. Wir finden sie auch bei den Moostierchen (Bryozoa), Armfüßern (Brachiopoda), Krebsen (Crustacea) und Tausendfüßern (Diplopoda), vor allem aber bei den Weichtieren (Mollusca).

Auf die zierlichen Moostierchen, die mit den vielgestaltigen Wuchsformen ihrer Kolonien und den in die Gehäuse zurückziehbaren Tentakelkronen der Einzeltiere äußerlich an die Nesseltiergruppe der Hydroidpolypen erinnern, aber gar nicht mit ihnen verwandt sind, sei hier nur beiläufig hingewiesen. Sie scheiden um ihren Hinterkörper eine chitinhaltige Kapsel ab, in die bei vielen Arten Kalksalze eingelagert werden. Auch die kalkhaltige Cuticula der Krebstiere und Tausendfüßer soll nicht näher besprochen werden.

Wir wollen hier vor allem jenem Tierstamm unsere Aufmerksamkeit zuwenden, bei dem nicht zuletzt die Ausbildung eines Kalkgehäuses zur Entwicklung eines ungeheuren Formen- und Artenreichtums geführt hat. Es sind dies die Weichtiere (Mollusca), die mit 130 000 Arten an Formenfülle nur noch vom Stamm der Gliederfüßer übertroffen werden.

Die Molluskenschale

Die Schale der Mollusken besteht aus zwei grundverschiedenen Schichten. Eine hauchdünne Oberschicht, die der Zoologe als Periostrakum bezeichnet, besteht aus organischem Material. Es handelt sich bei diesem »Conchin« oder »Conchiolin« um Proteine, die durch Chinon-Gerbung gehärtet wurden. Unter dem Periostrakum liegt die eigentliche Kalkschale, die selbst wieder aus zwei Schichten aufgebaut ist und nur wenig organische Substanz enthält.

In der äußeren Prismenschicht bildet das Calciumkarbonat als Aragonit oder Calcit senkrecht zur Schalenoberfläche orientierte Prismen aus, während die darunter liegende Perlmuttschicht sich aus tafeligen Aragonit-Kristallen zusammensetzt, die parallel zur Schalenoberfläche verlaufen. Dieser schichtartige Aufbau der Perlmutter aus 0,3 bis 2,3 µm starken Minerallamellen bildet die strukturelle Grundlage für den charakteristischen Glanz und das Farbenspiel, das man vor allem an der inneren Oberfläche der Muschelschalen beobachten kann. Beide kommen durch Interferenz an dünnen Schichten zustande.

Für ein Verständnis der außerordentlichen Vielfalt an Formen, Skulpturen, Färbungen und Zeichnungen der Weichtierschalen ist die Kenntnis ihrer Bildungsweise wichtig. Der Körper der Weichtiere zeigt im Prinzip eine Dreigliederung in Kopf, Fuß und Eingeweidesack, die am deutlichsten bei unseren Schnecken ausgeprägt ist. Wesentlich für die Abscheidung der Schale ist die Hautschicht an der Rückenseite des Tieres, die den Eingeweidesack umschließt und als ringförmig vorragende Mantelfalte den Eingeweidesack vom Fußbereich abgrenzt.

Das dünne Periostrakum der Schale wird von Drüsenzellen des Mantelrandes abgeschieden, die bei den Schnecken in einer furchenförmigen Vertiefung liegen. Die Abscheidung der Mineralschichten erfolgt durch die Epithelzellen der Mantelfläche. Dabei wird die Lage der Kristallisationszentren von der organischen Außenschicht der Schale bestimmt, die Halbleitereigenschaften zeigt und an ihrer inneren Oberfläche eine elektrochemische Ablagerung der Calcium-Salze bewirkt.

In der Individualentwicklung der Weichtiere wird die Schale zunächst als einheitliche, flache Kalotte auf dem Rücken des Tieres angelegt, bei den Muscheln aber bald in zwei klappenartige Stücke unterteilt. Die Vergrößerung der Schale erfolgt in zwei Richtungen, durch Größenwachstum parallel zum Schalenrand sowie durch Dickenwachstum senkrecht zur Schalenoberfläche. Da das Wachstum mehr oder weniger periodisch erfolgt, kann man an Molluskenschalen oft konzentrische Zuwachsstreifen beobachten. Die Skulptur der Schalenoberfläche ist auf charakteristische Wachstumsvorgänge zurückzuführen.

Durch periodisch auftretende Verlängerungen des kalkabscheidenden Mantelrandes und durch dessen stab- oder lamellenförmige Ausfaltung können an der Molluskenschale Querrippen und Dornenreihen gebildet

Die phantastische Mannigfaltigkeit der Schneckenschalen wird neben der Vielfalt ihrer Färbungen, Zeichnungsmuster und Oberflächenstrukturen maßgeblich durch den Reichtum ihrer Formen bestimmt. Links oben Seeohr *(Haliotis cracherodi)*, rechts oben Kegelschnecke *(Conus figulinus)*, links unten Wunderkreisel *(Thatcheria mirabilis)*, rechts unten Langschnabel *(Tibia fusus)*.

werden. Während bei manchen Schnecken Schalenfortsätze nur am Schalenrand ausgewachsener Tiere gebildet werden, werden bei anderen, wie der Stachelschnecke *Murex*, in den Pausen zwischen aufeinanderfolgenden Wachstumsphasen am jeweiligen Schalenrand Dornen gebildet, so daß diese an der erwachsenen Schale in regelmäßigen Abständen stehen.

Die phantastische Mannigfaltigkeit der Molluskenschalen wird nicht nur durch den Reichtum ihrer Formen und Oberflächenstrukturen, sondern ebenso durch die Vielfalt der Färbungen und Zeichnungsmuster bestimmt. Beide kommen durch Einlagerung von Farbstoffen in eine bestimmte Schalenschicht, die unter dem Periostrakum liegende Musterkalkschicht, zustande. Die Pigmente werden von Zellen des Mantelrandes abgegeben. Einheitlich gefärbte Schalen kommen durch kontinuierliche Farbstoffabgabe entlang des ganzen Mantelrandes zustande. Farbmuster entstehen, wenn die pigmentabgebenden Zellen nur an einzelnen Stellen vorkommen und ihre Produkte diskontinuierlich in die Kalkschicht einlagern.

Schalen der Armfüßer

Durch die Ausbildung einer zweiklappigen Schale zeigen die Armfüßer (Brachiopoda) eine überraschende äußerliche Ähnlichkeit mit den Muscheln. Obwohl beide Tiergruppen überhaupt nicht miteinander verwandt sind, lassen sich sowohl in der Bildungsweise wie in der Feinstruktur ihrer Schalen ähnliche Verhältnisse nachweisen.

Auch die Brachiopodenschale wird von den Hautzellen einer Mantelzone abgeschieden. Sie besteht bei den

Die in den Korallenriffen des Indopazifik lebende Dornenkrone *(Acanthaster planci)* demonstriert deutlicher als andere Seesterne, daß diese zu den Stachelhäutern gehören.

Rechte Seite:
Die Makroaufnahme der Oberfläche eines Seesterns enthüllt ein eindrucksvolles Muster winziger Stacheln, die von der farbgebenden Epidermis überzogen werden.

meisten Arten ebenfalls aus einem organischen Periostrakum und einer darunterliegenden kalkhaltigen Schicht. Ein grundsätzlicher Unterschied zu den zweiklappigen Muschelschalen besteht allerdings darin, daß die beiden Schalenhälften eines Armfüßers nicht rechts und links, sondern von der Rücken- und Bauchseite her den Körper bedecken.

Die Vielfalt an Formen und Skulpturen der Brachiopodenschalen kommt darin zum Ausdruck, daß sie vor allem das Erscheinungsbild der 280 lebenden und mehreren tausend abgestorbenen Arten dieser Tiergruppe bestimmen.

Die Körperdecke der Stachelhäuter

Bei keinem zweiten Tierstamm wurde die Bedeutung der Körperdecke für Bauplan und Gestaltung des Tierkörpers bereits in der Namengebung der Gruppe so hervorgehoben wie bei den Stachelhäutern. Auch die wissenschaftliche Bezeichnung »Echinodermata«, die ja nur eine Übersetzung des deutschen Namens darstellt, bringt dies zum Ausdruck.

Streng genommen trifft die Bezeichnung »Stachelhäuter« freilich nicht für alle Formen dieses Tierstammes zu. Seelilien und Seegurken besitzen in ihrer Haut gar keine Stachelbildungen. Bei den Seesternen und Schlangensternen sind sie relativ schwach entwickelt, und nur bei den Seeigeln erreichen die Stacheln jene Größe und Mächtigkeit, die den Tieren das igelartige Aussehen verleiht.

Allen Stachelhäutern gemeinsam ist der Besitz eines kalkhaltigen Hautskeletts, das in der bindegewebigen Unterhaut in Form von meist plattenförmigen Skelettelementen angelegt wird. Da es von den lebenden Zellen der äußeren Hautschichten überdeckt wird, stellt es eigentlich kein wirkliches Außenskelett dar. Dennoch bestimmt es bei den meisten Echinodermen die äußere

Der Seeigel *Echinus esculentus* läßt die fünfstrahlige Radiärsymmetrie seines Kalkskeletts erst dann deutlich erkennen, wenn nach der Entfernung der Stacheln die Anordnung der Stachelsockel und Ambulacralporen zu sehen ist.

Körperform. Dies gilt auch für die kalkigen Stacheln, die als bewegliche Skelettanhänge auf den kalkigen Platten angelegt und ebenfalls von lebenden Zellen überzogen werden. Allenfalls an den Stachelspitzen kann der lebende Zellübergang abgewetzt werden.

Stachelhäuter zeichnen sich oft durch eine prächtige Körperfarbe aus. Da die Farbstoffe zum großen Teil in den lebenden Zellen der Körperdecke enthalten sind, ist die Färbung der Tiere nach dem Tode meist leicht vergänglich.

Das Außenskelett der Gliederfüßer

Es gibt wohl kaum einen zweiten Tierstamm, dessen Bauplan, Lebensweise und stammesgeschichtliche Entfaltung so nachhaltig durch die Beschaffenheit der Körperdecke beeinflußt wurde wie bei den Gliederfüßern. Vor allem war es die Erfindung des chitinhaltigen Außenskeletts, die zu einer überwältigenden Formenfülle der Arthropoden führte. Mit etwa einer Million Arten stellen sie nahezu 80 Prozent der bisher beschriebenen lebenden Tierarten dar. Seit im Jahre 1982 von dem amerikanischen Entomologen T. L. Erwin erstmals die Kronenregion des tropischen Regenwaldes genauer untersucht wurde, wissen wir, daß hier noch eine riesige Anzahl unentdeckter Arthropodenarten lebt. Heutige Schätzungen mehrerer Forscher gehen davon aus, daß allein 10 bis 80 Millionen Arten der Gliederfüßer unseren Planeten bevölkern.

Chitin ist ein stickstoffhaltiges Polysaccharid, zu dessen Synthese alle Tierstämme mit Ausnahme der Stachelhäuter und Chordatiere befähigt sind. Es hat jedoch nirgends eine solch große Bedeutung als skelettbildendes Baumaterial erlangt wie bei den Gliederfüßern.

Das Außenskelett der Arthropoden stellt ein Abscheidungsprodukt der Hautzellen dar. Da es als eine geschlossene Cuticula die gesamte Köperoberfläche der Tiere überzieht, fehlt ihm das für die Molluskenschale typische Flächenwachstum. Beim Körperwachstum des Gliederfüßers muß somit die Cuticula periodisch abgestoßen und wieder neu gebildet werden.

Die Cuticula der Gliederfüßer besteht grundsätzlich aus zwei Schichten. An der Oberfläche liegt eine sehr dünne Epicuticula, die durch ihren Wachs- und Lipidgehalt bei den Landtieren einen wirksamen Verdunstungsschutz gewährleistet. Der Hauptanteil der Körperdecke wird jedoch von der unter der Epicuticula liegenden, mächtigen Procuticula gebildet, die im allgemeinen zu einem Drittel ihres Trockengewichts aus Chitin besteht.

Die vor allem bei den Insekten genauer untersuchte Procuticula stellt einen kompliziert angeordneten Komplex von Chitin und Proteinen dar. Ihre aus parallelen Schichten oder Balken aufgebaute, biegsame untere Lage wird als Endocuticula bezeichnet. Die darüber liegende Exocuticula ist durch Chinon-Gerbung ihrer Proteine gehärtet und versteift. Bei Krebsen und Tausendfüßern können schließlich in die Cuticula Kalksalze eingelagert sein.

Die Chitin-Cuticula bietet den Gliederfüßern nicht nur als Körperdecke einen hervorragenden Schutz gegen schädigende mechanische und chemische Einwirkungen der Umwelt. Sie gibt aufgrund ihrer Festigkeit als Außenskelett dem Körper Halt und bietet Ansatzstellen für die Muskulatur. Im Rahmen unserer Betrachtungen zur Erscheinung der Tiere ist wesentlich, daß der Chitin-Protein-Komplex der Cuticula als idealer Baustoff entscheidend die Formgebung und Skulptur des Tierkörpers bestimmt. Die Körperdecke ist schließlich maßgeblich an der Färbung des Tieres beteiligt.

Die Gestalt eines Insekts mit seinen langen, gegliederten Extremitäten, den oft fadenförmig gestreckten Fühlern und den zarten, plattenförmigen Flügeln wäre ohne die Festigkeit, Elastizität und Leichtigkeit der Chitin-Cuticula bei einem Landtier nicht realisierbar. Hautausstülpungen können zur Bildung dornförmiger Cuticularfortsätze führen, die die Gestalt des Tieres sehr nachhaltig beeinflussen.

Von nicht geringerer Bedeutung für das Aussehen eines Insekts oder anderer Gliederfüßer ist auch die Oberflächenstruktur der Cuticula. Diese kann glatt sein, aber auch Runzeln, Grübchen, perlenartige Strukturen, winzige Dörnchen oder Haare aufweisen. In vielen Fällen handelt es sich dabei nur um Strukturen der äußeren Cuticularschichten. Sie sind von den größeren echten Haaren zu unterscheiden, die als Produkte besonderer Haarbildungszellen ursprünglich mehr oder weniger lange Fortsätze darstellen und mit der Cuticula durch eine ringförmige Gelenkmembran beweglich verbunden sind.

Die ursprüngliche Form des haarförmigen Cuticularfortsatzes kann in vielfältiger Weise abgewandelt sein. Neben borsten-, zapfen- und spornförmigen Strukturen gibt es auch zahlreiche Sonderformen, unter denen

Der Anblick dieser Blauflügel-Prachtlibelle *(Calopteryx virgo)* sollte uns daran erinnern, daß die Gestalt eines Insekts mit seinen langen, gegliederten Extremitäten und den zarten, plattenförmigen Flügeln ohne die Festigkeit, Elastizität und Leichtigkeit der Chitin-Cuticula nicht denkbar wäre, deren Feinstruktur auch für den wunderbaren Glanz der Libelle verantwortlich ist.

schuppenförmige Strukturen besondere Erwähnung verdienen.

Bei den Schuppen handelt es sich um abgeplattete echte Haare, die im fertigen Zustand hohl und luftgefüllt sind. Sie sind mit ihrem schmalen Stiel in einen ringförmigen Schuppenbalg so eingefügt, daß sie sich dachziegelartig überdecken. Wir finden Schuppen am Körper mancher Urinsekten (Thysanura und Collembola), bei einigen Käfern und Zweiflüglern, vor allem aber bei den Schmetterlingen.

Die faszinierende Vielfalt und Schönheit der Schmetterlinge, die sie zu Lieblingsobjekten der Sammler machte, ist vor allem auf das Schuppenkleid der Flügel zurückzuführen. Als Träger von Pigmenten oder aufgrund ihrer eigenen Feinstruktur sind die in ihrer Umrißform oft unterschiedlichen Schmetterlingsschuppen für die Vielfalt der Schmetterlingsfärbung verantwortlich.

Die Körperdecke der Wirbeltiere

Wenn die Evolution des Tierreichs neben den Insekten in den landlebenden Wirbeltieren ihren Höhepunkt erreichte, so ist dies nicht zuletzt auf die Gestaltung ihrer Körperdecke zurückzuführen. Die Entwicklung des Feder- und Haarkleides war eine entscheidende Voraussetzung für den Erwerb einer konstanten, umweltunabhängigen Körpertemperatur, die erst die Organisationshöhe der Vögel und Säugetiere ermöglichte. In der Beschaffenheit des Gefieders und des Fells sind aber zugleich wesentliche Komponenten für die Gestaltung der äußeren Erscheinung dieser Tiere gegeben.

Auch bei den niederen Wirbeltiergruppen der Fische, Amphibien und Reptilien hat die Körperdecke maßgeblichen Anteil am Erscheinungsbild der Tiere. Für ein Verständnis dieser Funktionen ist jedoch eine Kenntnis des Aufbaus der Haut und ihrer Strukturen Voraussetzung.

Die Haut der Wirbeltiere unterscheidet sich von jener der Wirbellosen grundsätzlich durch ihre Vielschichtigkeit. Sowohl ihre mehrschichtige Oberhaut als auch die bindegewebige Lederhaut können in ihrer spezifischen Gestaltung das Aussehen der Tiere entscheidend bestimmen. Ja, es ist so, daß die Beschaffenheit der Körperdecke ein wichtiges Unterscheidungsmerkmal der Hauptgruppen der Wirbeltiere darstellt. Das schleimige Schuppenkleid der Fische, die nackte, drüsenreiche Haut der Amphibien, der hornige Schuppenpanzer der Reptilien, das Gefieder der Vögel und das Haarfell der Säugetiere sind bereits dem Kind als wichtiges Erkennungsmerkmal der betreffenden Tiergruppe vertraut.

Wir wissen aufgrund zahlreicher Fossilfunde, daß die im Paläozoikum lebenden ursprünglichen Fischgruppen der Ostracodermen und Placodermen einen verknöcherten Hautpanzer besaßen. Das Schuppenkleid unserer heutigen Fische stellt neben den Hautverknöcherungen ihrer Kopf- und Schulterregion offenbar den Rest dieser altertümlichen Hautpanzerung dar. Beide bestimmen maßgeblich unser Bild von der typischen Fischgestalt.

Die Schuppen der Fische bilden kein echtes Außenskelett, sondern stellen in der Lederhaut liegende, dünne Knochenplatten dar, die von den lebenden Zellen der Oberhaut überdeckt werden. Für die Farbigkeit des Schuppenkleides der Knochenfische sind vor allem farbstofftragende Pigmentzellen verantwortlich, die über den Schuppen in der Haut liegen.

Da bei den Fischen und Amphibien die Hautfarbstoffe stets in lebenden Zellen der Haut enthalten sind, die nach dem Tode der Tiere bald zugrunde gehen, erklärt sich so das große Problem unserer Museen, von diesen Tieren farbechte Präparate für die Schausammlungen herzustellen. Ganz anders liegen die Verhältnisse bei den Vögeln, Säugetieren und Reptilien, deren Körperdecke durch die Verhornung der äußeren Hautschichten eine tiefgreifende Umgestaltung erfuhr.

Einer der wichtigsten Schritte auf dem Wege zur Landtierwerdung der Wirbeltiere war gewiß die Erfindung der Hornbildung. Horn besteht vor allem aus dem sehr widerstandsfähigen Gerüsteiweiß Keratin, das in die Zellen der äußeren Hautschicht eingelagert wird. Während an der Basis der Oberhaut eine Lage ständig teilungsfähiger Zellen liegt, von der fortwährend neue Zellschichten gebildet werden, sterben die weiter außen liegenden Zellen mit zunehmender Keratineinlagerung allmählich ab.

Bei den Reptilien werden von der mächtigen Hornschicht Schuppen gebildet, die entweder dachziegelartig übereinandergreifen oder als flächige Platten aneinander grenzen. Die typische Reptilienschuppe entsteht in der Weise, daß eine nach hinten wachsende Lederhautpapille einen schuppenförmigen Auswuchs der Oberhaut vor sich herschiebt, der an der Außenseite stark verhornt. An ihrer Oberfläche können die Hornschuppen warzen- oder stachelartige Fortsätze tragen.

Die Nahaufnahme der Haut einer Regenbogenforelle *(Salmo gairdneri)* zeigt die über den Schuppen liegenden Pigmentzellen, die maßgeblich an der Färbung der Knochenfische beteiligt sind.

Das Wunder der Vogelfeder

Die Vogelfedern gehören ohne Zweifel zu den faszinierendsten Strukturen des Tierreichs. Sie bilden um den Vogelkörper eine schützende und wärmende Hülle, die ihm die Aufrechterhaltung einer konstant hohen Körpertemperatur und damit eine Intensität der Lebensprozesse ermöglicht, wie wir sie in vergleichbarer Form nur noch bei den Säugetieren finden. Die Erfindung der Vogelfeder war Voraussetzung für Flugleistungen der Vögel, wie sie von keiner anderen Gruppe fliegender Tiere erreicht wurden. Vom Gefieder wird schließlich in entscheidendem Maße die äußere Erscheinung der Vögel bestimmt. Wie sehr dies der Fall ist, wird einem klar, wenn man einen gerupften, seiner Federn entkleideten Vogel betrachtet. Dabei wird nicht nur die Gestalt, sondern auch die beeindruckende Vielfalt der Vogelfärbungen letztlich durch die spezifischen Eigenschaften des Gefieders bestimmt. Wenn wir die Vögel zu den anmutigsten und unser Schönheitsempfinden mit am stärksten ansprechenden Tieren rechnen, so ist dies im wesentlichen den einzigartigen Eigenschaften der Vogelfedern zu danken.

Die vielfältigen Leistungen der Vogelfeder werden im Grunde durch die Struktur dieses überaus komplizierten Hautgebildes ermöglicht. Der Einsatz moderner Untersuchungsmethoden, wie der Elektronenmikroskopie und Biochemie, haben die lichtmikroskopisch gewonnenen Erkenntnisse über das Aussehen und den Feinbau der Vogelfedern vertieft und unserem Verständnis näher gebracht. Dennoch harrt eine Fülle von Fragen noch ihrer Beantwortung, die vor allem die entwicklungsphysiologischen und genetischen Mechanismen der Herausbildung eines solch komplizierten Hautorgans und die Zusammenfügung hunderter Einzelfedern zu einem ganzheitlichen Erscheinungsbild des Vogels betreffen.

Die Federn der Vögel sind stammesgeschichtlich vermutlich aus den Hornschuppen ihrer Reptilienvorfahren hervorgegangen. Ihre frühesten Entwicklungsstadien entsprechen völlig jenen der Schuppen. Die ausgebildete Feder übertrifft jedoch an Kompliziertheit ihres Baues bei weitem die Reptilienschuppe.

Wenn die stammesgeschichtliche Entwicklung solcher komplizierten Horngebilde überhaupt möglich wurde, so war dies gewiß an die Erfindung des β-Keratins geknüpft, das erstmals bei dem Verwandtschaftskreis der Reptilien auftrat, aus dem die Vögel hervorgingen. Die Biochemiker konnten uns nachweisen, daß die für die komplexe Strukturbildung wichtige größere Härte und Elastizität des β-Keratins der Vögel offensichtlich mit dessen Molekülkonfiguration zusammenhängt, die es vom α-Keratin der anderen Wirbeltiere unterscheidet.

Die außerordentliche Vielfalt der Federformen kann auf drei Haupttypen zurückgeführt werden, die Konturfedern, Dunenfedern und Fadenfedern. Von entscheidender Bedeutung für das Erscheinungsbild des Vogels sind die Konturfedern. Sie bestimmen wesentlich sowohl die Formtracht wie die Farbtracht des Tieres und sollen deshalb hier näher besprochen werden.

Die Mehrzahl der Konturfedern wird von den Deckfedern gestellt. An der Hinterkante des Flügels sind die Konturfedern als große, kräftige Schwungfedern und am Schwanz als Steuerfedern ausgebildet. Eine fertige Konturfeder besteht aus dem kräftigen Federschaft, an dem zweiseitig die Fahne ansetzt. Diese Federfahne besteht aus schräg zur Spitze verlaufenden Federästen, an denen wiederum zweiseitig die Federstrahlen ansetzen. An den zur Federbasis gerichteten Bogenstrahlen, deren oberer Rand falzförmig ausgebildet ist, greifen hakenförmige Fortsätze der zur Federspitze gerichteten Hakenstrahlen ein. Es wird so die zusammenhängende Fläche der Federfahne gebildet.

Wir können die außerordentliche Kompliziertheit und Zweckmäßigkeit der Struktur einer Feder nur bewundern. Zwar kann man die Ausbildung der Federstrukturen während ihres Wachstums in allen Einzelheiten verfolgen und beschreiben. Wie jedoch in der Evolution der Vögel die faszinierende Zweckmäßigkeit des Feinbaus der Federn zustande kam und welche komplizierten Regulationsmechanismen die Differenzierungsprozesse der Federbildung steuern, kann bisher niemand erklären.

Die Schönheit einer Vogelerscheinung wird maßgeblich durch die Beschaffenheit der Konturfedern bestimmt. Von ihrer Form, Größe und Färbung hängt sowohl die Gestalt des Vogels wie das Farbkleid seines Gefieders ab. Will man die morphologischen Grundlagen der ästhetischen Wirkung einer Vogelerscheinung verstehen, so muß man vor allem die Besonderheiten seiner Federstrukturen aufklären. Welche Bedeutung diese für die Färbung der Vögel haben, soll im nächsten Kapitel besprochen werden. Hier sei nur darauf hingewiesen, daß die Form der Federn in vielfältiger Weise abgewandelt sein kann.

Das Haarkleid der Säugetiere

Im Vergleich zu den komplizierten Vogelfedern erscheinen die Haare der Säugetiere als relativ einfache Bildungen. Es sind mehr oder weniger fadenförmige Hornstrukturen, die mit ihrem basalen Teil, der Haarwurzel, tief in die Unterhaut eingesenkt sind.

Im Feinbau des Haares kann man drei Schichten unterscheiden, deren Beschaffenheit sich auf Färbung und Glanz des Haarkleides auswirkt. Die innere Markschicht enthält in und zwischen ihren verhornten Zellen oft Luft, kann bei den verschiedenen Säugetiergruppen jedoch recht variabel sein. Um das Mark liegen die Zellen der Rindenschicht, die stärker verhornt, abgeplattet und in Richtung des Haares gestreckt sind. Sie bestimmen vor allem die mechanischen Eigenschaften der Haare. Die Außenseite des Haares wird von der Haarcuticula bedeckt, die aus einer dünnen Schicht sich dachziegelartig überdeckender Hornzellen besteht.

Man hat versucht, die Mannigfaltigkeit der Haare auf wenige Grundtypen zurückzuführen und hat dabei vor allem das Deck- oder Konturhaar von dem dünneren, meist gekräuselten Wollhaar unterschieden. Deck- und Wollhaare eines Säugetiers können ganz unterschiedlich gefärbt sein, wobei die Oberflächenerscheinung des Haarkleides vor allem durch die Deckhaare bestimmt wird.

Die optische Erscheinung des Haarkleides eines Säugetiers wird in ihrer Gesamtheit durch zahlreiche Faktoren der Körperdecke bestimmt. Neben der Länge, Stärke und Färbung spielt auch der Richtungsverlauf der Einzelhaare und die Dichte ihrer Stellung eine wichtige Rolle. Es entsteht so aus einem Mosaik Tausender von Einzelhaaren der optische Eindruck des Säugetierfells mit seiner artspezifischen Färbung und Zeichnung, dem charakteristischen Glanz und dem Eindruck sammetweicher Schönheit oder auch steifer Borstigkeit.

Diese Detailaufnahme des Gefieders eines Eichelhähers *(Garrulus glandarius)* wirft ebenso Fragen nach der Struktur und Funktion wie der Färbung und Musterbildung der Federn auf.

Ungewöhnliche Größe und Festigkeit haben die Haare im Stachelkleid mancher Säugetierfamilien erreicht. Jedermann kennt es von unserem heimischen Igel. Als Stacheln sind die Haare jedoch auch bei einer ganzen Reihe anderer Säugetiere ausgebildet, wie den eierlegenden Ameisenigeln, den auf Madagaskar lebenden Borstenigeln, den amerikanischen Stachelratten und Baumstachlern sowie den in Asien und Afrika beheimateten Stachelschweinen. Ihre extremste Ausbildung erreichen die Stacheln bei den Stachelschweinen, deren Gestalt weitgehend durch die bis 40 cm langen und bei Gefahr aufrichtbaren Stacheln geprägt wird.

Krallen, Hufe, Schnäbel und Hörner

Schuppen, Federn und Haare sind nicht die einzigen Hautstrukturen, die aus verhornenden Zellschichten gebildet werden. Orte starker Verhornung sind auch die Spitzen der Finger und Zehen, an denen es so zur Bildung von Krallen, Nägeln und Hufen kommt. Verhornung der Kieferränder führt bei den Schildkröten und Vögeln, aber auch bei Schnabeltieren zur Schnabelbildung. Vor allem beim Vogel hat die Gestaltung des Schnabels wesentlichen Anteil am Erscheinungsbild des Tieres. Das gilt insbesondere für Formen mit großen Schnäbeln, wie den Nashornvögeln, Tukanen, Reihern, Entenvögeln, Flamingos, aber auch Greifvögeln und Eulen.

Großen Anteil an der Formtracht vieler Säugetiere haben schließlich die als Stirnwaffen dienenden Hörner der Rinder, Schafe, Ziegen und Antilopen. Wir werden sie in anderem Zusammenhang näher betrachten. Eine besondere Erwähnung verdienen hier jedoch die Hörner der Nashörner. Sie bestehen aus zahlreichen parallel gelagerten röhrenförmigen Hornfäden, eine unter den Säugetieren einmalige Erscheinung.

Der Blick ins Innere

Wir haben in diesem Kapitel ausführlich die Bedeutung der Körperdecke für die Bildung der Form- und Farbtracht erörtert. Dabei dürfen wir jedoch nicht übersehen, daß bei einer Reihe im Wasser lebender Tiergruppen auch die inneren Organe Anteil am Erscheinungsbild der Tiere haben.

Es ist nicht zuletzt die Transparenz vieler Tierarten, die für mikroskopierende Naturfreunde die Beobachtung der heimischen Süßwasserfauna so anziehend macht. Kleine

Im transparenten Körper des jungen *Octopus* treten die Chromatophoren deutlich hervor.

Rechte Seite:
Zu den eindrucksvollsten Tiergestalten der Meere gehören aufgrund der klar ausgeprägten Radiärsymmetrie und Farbigkeit ihres transparenten Körpers die 50 Arten der Fahnenmundquallen (Semaeostomea). Ernst Haeckel hat auf dieser Tafel der »Kunstformen der Natur« die nach seiner ersten Frau benannte *Desmonema annasethe* (1, 2), eine aus dem Indischen Ozean stammende *Floscula promethea* (3) und die Kompaßqualle *Chrysaora hysoscella* (4) abgebildet.

Strudelwürmer, Fadenwürmer, Rädertierchen, Borstenwürmer, Kleinkrebse wie Wasserflöhe und Ruderfußkrebse sowie manche Insektenlarven erlauben dem Betrachter so einen fesselnden Einblick in das innere Getriebe ihres Lebens.

Unter den Meerestieren gibt es auch viele größere Formen des Pelagials, deren innere Organe durch den mehr oder weniger durchsichtigen Körper hindurchscheinen und das Aussehen des Tieres beeinflussen. So verdankt unsere Ohrenqualle *Aurelia aurita* ihren Namen den vier violetten oder weißlichen »ohrenförmigen« Geschlechtsorganen, die durch den gallertigen Schirm schimmern. Neben den Medusen und den transparenten Rippenquallen (Ctenophora) stellen vor allem die Manteltiere mit den glasartig durchsichtigen Salpen freischwimmende Meeresformen, deren Erscheinungsbild von der inneren Organisation der Tiere mitbestimmt wird. Aber auch die Weichtiere haben in der Schneckengruppe der Atlantoidea mit den Gattungen *Pterotrachea* und *Carinaria* 10 bis 50 cm große Hochseeformen aufzuweisen, die medusenartig durchscheinend sind.

Selbst unter den Wirbeltieren gibt es Formen, deren Körper transparent ist. So haben die Aquarianer unter ihren Lieblingen einige Fischarten, deren transparenter Körper ebenfalls einen Blick in das Körperinnere erlaubt. Zu ihnen gehören der Indische Glasbarsch *Chanda nana* und der Indische Glaswels *Kryptopterus bicirrhis*. Bei dem in Aquarien sehr oft gehaltenen kleinen Glasbarsch kann man in dem pergamentartig durchscheinenden Körper die Wirbelsäule und Schwimmblase des Tieres gut erkennen. Der in den javanischen Gewässern häufige Indische Glaswels – ebenfalls ein Aquarienfisch – ist so durchsichtig, daß man bei dem bizarren Tier jede Gräte sehen kann.

Die Farben der Tiere

Vom Wert der Farbigkeit

Wir haben uns seit der Erfindung der Fotografie, des Films und Fernsehens daran gewöhnt, die Welt auch in Schwarz-Weiß zu sehen und zu verstehen. Was wäre aber das Reich der Tiere ohne die bunte Mannigfaltigkeit seiner Farben? Auch das beste Schwarzweißfoto kann uns keinen Eindruck von der farbigen Pracht des Paradiesvogelgefieders vermitteln. Zierfische und Schmetterlinge wären ohne ihren Farbenreichtum kaum zu den erklärten Lieblingen der Aquarianer und Entomologen geworden. Unsere Vorstellung vom Erscheinungsbild der verschiedenen Tierarten wird eben nicht nur durch die Gestalt des Tieres, seine Symmetrieeigenschaften und die Proportionen der Körperteile, sondern in entscheidendem Maße auch durch die Färbung des Tieres bestimmt.

Welche Bedeutung wir der Farbigkeit unserer Umwelt beimessen, hat kein geringerer als Goethe mit anschaulichen Worten dargelegt. In seinen »Beiträgen zur Optik« schrieb er: »Gegen die Reize der Farben, welche über die ganze sichtbare Natur ausgebreitet sind, werden nur wenig Menschen unempfindlich bleiben. Auch ohne Bezug auf die Gestalt sind diese Erscheinungen dem Auge gefällig und machen an und für sich einen vergnügenden Eindruck . . . Wenn wir die Körper, aus denen die Welt besteht, in bezug auf die Farben betrachten, so können wir leicht bemerken, daß diese zarten Erscheinungen, die bei gewissen Veränderungen des Körpers so leicht entstehen und verschwinden, nicht etwa zufällig sind, sondern von beständigen Gesetzen abhängen. Gewisse Farben sind gewissen Geschöpfen eigen, und jede Veränderung der äußerlichen Erscheinung läßt uns auf eine innere wesentliche Veränderung schließen.«

Aspekte der Tierfärbung

Die Färbung der Tiere läßt sich unter vielfältigen Gesichtspunkten betrachten. Jedermann, der sich diesem reizvollen Gebiet zuwendet, muß jedoch zwischen zwei grundsätzlich verschiedenen Betrachtungsweisen unterscheiden. Er kann entweder die subjektive Seite der Farbwahrnehmung des Menschen und dessen ästhetische Empfindungen bei der Betrachtung tierischer Farbkleider in den Mittelpunkt stellen, oder er kann sich mit den für die Farbgebung wesentlichen Eigenschaften der Tiere selbst beschäftigen. Wir wollen uns hier dem zweiten Problemkreis zuwenden.

So können wir nach den physikalischen und chemischen Ursachen der Tierfarben fragen, ihre Verteilung auf die Gewebe und Organe des Tierkörpers untersuchen oder zu klären versuchen, wie das Farbkleid vererbt und im Laufe der Entwicklung des Tieres ausgebildet wird. Von Interesse ist in diesem Zusammenhang die Herkunft der tierischen Farbstoffe, ihr Vorkommen in den verschiedenen Gruppen des Tierreichs und ihr Schicksal im Stoffwechsel der betreffenden Tierarten.

Man kann andererseits die funktionelle Bedeutung der Farbtracht für ihren Träger in den Vordergrund stellen und zu klären versuchen, welche Beziehungen die Körperfärbung zum Lebensraum, zur Lebensweise und zum Verhalten des Tieres hat. Die Beantwortung dieser Fragen hängt eng mit jener zusammen, wie die Mechanismen der Evolution im Laufe erdgeschichtlicher Zeiträume zur Herausbildung jener Vielfalt tierischer Farbtrachten geführt hat, die uns heute erfreut.

Die Natur der Farbträger

Tierfarben werden entweder durch Pigmente erzeugt, oder sie sind auf die spezifische Struktur der Körperoberfläche zurückzuführen. Wir müssen demzufolge Pigmentfarben und Strukturfarben unterscheiden. Bei den Strukturfarben kommt die Farbwirkung durch Interferenz oder Beugung des Lichtes an dünnen Schichten und Gittern oder aber durch Lichtstreuung zustande. Die Farbe der Pigmente wird hingegen durch die Absorption oder Reflexion von Licht bestimmter Wellenlängen erzeugt, die wiederum von der chemischen Struktur der betreffenden Farbstoffe abhängt.

Es ist bemerkenswert, daß die Pigmentfarben der unterschiedlichsten Verwandtschaftsgruppen des Tierreichs nur von wenigen Klassen chemischer Verbindungen gestellt werden. Nach unseren heutigen Kenntnissen gehören die tierischen Farbstoffe zu den Carotinoiden, Flavonoiden, Chinonen, Tetrapyrrolen, Pterinen, Phenoxazonen, Melaninen und Papiliochromen. Unter diesen gebührt den Carotinoiden und Flavonoiden dadurch eine Sonderstellung, daß sie stets pflanzlichen Ursprungs sind und vom Tier mit der Nahrung aufgenommen werden müssen. Die übrigen Pigmentfarben synthetisiert der tierische Organismus aus Aminosäuren selbst. So werden die Tetrapyrrole aus Glycin, Pterine aus Glycin und Asparaginsäure, Phenoxazone aus Tryptophan, Mela-

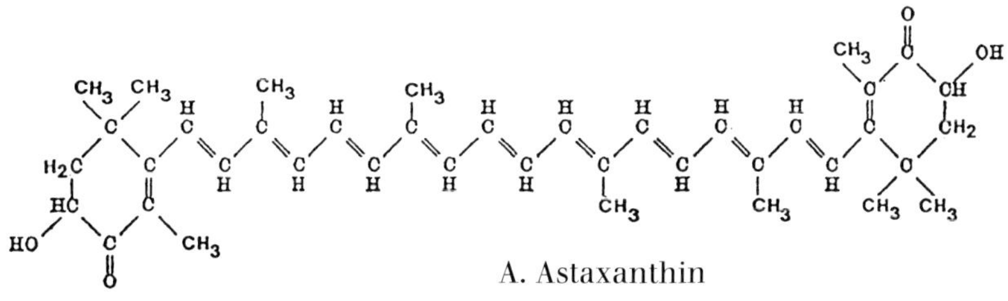

A. Astaxanthin

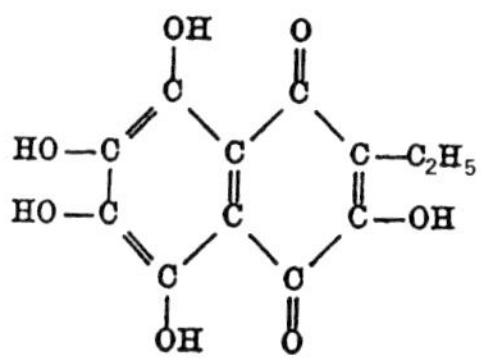

B. Echinochrom

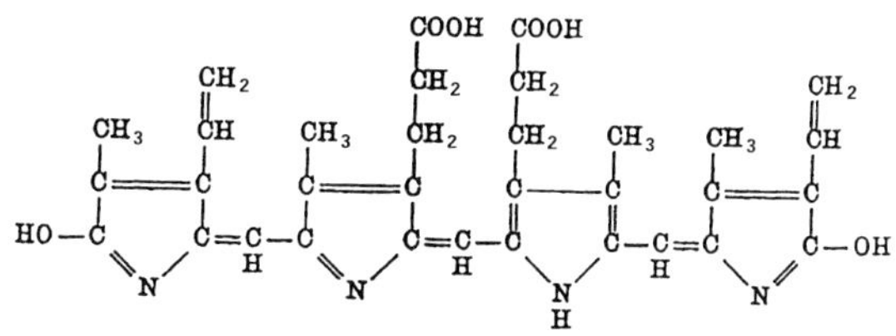

C. Biliverdin

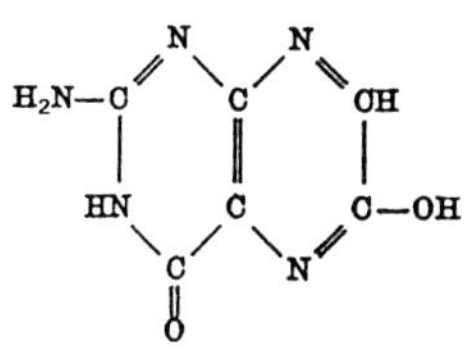

E. Xanthopterin

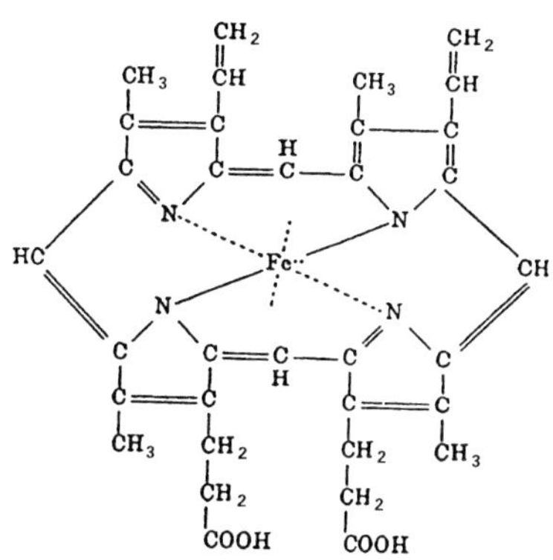

D. Häm

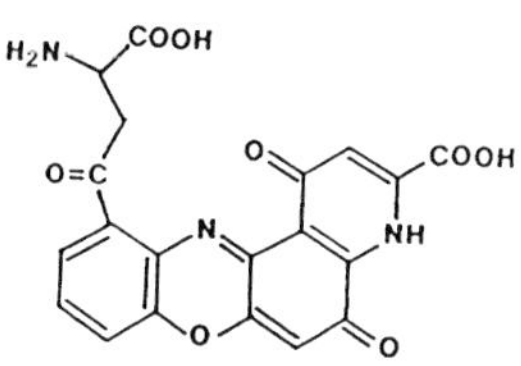

F. Xanthommatin

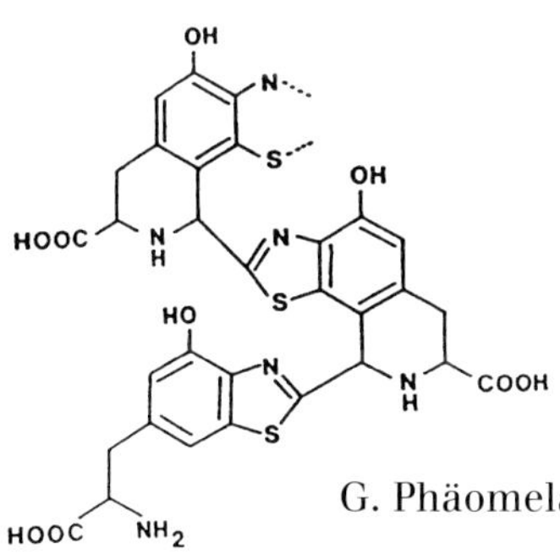

G. Phäomelanin

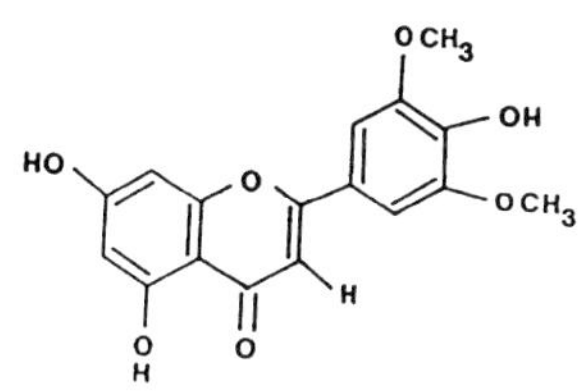

H. Tricin

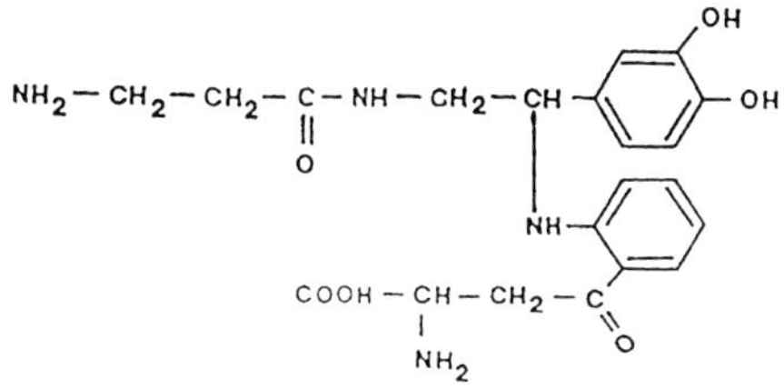

K. Papiliochrom II

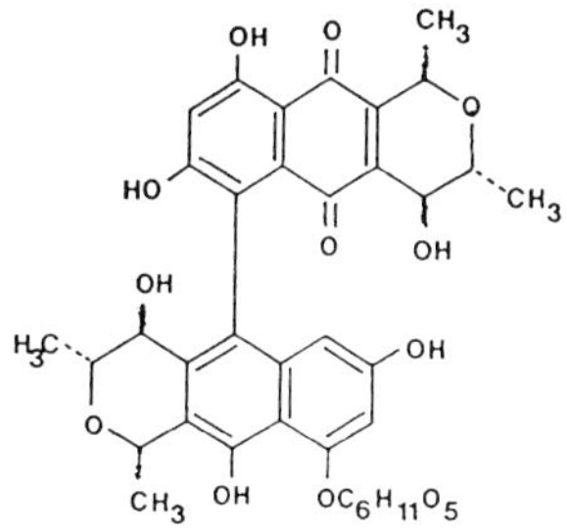

I. Protoaphin-fb

nine und teilweise Chinonfarbstoffe aus Tyrosin sowie die Papiliochrome aus Tryptophan, Tyrosin und β-Alanin gebildet.

Carotinoide und Flavonoide –
Pigmentfarben pflanzlicher Herkunft

Zu den verbreitetsten und wichtigsten Pigmentfarben der Tiere gehören die Carotinoide, deren Name auf ihr Vorkommen in der Karotte hindeutet. Diese als ungesättigte Kohlenwasserstoffe zu charakterisierenden Stoffe sind infolge ihrer zahlreichen konjugierten Doppelbindungen gelb, orange oder rot gefärbt. Sie werden von den Pflanzen in gewaltigen Mengen produziert, sind für die gelbe oder orange Färbung vieler Blüten sowie das leuchtende Rot der Hagebutten und Tomaten verantwortlich. Etwa 90 Prozent der pflanzlichen Carotinoide finden sich in den Blättern, wo sie an der Energieübertragung bei der Photosynthese beteiligt sind.

Man schätzt, daß die Pflanzen jährlich 100 Millionen Tonnen Carotinoide bilden. Die Tiere müssen sie grundsätzlich mit der Nahrung aufnehmen, können sie aber zum Teil in beträchtlicher Menge anreichern. So soll das Gewebe des rot gefärbten Augenkranzes mancher Fasane bis zur 10 000fachen Menge des Carotins der Mohrrübe enthalten. Tierische Zellen können Carotinoide niemals neu synthetisieren, wohl aber ihre Struktur in gewissem Maße verändern und so spezifische Tierfarbstoffe bilden.

Bei mehreren Tierarten wurde experimentell nachgewiesen, daß die durch Carotinoide bedingte Körperfärbung von deren Aufnahme mit der Nahrung abhängig ist. Wenn man die normalerweise leuchtend rote Seerose *Actinia equina* mit carotinoidfreier Diät aufzieht, so bleibt sie farblos. Amputierte Tentakel roter Tiere bleiben beim Nachwachsen ohne Farbe, wenn man farblose Fische als Nahrung verwendet. Sie werden jedoch rot, wenn man Garnelen füttert, die aus ihrer pflanzlichen Nahrung Carotinoide enthalten.

Die roten Flecken auf der Haut der Forellen sind durch das Carotinoid Astaxanthin bedingt. Füttert man die Fische in der Gefangenschaft mit Garnelen, so bleiben die Farbflecken erhalten. Bei Fleischfütterung verschwinden sie. Seit langem bekannt ist schließlich die Abhängigkeit der zauberhaften Färbung des Flamingogefieders von der Ernährung der Vögel. Das Rosa oder Rot ihrer Federn wird ebenfalls durch die Einlagerung von Astaxanthin verursacht. Wenn die Flamingos im Zoo nach der Mauser ihre leuchtende Färbung behalten sollen, so müssen sie mit carotinoidhaltiger Nahrung gefüttert werden.

Carotinoidpigmente wurden bei Vertretern der meisten Tierstämme nachgewiesen. Sie kommen in den äußeren, sichtbaren Teilen des Tierkörpers, in der Haut, in Schalen, dem Außenskelett, dem Schnabel der Vögel oder ihren Federn vor. Durch Carotinoide können die unterschiedlichsten Körperfärbungen hervorgerufen werden. Während die keinen Sauerstoff enthaltenden Carotine rote Farbe zeigen, sind die sauerstoffhaltigen Xanthophylle oft gelb. Durch Bindung der Carotinoide an Proteine können im Tierkörper aber auch blaue, grüne oder violette Farbstoffe gebildet werden. Diese Proteinbildung bewirkt zugleich eine Stabilisierung der luft- und lichtempfindlichen Carotinoide. Das in den Tieren am häufigsten vorkommende β-Carotin ist das orangerote Astaxanthin, das von ihnen durch Umwandlung des pflanzlichen Zeaxanthins, das dem Mais seine Farbe gibt, gebildet wird. Es wurde bei Vertretern der verschiedensten Tierstämme nachgewiesen und ist an der Farbenpracht vieler Hohltiere, Seesterne, Krebse, Insekten, Manteltiere und auch Wirbeltiere maßgeblich beteiligt.

Im allgemeinen ist das Astaxanthin im Tierkörper an ein Protein gebunden. Je nach der Natur dieser Proteine können die so gebildeten Carotinoidproteine rot, orange, gelb, grün, blau, violett oder farblos sein. Ein eindrucksvolles Beispiel für die Vielfarbigkeit der Carotinoidproteine stellt die Schnabelfärbung des Fischertukans dar. Dieser bunteste aller Vogelschnäbel zeigt in seinen verschiedenen Bereichen gelbe, rote, grüne, blaue und violette Farben, an deren Bildung wahrscheinlich die Bindung der Carotinoide an Skleroproteine beteiligt ist.

Wenn das Astaxanthin von seinem Protein getrennt oder dieses denaturiert wird, so nimmt das Carotinoid wieder seine ursprüngliche orangerote Farbe an. Im Prinzip war dieser Effekt schon in der Antike den Feinschmeckern bekannt. Die Griechen und Römer schätzten ja bereits den Hummer als Delikatesse und wußten, daß dieser beim Kochen seine dunkelblaue bis braune Farbe verliert und – wie auch andere Krebse – rot wird. Dieser Farbwechsel ist darauf zurückzuführen, daß der für die Färbung des lebenden Tieres verantwortliche blauschwarze Farbstoff in das rote Astaxanthin und ein farbloses Protein zerfällt. Daß es auch farblose Carotinoidproteine gibt, läßt sich sehr

Detailaufnahme der Augenregion des Jagdfasans *(Phasianus colchicus)*. Die rote Farbe des Augenkranzes wird wie bei anderen Fasanen durch Carotinoide erzeugt.

schön bei unserer Ostseegarnele *Palaemon squilla* demonstrieren, die im Leben durchsichtig bräunlichgelblich gefärbt ist und beim Kochen ebenfalls rot wird.

Flavonoide bilden eine im Pflanzenreich weit verbreitete Stoffgruppe, zu der unter anderem die als blaue, violette, rote oder gelbe Blütenfarbstoffe wichtigen Anthocyane und Anthoxanthine gehören. Im Tierreich kommen weiße und gelbe Flavonoide als Flügelpigmente bei mehreren Schmetterlingsfamilien vor. Sie wurden beispielsweise unter den heimischen Schmetterlingen beim Apollofalter *Parnassius apollo*, bei mehreren Arten der Augenfalter (Damenbrett *Agapetes galathea*, Kälberauge *Coenonympha pamphilus*) und dem Wiesenbläuling *Polyommatus icarus* nachgewiesen. Da Schmetterlinge, wie auch die anderen Tiere, Flavonoide nicht selbst synthetisieren können, müssen sie diese im Raupenstadium mit den Nahrungspflanzen aufgenommen und später in den Flügeln der erwachsenen Insekten abgelagert haben.

Chinonfarbstoffe – eine in mehrfacher Hinsicht interessante Pigmentklasse

Die kleine Gruppe der Chinonfarbstoffe stimmt mit den Carotinoiden und Flavonoiden gegenüber allen anderen tierischen Pigmentfarben insofern überein, als im Molekül kein Stickstoff vorhanden ist. Für die Körperfärbung der Tiere hat sie eigentlich nur bei einigen Seeigeln Bedeutung, bei denen rot, violett oder bräunlich gefärbte Naphthochinone vorkommen, die man als Echinochrome bezeichnet. Sie wurden außer in der Leibeshöhlenflüssigkeit und inneren Organen auch im Skelett und den Stacheln der Seeigel *Echinus*, *Paracentrotus* und *Strongylocentrotus* sowie einiger anderer Formen gefunden. Daß ähnliche Farbstoffe bei manchen Stachelhäutern schon vor 150 Millionen Jahren vorhanden gewesen sein müssen, konnte durch den Nachweis eines violetten Chinonfarbstoffes mit mehreren kondensierten Benzolringen bei einer ausgestorbenen Seelilie der Juraperiode gezeigt werden.

Der in Mittelamerika lebende Regenbogen- oder Fischertukan *(Ramphastos sulfuratus)* besitzt den buntesten aller Vogelschnäbel. Für die verschiedenen Farben sind Carotinoidproteine verantwortlich, die durch Bindung von Astaxanthin an unterschiedliche Proteine entstehen.

Rechte Seite:
Für die Färbung des Flamingos ist das Carotinoid Astaxanthin verantwortlich, dessen Vorstufen mit carotinoidhaltiger Nahrung aufgenommen werden.

Außer bei den Echinodermen finden sich offensichtlich nur noch bei der Insektenordnung der Homopteren Chinonfarbstoffe, nämlich bei mehreren Vertretern der Schildläuse und den Blattläusen. Obwohl die bei den Schildläusen vorkommenden Anthrachinone, die drei Benzolringe im Molekül aufweisen, sonst für die Körperfärbung von Tieren keine Bedeutung haben, verdienen sie aufgrund ihrer kulturhistorischen und wirtschaftlichen Aspekte doch eine Erwähnung. Es handelt sich um die roten Farbstoffe Kermessäure und Carminsäure.

Die Kermessäure wurde schon in der Antike aus den Körpern weiblicher Färberschildläuse gewonnen und von den Griechen und Römern als scharlachroter Beizenfarbstoff – das Karmesinrot – verwendet. Eine noch größere Bedeutung erlangte der rote Cochenillefarbstoff Carmin, der als färbenden Bestandteil Carminsäure enthält und aus der Cochenilleschildlaus gewonnen wird, die an mittelamerikanischen Kakteenarten der Gattung *Opuntia* lebt. Dieser Farbstoff wurde ursprünglich von den Azteken zum Färben verwendet und bekam später große Bedeutung für die Farbstoffindustrie.

Mit den Anthrachinonen der Schildläuse sind die glykosidischen Pigmente der Blattläuse (Aphidina) verwandt, die nach dem wissenschaftlichen Namen der Tiergruppe als Aphine bezeichnet wurden. Es ist bemerkenswert, daß diese für die vielfältigen Körperfarben der Blattläuse verantwortlichen Pigmente, die gelb, orange, rot, grün oder blaugrün sein können, wahrscheinlich im Körper der Insekten von endosymbiontischen Mikroorganismen gebildet werden.

Blutfarbstoff und verwandte Pigmente

Das wohl bekannteste tierische Pigment ist das Hämoglobin. Dieses gibt dem Blut und Fleisch seine Farbe, ist aber nur selten für die Körperfärbung von Tieren verantwortlich. Durch Hämoglobin wird die Hautfärbung des Menschen wie die Körperfarbe des Regenwurms, manch anderer Würmer und der roten Mückenlarven verursacht. Hämoglobin gehört wie das Chlorophyll der Pflanzen zu den Tetrapyrrolen. Der Biochemiker unterscheidet bei diesen die beiden Gruppen der Porphyrine mit vier ringförmig verknüpften Pyrrolen und der offenkettigen Bilichrome. Im Hämoglobin ist das Porphyrin Häm als roter Farbträger mit einem farblosen Protein verknüpft.

Porphyrinfarbstoffe wurden auch bei Hohltieren, in den Schalen von Schnecken und Muscheln sowie im Gefieder mancher Vögel, wie unserer Großtrappe oder der afrikanischen Schopftrappe *Lophotis ruficrista*, nachgewiesen.

Besondere Erwähnung verdient in diesem Zusammenhang die Färbung der afrikanischen Helmvögel, der Turakos. Die sattgrüne Grundfärbung dieser Urwaldvögel kommt auf ganz andere Weise zustande als sonst bei Vögeln. Während in der Regel eine grüne Gefiederfärbung auf blaue Strukturfarben und zusätzliche Einlagerung gelber Farbstoffe zurückgeht, ist bei den Turakos ein nur bei ihnen vorkommender grüner Farbstoff in den Federn eingelagert. Bei diesem »Turacoverdin« handelt es sich um einen kupferhaltigen Porphyrinfarbstoff.

Noch bemerkenswerter ist die prachtvoll karminrote Farbe der Schwungfedern, die im Flug und bei der Balz der Turakos sichtbar wird. Auch sie wird durch einen Tetrapyrrolfarbstoff verursacht, der im Zentrum des Moleküls anstelle des beim Hämoglobin vorhandenen Eisenatoms ein Kupferatom besitzt und als »Turacin« bezeichnet wird. Seltsamerweise ist diese karminrote Feder-

69

färbung nicht ganz waschecht, eine in der Vogelwelt einmalige Erscheinung. Es war Forschungsreisenden schon lange aufgefallen, daß die Flügelfedern abfärben, wenn man sie im nassen Zustand mit den Fingern berührt oder reibt. Die Farbe wird zwar vom reinen Regenwasser wenig angegriffen, so daß die Vögel nicht beim ersten Regen ihre Farbe verlieren. Sie kann aber durch schwach alkalisches Wasser leicht aus dem Gefieder herausgelöst werden. An Vögeln, die in Gefangenschaft gehalten werden, läßt sich eine Rotfärbung des Badewassers beobachten, vor allem, wenn diesem einige Tropfen Salmiakgeist zugesetzt werden.

Von den Bilinen oder Bilichromen sind die Gallenfarbstoffe als offenkettige Abbauprodukte des Hämoglobins wohl am bekanntesten. Andere Bilichrome haben Bedeutung für die Körperfärbung verschiedener Tiere bekommen. So finden sie sich als farbgebende Pigmente in den grünen Körperteilen der Pferdeaktinie *Actinia equina* und der dickhörnigen Seerose *Tealia felina*, in der rot oder orange gefärbten Haut der großen Wegschnecke *Arion rufus* sowie in manchen grünen oder rötlichen Muschel- und Schneckenschalen. Bilichrome sind aber auch für die blaue oder grüne Färbung mancher Schmetterlinge, der Gottesanbeterin *Mantis* sowie der Lippfische (Labridae) verantwortlich. Schließlich sei darauf hingewiesen, daß die seltsame Grünfärbung der Knochen und Gräten des Hornhechts *Belone belone* und der Aalmutter *Zoarces vivipara* ebenso durch Biline verursacht wird wie die Blaufärbung des Kalkskeletts der altertümlichen Blauen Koralle *Heliopora coerulea*, aus dem man den Farbstoff Helioporobilin isoliert hat.

Pteridine – Pigmente der Schmetterlinge und Amphibien

Der englische Biochemiker G. Hopkins fand als Student im Jahre 1889 in Schmetterlingsflügeln ein Pigment, das er irrtümlicherweise als Abkömmling der Harnsäure deutete. Er hatte damit den ersten Vertreter einer neuen Pigmentklasse entdeckt, deren Strukturaufklärung jedoch erst 1925 dem späteren Nobelpreisträger Heinrich Wieland gelang. Nach ihrem häufigen Vorkommen in den Flügeln der Schmetterlinge wurden diese Pigmente, die aus dem Purinstoffwechsel der Tiere hervorgehen, als Pterine oder Pteridine bezeichnet. Wieland hatte von Schulkindern über 200 000 Kohlweißlinge sammeln lassen und aus deren Flügeln das weiße Leukopterin isoliert. In den folgenden Jahrzehnten wurde eine Vielzahl anderer Pteridine gefunden, die als Pigmentfarben weit verbreitet vorkommen. Das Xanthopterin ist für die gelbe Färbung des Zitronenfalters und der Wespen, aber auch für die des Feuersalamanders verantwortlich. Pteridinpigmente kommen regelmäßig in der Haut von Froschlurchen vor. Sie finden sich in großer Menge bei Laubfröschen, verursachen die rote Zeichnung des Grasfrosches und sind an der Färbung der Kröten beteiligt, die das charakteristische Pteridin Bufochrom besitzen.

Auch die für die Biosynthese der Pteridinpigmente wichtige Ausgangssubstanz, der Nucleinsäurebaustein Guanin, hat Bedeutung für die Färbung der Tiere. Guanin ist zwar selbst farblos, aber in mikrokristalliner Form in die weißen oder irisierenden Farbzellen (Chromatophoren) vieler Fische, Amphibien, Eidechsen oder auch Tintenfische eingelagert. So beruht die weiße oder silbrige Farbe der Bauchseite bei Fischen auf der Reflexion des weißen Lichtes an dem mikrokristallinen Guanin.

Die Farbstoffklasse der Melanine

Keine andere Farbstoffklasse der Tiere wurde so gründlich erforscht wie die der Melanine. Dies mag sicherlich damit zusammenhängen, daß sie besondere Bedeutung für den menschlichen Organismus haben. Die Färbung unserer Haare, der Augen und der Haut wird durch sie bestimmt.

Melanine treten als schwarze, braune, rötliche oder gelbliche Farbstoffe auch in der Haut vieler Wirbelloser und der Wirbeltiere auf, in der sie in diffuser Verteilung oder als Granula vorkommen. So wurden sie bei manchen Hohltieren, wie der Seenelke *Metridium senile*, in der Haut von Plattwürmern, Ringelwürmern, Seegurken, Schlangensternen und des Seeigels *Diadema antillarum* nachgewiesen. Melaninpigmente findet man in der Haut und in Cuticularstrukturen der Insekten und mancher Krebse. Bei den Wirbeltieren kommen sie als farbgebende Pigmente im Hautgewebe sowie in Schuppen, Federn und Haaren vor.

In chemischer Hinsicht sind die Melanine als hochmolekulare Verbindungen zu charakterisieren, die durch Umwandlung der Aminosäure Tyrosin in Indolchinon und dessen Polymerisierung gebildet werden. Wenn das für diese Umwandlung erforderliche kupferhaltige Enzym einem Tier fehlt, entwickelt es sich zu einem unpigmen-

Der leuchtend blau gefärbte *Dendrobates azureus* und der rotschwarz gestreifte *Dendrobates lehmanni* gehören zu den in Mittel- und Südamerika vorkommenden Farb- oder Pfeilgiftfröschen (Dendrobatidae). In welchem Maße für deren vielfältige Färbungen die bei Amphibien nachgewiesenen Pteridinpigmente verantwortlich sind, bedarf noch näherer Untersuchungen.

tierten Albino. Bei schwarz-weiß gescheckten Säugetieren findet es sich nur im Bereich der schwarzen Flecken.

Daß Melaninbildung oft durch Licht beeinflußt wird, weiß jeder sonnenhungrige Urlauber aus eigener Erfahrung. Man kann dies aber auch bei Tieren experimentell demonstrieren, wenn man etwa Flundern von unten beleuchtet und so auf der normalerweise hellen Unterseite Melaninbildung auslöst.

Phenoxazone oder Ommochrome – nicht nur Augenpigmente

Die kleine Farbstoffklasse der Phenoxazone wurde wegen ihres häufigsten Vorkommens in den Komplexaugen der Insekten und Krebse als Ommochrome bezeichnet. Nach ihrer Molekülgröße werden die höhermolekularen Ommine von den niedermolekularen Ommatinen unterschieden, zu denen das gelbbraune Xanthommatin sowie die roten Farbstoffe Rhodommatin und Ommatin D gehören. Das Vorkommen der Ommochrome ist nicht auf die Augen beschränkt. Sie haben als gelb, braun, rot oder violett gefärbte Pigmente auch Bedeutung für die Haut- und Flügelfärbung mancher Schmetterlinge. Dunkel gefärbte Ommine wurden in der Haut der Nordseegarnele sowie in der Haut mehrerer Tintenfischarten nachgewiesen. Ommochrome werden im Tierkörper durch enzymatische Umwandlung der Aminosäure Tryptophan zu Phenoxazonen gebildet. Es ist bemerkenswert, daß die Erforschung der Augenpigmentbildung von außerordentlicher Bedeutung für die moderne Genetik wurde. Der Zoologe Alfred Kühn konnte 1940 erstmals nachweisen, daß bestimmte Mutanten der Taufliege *Drosophila* und der Mehlmotte *Ephestia*, die sich durch helle Augen auszeichnen, spezifische Enzyme für die Bildung des Augenfarbstoffes Xanthommatin nicht mehr besitzen. Es wurde damit der erste Beweis geliefert, daß Gene wirken, indem sie die Bildung bestimmter Enzymproteine verursachen, eine Erkenntnis, die zur Ein-Gen-Enzym-Hypothese führte. Erwähnt sei schließlich, daß die Ommochrome enge Beziehungen zu der farbgebenden Komponente des Antibioticums Actinomycin aufweisen.

Die Papiliochrome der Ritterfalter

Papiliochrome sind charakteristische Flügelpigmente der Insekten, die bisher nur bei der Schmetterlingsfamilie der Ritterfalter (Papilionidae) gefunden wurden. Sie erregten das besondere Interesse der Biochemiker, da bei ihrer Synthese mehrere wichtige Stoffwechselwege miteinander verknüpft werden, die von den Aminosäuren Tryptophan, Tyrosin und β-Alanin ihren Ausgang nehmen. Dabei werden Vorstufen von zwei anderen Pigmentklassen, den Ommochromen und Melaninen, mit der ungewöhnlichen Aminosäure β-Alanin verknüpft. Papiliochrome können als gelbe, gelbbraune oder rote Pigmente in die Schmetterlingsschuppen eingelagert sein.

Die Strukturfarben der Tiere

Alle bisher besprochenen tierischen Farbstoffe stimmen darin überein, daß sie aufgrund ihrer chemischen Struktur bestimmte Anteile des weißen Tageslichtes absor-

Detailaufnahme eines Hinterflügels des Großen Schillerfalters *(Apatura iris)*. Die vielfältigen Farbmuster der Schmetterlinge entstehen durch das Zusammenwirken unterschiedlich gefärbter Schuppen. Für deren Färbung können entweder Pigmentfarben oder Strukturfarben (blaue Schuppen) verantwortlich sein.

bieren und die übrigen als Mischfarbe hindurchlassen oder reflektieren. Im Gegensatz zu diesen Pigmentfarben spielt bei den tierischen Strukturfarben die chemische Beschaffenheit der farbgebenden Körperteile keine wesentliche Rolle, ja die beteiligten Stoffe sind sogar in der Regel farblos. Wesentlich ist für den Farbeffekt vielmehr eine spezifische Feinstruktur der betreffenden Gebilde, die das einfallende Licht so beeinflußt, daß in gewissen Richtungen nur bestimmte Wellenlängen zur Geltung kommen.

Strukturfarben sind im Tierreich weit verbreitet. Wir können sie bei Vertretern der verschiedensten Tierstämme beobachten, hier jedoch nur einige charakteristische Beispiele erwähnen.

Die Strukturfarben der Tiere beruhen auf unterschiedlichen physikalischen Effekten. Es kann sich um Streuung des Lichtes an einem trüben Medium, um Interferenz an dünnen Blättchen oder in seltenen Fällen um Lichtbeugung an feinen Gitterstrukturen handeln. Dünnblattfarben und Gitterfarben stimmen darin überein, daß sie je nach dem Einfallswinkel des Lichtes in verschiedenen Farben schillern. Sie können deshalb als Schillerfarben zusammengefaßt werden.

Weiß als Strukturfarbe

Zu den Strukturfarben muß man im Grunde auch die Weißfärbung der Tiere rechnen, die durch diffuse Reflexion aller Wellenlängen des Tageslichtes an den betreffenden Körperteilen verursacht wird. Eine solche Reflexion kann an dicken Lagen von festem Material zustande kommen, wie bei den Calciumkarbonat oder Calciumphosphat enthaltenden Skeletten der Foraminiferen, Kalkschwämme, Korallen, Stachelhäuter und Wirbeltiere oder den Schalen der Weichtiere und Eischalen der Vögel. Durch die Einlagerung von kristallinem Guanin in bestimmte Hautzellen der Fische, Amphibien und Reptilien wird infolge diffuser Lichtreflexion eine Weißfärbung der be-

Der in den Urwäldern Zentralafrikas lebende Goliathkäfer *(Goliathus meleagris)* erreicht eine Körperlänge von 10 cm. Das vorherrschende Weiß seines Zeichnungsmusters ist eine bei Käfern seltene Färbung.

treffenden Hautbereiche verursacht, die beim Vorliegen gröber lamellierter Guaninplättchen in Silberglanz übergeht.

Auf ganz andere Weise kommt das Weiß der Federn und Haare zustande. Beide Hautorgane sind aus an sich klarer Hornmasse aufgebaut, die zahlreiche kleine Lufträume umschließt, an denen eine diffuse Totalreflexion des Lichtes erfolgt. In ähnlicher Weise kommen die weißen Flecken auf den Deckflügeln der Sandlaufkäfer zustande, die durch feine Lufteinschlüsse zwischen den Balkenlagen der Flügelcuticula verursacht werden. Bei vielen anderen Käfern können weiße Flecken auch durch dicht stehende farblose Chitinhaare bedingt sein.

Blau als Farbe eines trüben Mediums

Uns allen ist seit frühester Kindheit ein Farbeffekt der unbelebten Natur wohl vertraut, der auf die Streuung des Lichtes an einem trüben Medium zurückzuführen ist, die blaue Farbe des Himmels. Wie diese zustande kommt, hatte im Jahre 1869 erstmals der irische Physiker Tyndall erklärt. Er wies darauf hin, daß die Blaufärbung des Himmels durch Streuung des weißen Sonnenlichtes an feinsten Teilchen der oberen Atmosphäre verursacht wird. Da dabei an winzigen Wassertropfen, Staubteilchen oder auch den Luftmolekülen vorwiegend die kürzeren Wellenlängen aus dem Strahlengang seitlich abgebeugt werden und in unser Auge gelangen, erscheint uns der Himmel blau. In ähnlicher Weise kommt die Blaufärbung vieler Tiere als »Farbe eines trüben Mediums« zustande.

Man versteht unter einem trüben Medium ein inniges Gemenge aus zwei an sich farblosen Stoffen unterschiedlicher Lichtbrechung, von denen der eine in feinster Form im anderen verteilt ist. Bei diesen trübenden Teilchen kann es sich um winzige Flüssigkeitstropfen, feste Teilchen oder kleinste Gasblasen handeln, die in Flüssigkeiten oder festen Körpern verteilt sind. Wenn sie in ihrer Größe etwa der Wellenlänge des blauen Lichtes entsprechen, so wird dieses von ihnen abgelenkt, während rotes oder gelbes Licht durch das Medium hindurchtritt. Das trübe Medium erscheint so im Durchlicht mehr oder weniger rot, in der Aufsicht hingegen blau. Diese Blaufärbung kommt noch besser zur Geltung, wenn ein dunkler Hintergrund das hindurchtretende langwellige Licht absorbiert.

Das Tyndall-Blau der Wirbeltiere

Sehen wir uns im Tierreich um, wo eine Blaufärbung durch solche Tyndall-Effekte verursacht wird, so sind in erster Linie die Wirbeltiere zu nennen. Sie bieten für das Zustandekommen dieses Strukturblaus insofern günstige Voraussetzungen, als bei allen Wirbeltierklassen die Fähigkeit zur Synthese schwarzer oder brauner Melaninpigmente vorhanden ist, die in Pigmentzellen (Melanophoren) abgelagert werden und in den tieferen Schichten der Haut eine lichtabsorbierende Lage bilden.

Bei Fischen, Amphibien und Reptilien enthalten die über der dunklen Melaninzone liegenden Hautschichten als »Guanophoren« bezeichnete Zellen mit winzigen Guaninkristallen als Einschlüssen, die als trübes Medium wirken und durch Streuung des Lichtes die Blaufärbung der Haut verursachen. Das vor allem bei vielen Fischarten, seltener bei Amphibien und Reptilien, vorkommende leuchtende Blau der Körperfarbe ist in der Regel auf solchen Tyndall-Effekt zurückzuführen. In vielen Fällen wird das Strukturblau jedoch durch Kombination mit andersfarbigen Pigmenten modifiziert oder überdeckt. Wenn in den Guanophoren größere Guaninteilchen vorhanden sind, so verursachen diese durch diffuse Reflexion aller Wellenlängen des Sonnenlichtes die früher erwähnte Weißfärbung.

Bei Vögeln und Säugetieren kann eine blaue Körperfarbe nur auf andere Weise zustande kommen, da ihre Haut keine Guanophoren enthält. Hier ist es offensichtlich die Struktur der über den dunklen Melanophoren liegenden Zellschichten, die als trübes Medium wirkt.

Durch Tyndall-Blau gefärbte Bereiche der nackten Haut finden wir sowohl bei einer Reihe von Vogelarten wie bei einigen Säugetieren. Am bekanntesten sind wohl die blauen nackten Hautflächen am Kopf und Hals der Kasuare, des Truthahns sowie am Kopf der Perlhühner.

Beim Hahn des in den Urwäldern Borneos lebenden Bulwerfasans *Lobiophasis bulwerii* bildet die nackte blaue Gesichtshaut einen seltsamen Kopfschmuck, der an Schläfe und Kinn in zwei Paar hornförmig schwellbare Anhänge ausläuft. Bei der Balz verlängern diese sich um ein Vielfaches, so daß insgesamt der Eindruck einer himmelblauen Sichel von etwa 18 cm Länge entsteht, die mit Ausnahme der rubinrot in ihrer Mitte hervorleuchtenden Augen den ganzen Kopf verdecken. Da der Hahn bei der Balz seine leuchtend weißen Schwanzfedern zu

Die wunderbare Färbung des Temminck-Satyrhuhns *(Tragopan temminckii)* erhält durch das leuchtende Strukturblau der nackten Gesichtshaut ein besonderes Gepräge.

einem merkwürdigerweise von vorn nach hinten gerichteten Dreiviertelrad aufschlägt und damit beinahe scheibenförmig aussieht, entsteht so eine der seltsamsten Tiergestalten.

Einen ganz andersartigen blauen Kopfzierat finden wir bei den wunderbar gefärbten Satyrhühnern oder Tragopanen Südostasiens. So sind beim Hahn des in den Bergwäldern Chinas und Nordvietnams lebenden Temminck-Satyrhuhns *Tragopan temminckii* außer der nackten Gesichtshaut zwei am Hinterkopf aufrichtbare stielförmige Schwellkörper sowie ein von der Kehle ausgehender, bei Erregung durch Bluteinstrom zu einem Schild von 20 cm Länge und 15 cm Breite aufblasbarer Hautlappen durch leuchtendes Strukturblau gefärbt. Dieses bildet auf den Seitenfeldern des Halsschildes einen prachtvollen Kontrast zu zwei Reihen blutroter Flecke. Alfred Brehms Illustrator Gustav Mützel beschrieb bereits 1878 mit plastischen Worten, wie der Hahn auf dem Höhepunkt des Liebesspiels diese Schauorgane der Henne darbietet: »Da plötzlich endet jede Bewegung. Tief gesenkt, schwer atmend, das Gefieder gesträubt, Fittiche und Schwanz gegen den Boden gedrückt, die Augen geschlossen, verharrt der Vogel in voller Verzückung. Von seinem Kopf sieht man nur Schnabel und Stirnschopf noch; nadelgleich, steif und senkrecht aufgerichtet sind die türkisblauen Hörner, geschwellt alle Teile des jetzt zum vollen Umfang entfalteten Schildes. Durchschimmerndes Himmelblau, saftiges Kornblumenblau, feuriges Blutrot strahlt von ihm aus – ein sonderbarer, unbeschreiblich schöner Anblick.«

Unter den Säugetieren finden wir bei einigen Affenarten durch Tyndall-Blau gefärbte Hautpartien, die in Teilen des Gesichts, bei erwachsenen Männchen aber auch in der Leistengegend, Gesäßregion und Genitalregion vorkommen. In dieser Hinsicht sind mehrere Meerkatzenarten zu erwähnen. Besonders eindrucksvoll wird die Blaufärbung, wenn benachbarte Hautzonen infolge starker Durchblutung leuchtend rot gefärbt sind und sich so ein auffälliger Farbkontrast ergibt, der dem des Balzschildes beim Temminck-Satyrhuhn entspricht. So steht beim Männchen der grünen Meerkatze die leuchtend blaue Farbe der Haut des Hodensacks in starkem Kontrast zu der auffälligen Rotfärbung des Phallus. Eine ähnliche Färbung zeigt unter den Pavianen auch das erwachsene Männchen des Drills, bei dem überdies in der Gesäßregion blaue und rote Hautpartien ineinander übergehen.

Tyndall-Blau ist auch an der Farbgestaltung eines der eindrucksvollsten Tiergesichter beteiligt: dem des männlichen Mandrills. Bei dieser westafrikanischen Pavianart bilden die kornblumenblauen Wangenwülste mit der leuchtend zinnoberroten Nase und dem zitronengelben Kinnbart zum grünlichbraunen Kopfhaar einen bemerkenswerten Farbkontrast. Die Farben auf der nackten Haut des Gesichtes und der ebenfalls rot und blau gefärbten Gesäßregion sind so grell wie bei keinem anderen Säugetier. Sie werden noch leuchtender, wenn das Tier sich erregt und dann auch eine Blaufärbung der Brust zeigt.

Es sei schließlich darauf hingewiesen, daß wir auch beim Menschen ein repräsentatives Beispiel für Strukturblaufärbung beobachten können, und zwar bei der Farbe blauer Augen. Die Iris blauäugiger Menschen besitzt an ihrer Hinterseite eine lichtabsorbierende Melaninlage und wirkt mit ihren unpigmentierten Zellschichten als trübes Medium. Grüne oder braune Augen besitzen außer der hinteren Melaninschicht an ihrer vorderen Irisfläche zusätzlich eine mehr oder weniger entwickelte Lage von gelbem oder rötlichbraunem Pigment.

Die wohl auffälligsten und häufigsten Beispiele von Tyndall-Effekten liefern die blauen Federn der Vögel, deren Farbe nur selten auf spezifische Pigmente zurückzuführen ist. Von den bisher besprochenen Blaufärbungen unterscheidet sich jene der Federn dadurch, daß als trübes Medium bei ihnen nicht lebende Gewebsschichten, sondern abgestorbene verhornte Epidermiszellen dienen, die zahlreiche Luftbläschen enthalten.

Die blaue Farbe der Federn des Schwarzschnabel-Zwergfischers *(Corythoris vintsioides)* aus Madagaskar ist keine Pigmentfarbe, sondern als Strukturfarbe auf die Feinstruktur der verhornten Federastzellen zurückzuführen.

Betrachten wir eine blaue Feder unter dem Mikroskop, so sehen wir nur an den vom Federschaft ausgehenden Ästen eine Blaufärbung, die gewöhnlich auf die Oberseite der Federn beschränkt ist. Von der Unterseite her erscheinen die Federn dagegen in der Regel anders gefärbt, meist schwärzlich, aber in manchen Fällen sogar rot, wie bei einigen Papageien. Querschnitte durch die blauen Federäste zeigen, daß diese unter ihrer farblosen Rindenschicht eine Lage großer verhornter Zellen aufweisen, deren um einen inneren Hohlraum gelegener Hornmantel im Elektronenmikroskop eine schwammartige Struktur erkennen läßt. Unter diesen als trübes Medium wirkenden Zellen bilden Melanin enthaltende Zellen einen dunklen Hintergrund. Daß die Schwammstruktur der Hornzellen als trübes Medium wirkt, läßt sich durch zwei einfache Experimente leicht beweisen. So kann man die blaue Farbe zum Verschwinden bringen, wenn man die Luft in den Zellen durch eine geeignete Flüssigkeit (z. B. Xylol) verdrängt oder sie durch Hämmern der Federn aus dem Hornmantel herausquetscht.

Wenn die blaue Farbe der Federn bei den verschiedenen Vogelarten unterschiedliche Nuancen zeigt, so dürfte dies mit einer artspezifisch unterschiedlichen Größe der winzigen Lufträume zusammenhängen. Das leuchtende Blaugrün unseres Eisvogels deutet darauf hin, daß in den verhornten »Schwammzellen« seiner Federn größere Hohlräume vorhanden sind als etwa in den tiefblauen Flügelfedern des Eichelhähers.

Bei den wirbellosen Tiergruppen ist eine Körperfärbung durch Tyndall-Blau nur selten zu beobachten. Sie ist insbesondere bei jenen Libellenarten auffällig, deren Hinterkörper leuchtend blaue Farbe zeigt. Unter den Mollusken kommt Tyndall-Blau bei einigen Tintenfischen vor.

Die Entstehung der Schillerfarben

Kaum eine Tierfarbe hat so sehr die Aufmerksamkeit und Bewunderung der Betrachter erregt wie die Schillerfarben und Metallfarben, die vor allem für einige Gruppen der Vögel und Insekten so charakteristisch sind. Es war kein geringerer als Isaac Newton, der bereits 1704 in seiner »Opticks« schrieb, daß es sich bei den Schillerfarben der Federn des Pfauenschwanzes und anderer Vögel um Farben dünner Blättchen handelt. Diese Vermutung ist im 20. Jahrhundert von zahlreichen Forschern vielfach bestätigt worden.

Wie beim Tyndall-Blau spielt auch bei den Schiller- und Metallfarben der Tiere die chemische Beschaffenheit des erzeugenden Materials keine Rolle. Es handelt sich vielmehr um Strukturfarben, die durch den Feinbau der farberzeugenden Gewebe bedingt sind. Durch das Vorhandensein einer bestimmten Gewebestruktur wird das auffallende Licht so beeinflußt, daß durch Interferenz an dünnen Blättchen oder Gitterstrukturen nur ganz bestimmte Wellenlängen in gewissen Richtungen zur Geltung kommen. Da diese Wellenlängen sich mit dem Auffallswinkel des Lichtes ändern, schillern diese Dünnblatt- oder Gitterfarben.

Voraussetzung für das Entstehen der Dünnblattfarben ist das Vorhandensein durchsichtiger Lamellen von weniger als einem Mikrometer Dicke, die aus festem, flüssigem oder gasförmigem Material bestehen können. An diesen Blättchen werden durch Interferenz bestimmte monochromatische Anteile des Tageslichtes beseitigt, so daß die verbleibenden Anteile sich zur komplementären »Interferenzfarbe« der betreffenden Struktur mischen.

Der männliche Mandrill *(Mandrillus sphinx)* besitzt eines der eindrucksvollsten Tiergesichter. Bei dessen Farbgestaltung bildet das Tyndall-Blau der Wangenwülste einen auffälligen Kontrast zu der leuchtend roten Hautfarbe der Nase und den gelbbraunen Pigmentfarben der Haare.

Morphologische Grundlagen der Strukturfarben der Federn (1–9) und Schmetterlingsschuppen (10–15). 1 Feinbau einer normalen Feder. Tyndallblau entsteht in einem verdickten Federast (2) durch Lichtbeugung (4) an der wabigen Keratinstruktur K peripherer Kästchenzellen Kä vor melaninhaltigem Hintergrund M (3, 4). Schillerfarben entstehen an verdickten Bogen- oder Hakenradien (5, 6) durch Interferenz des Lichts (9) an unterschiedlich gestalteten Feinstrukturen (7, 8) der Schillerradien, die abwechselnde Lagen von Keratin (K), Melanin (M) und Luft (L) aufweisen. Strukturfarben der Schmetterlingsschuppen (10) entstehen durch besondere Differenzierung der Grundstrukturen ihres Feinbaus (11). Bei Schillerschuppen des *Morpho*-Typs (12) wird Interferenz des Lichts an zahlreichen parallel gelagerten Lamellen der Rippen, beim *Urania*-Typ (13) an parallelen Cuticularschichten zwischen oberer und unterer Schuppenlamelle erzeugt. Vermehrung der Mikrorippen und deren Ausdehnung auf die obere Schuppenlamelle (14) erzeugt Seidenglanz. Schuppen mit zahlreichen dicht stehenden Poren der oberen Lamelle (15) erzeugen durch Lichtbeugung Tyndallblau.

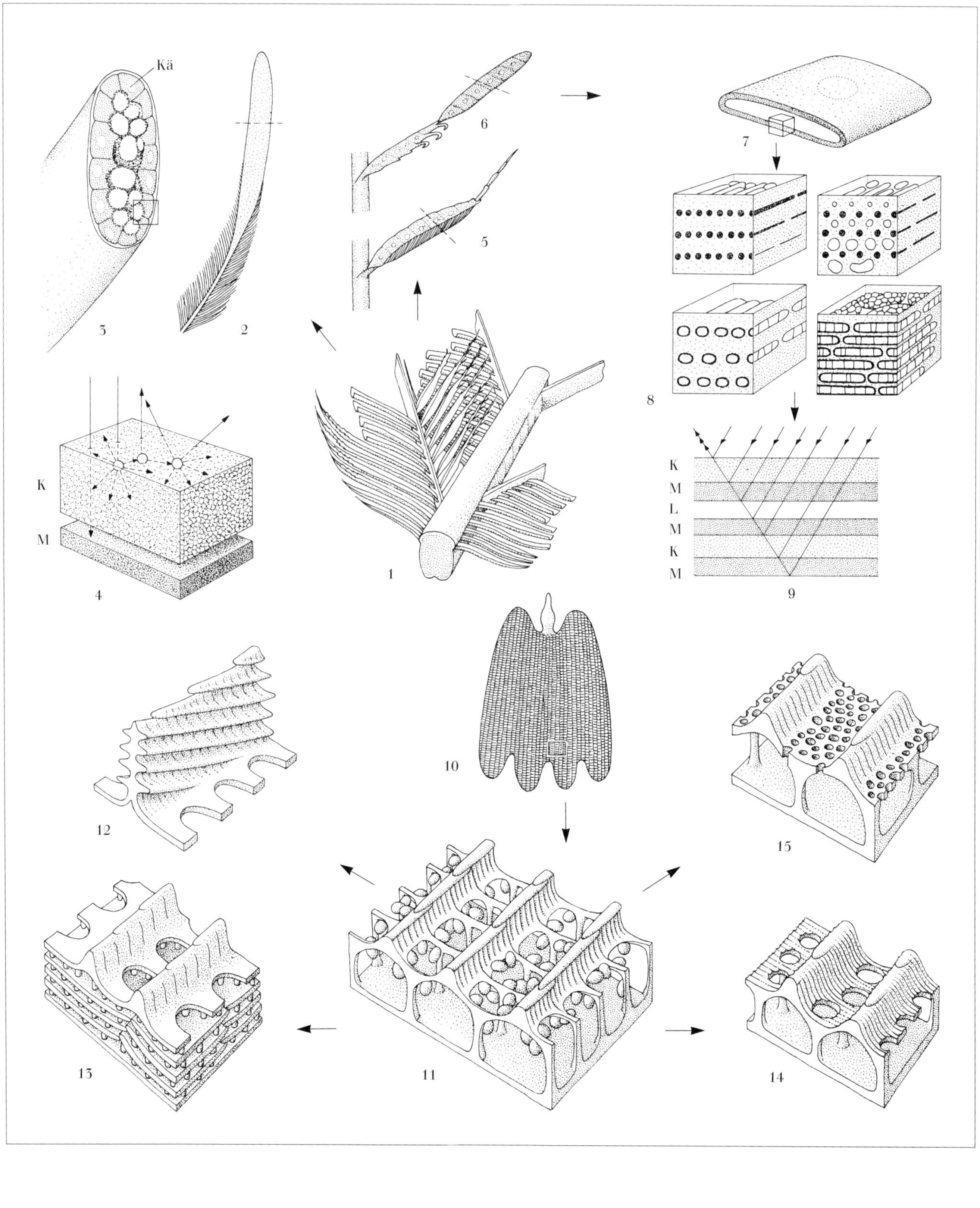

Der auf Madagaskar lebende Uraniide *Chrysiridia madagascariensis* gilt als einer der schönsten Schmetterlinge der Erde.

Im mikroskopischen Bild zeigen die Schillerschuppen von *Chrysiridia madagascariensis* Querbänder unterschiedlicher Farben, da die Schuppenplatte eine Längswölbung aufweist und das Licht an verschiedenen Stellen mit unterschiedlichen Einfallswinkeln zur Interferenz kommt.

Ein viel genanntes Beispiel für die Farben dünner Blättchen im Tierreich liefert uns die zu den Uraniafaltern gehörende madagassische *Chrysiridia madagascariensis*, die als einer der prachtvollsten Schmetterlinge gilt. Ihre herrliche Färbung wird durch die Struktur der Flügelschuppen verursacht. Während Schmetterlingsschuppen gewöhnlich Hohlgebilde sind, deren gleichmäßig dünne Unterseitenlamelle mit der in regelmäßigen Abständen durch parallele Längsrippen verdickten Oberseitenlamellen durch vertikale Balken verbunden sind, besitzen die Schillerschuppen der Uraniafalter eine solide Schuppenplatte. Diese besteht aus mehreren sehr dünnen, parallel gelagerten Chitinlamellen, die durch feinste Luftschichten getrennt sind. Der aus der Lamellenstärke und Luftschichtdicke sich ergebende Schichtabstand der Schuppen beträgt nur 0,1 bis 0,15 mm. Im mikroskopischen Bild zeigen die einzelnen Schuppen Querbänder unterschiedlicher Farben. Dies kommt dadurch zustande, daß die Schuppenplatte eine Längswölbung aufweist und das Licht so an verschiedenen Stellen mit unterschiedlichen Einfallswinkeln wirksam wird.

Neuere elektronenmikroskopische Untersuchungen haben gezeigt, daß auch die Schillerfarben unserer Bläulinge durch ähnlich gebaute Schillerschuppen vom *Urania*-Typ hervorgerufen werden. Auf eine etwas andere Schuppenstruktur ist jedoch die unvergleichlich schöne Blaufärbung der südamerikanischen *Morpho*-Arten zurückzuführen. Die wunderbare Schillerfärbung dieser bis zu 20 Zentimeter großen Schmetterlingsriesen hat immer wieder die Begeisterung der Reisenden hervorgerufen, die ihren Flug unter der Tropensonne beobachten konnten. So ist es erklärlich, daß ihr Schuppenbau ebenfalls schon bald das Interesse der Entomologen erregte.

Beim *Morpho*-Typ der Schillerschuppen ist es nicht die Schuppenplatte, die Interferenzeffekte erzeugt. Verantwortlich für den schillernden Blauglanz sind vielmehr auf der Schuppenoberfläche dicht nebeneinanderstehende Längsleisten, die eine im Elektronenmikroskop nachweisbare Lamellenstruktur aufweisen.

Daß die Schillerfarben der Schmetterlinge durch die erwähnte Lamellenstruktur der Schuppen oder Schuppenleisten verursacht wird, kann man übrigens durch ein einfaches Experiment beweisen. Wenn man durch

Die Schmetterlingsarten der Gattung *Morpho* rechnen mit ihren blauschillernden Flügeln zu den auffälligsten Bewohnern der tropischen Regenwälder Süd- und Mittelamerikas.

Morpho peleides besitzt wie alle Morphofalter auf der Unterseite der Flügel ein wunderbares Farbmuster mit Reihen von Augenflecken, das in Gegensatz zur einheitlich blauschillernden Flügeloberseite steht.

Die Schillerfarbe des Rosenkäfers *Smaragdesthes guerini* wird durch Interferenzeffekte der glatten Cuticula der Körperdecke verursacht.

Auftropfen einer geeigneten Flüssigkeit, etwa Xylol, die Luft zwischen den Chitinlamellen verdrängt und damit die Schuppen optisch homogenisiert, so verschwindet die Schillerfarbe. Sie tritt wieder auf, wenn beim Verdunsten der Flüssigkeit erneut Luft zwischen die Lamellen gelangen kann.

Schillerfarben finden wir auch bei vielen Käfern. Nur in seltenen Fällen ist dies auf das Vorhandensein von Schillerschuppen zurückzuführen, wie es für einige Rüsselkäfer beschrieben wurde. Einer der prächtigsten unter diesen ist sicherlich der brasilianische Diamantenkäfer *Entimus imperialis*. Seine flachen, etwa 4 bis 6 Mikrometer dicken Schuppen zeigen einen laminären Aufbau, der durch Interferenz die Schuppenoberflächen in einem meist blaugrünen Metallglanz erstrahlen läßt.

Bei den meisten durch Schillerfarben ausgezeichneten Käfern sind jedoch keine Schuppen vorhanden. Die Interferenzeffekte werden hier durch die glatte Cuticula der Körperdecke selbst verursacht, die eine entsprechende Feinstruktur in Form übereinandergelagerter feiner Lamellen aufweist. Welche Farbenpracht auf diese Weise erzielt werden kann, zeigt uns vielleicht am schönsten jene Käferfamilie, die ihr ihren Namen verdankt, die Prachtkäfer (Buprestidae). Vor allem die tropischen Arten dieser Familie zeigen oft ein faszinierendes Feuerwerk roter, grüner oder blauer, metallisch glänzender Farben. Wunderbare Schillerfärbungen finden wir aber auch bei den Rosenkäfern, unter denen unsere heimische Art *Cetonia aurata* nur einen schwachen Abglanz der Farbenpracht exotischer Arten zeigt, sowie bei anderen Blatthornkäfern, Laufkäfern und vielen Blattkäfern. Wie sehr die Schillerfarben der Käfer die Menschen faszinierten, geht wohl am besten daraus hervor, daß manche dieser Käferarten wie Edelsteine gefaßt und als Schmuck getragen wurden.

Schillerfarben der Wirbeltiere

Wenn wir von den Schmetterlingen, Käfern und einer Anzahl Fliegenarten absehen, spielen Interferenzfarben bei den Tiergruppen der Wirbellosen eine recht untergeordnete Rolle. Unter den Wirbeltieren können wir Interferenzfarben an den Schuppen und Augen vieler Fische sowie in der Hautfärbung mancher Schlangen beobachten. Vor allem aber sind es verschiedene Gruppen der Vögel, deren Gefieder mit Schillerfarben geschmückt ist, deren Pracht hinter jener der Insekten nicht zurücksteht.

Schillerfarben finden wir bei Vögeln der verschiedensten Verwandtschaftsgruppen, allerdings in den meisten Fällen bei Formen tropischer Lebensräume. Auf die Pracht der Pfauenfedern war schon ausführlich eingegangen worden. Der Pfau ist jedoch nicht der einzige Hühnervogel mit schillernden Federn. Wir finden solche auch beim Hahn unseres Haushuhns oder unter den Fasanen in besonders eindrucksvoller Weise bei dem im Himalaya heimischen Glanzfasan *Lophophorus*.

Prächtige Schillerfarben des Gefieders zeigt eine Reihe Taubenarten. Noch schwach ausgebildet ist der Farbschiller bei der Stammform unserer Haustauben, der Felsentaube *Columba livia*, die grün und violett schillerndes Halsgefieder besitzt. Viel prächtiger ist der Schiller bei der Erztaube *Chalcophaps*, der auf den Nikobaren und Salomonen und Palau-Inseln lebenden, dunkelgrün glänzenden Mähnentaube *Caloenas* oder anderen Gattungen. Unter den Kuckucksvögeln zeichnet sich der afrikanische Smaragdkuckuck *Chrysococcyx cupreus* an der Oberseite und Kehle durch ein herrlich grün glänzendes Gefieder aus.

Durch metallisch glänzende Schillerfarben ihres Gefieders imponiert auch eine Anzahl Arten der eigenartigen Vogelfamilie der Trogonidae. Berühmt geworden ist in dieser Hinsicht der Wappenvogel Guatemalas, der überaus prächtige Quetzal *Pharomachrus mocino*. Mit seinem

Die Schillerfarbe der abgebildeten Schildwanze wird wie die vieler Käfer durch die Feinstruktur der Cuticula verursacht.

intensiv türkis bis smaragdgrün schillernden Gefieder, das beim Männchen durch vier über den weißen Schwanz herabhängende Schmuckfedern ausgezeichnet ist, die bis einen Meter lang werden, gehört er zu den prächtigsten Vögeln Amerikas. So ist es verständlich, daß er bei den Azteken und Mayas als Königsschmuck Verwendung fand.

Unter den Sperlingsvögeln verdienen mehrere Gruppen Erwähnung. Durch prächtigen, in verschiedenen Farben schillernden Metallglanz zeichnen sich viele der von Blumennahrung lebenden, altweltlichen Nektarvögel aus. Schillerfarben finden wir bei vielen Arten der Stare. Auch unser einheimischer Star gehört zu ihnen. Der purpurn, grün oder blau schimmernde Metallglanz seines Brutkleides wird jedoch von der Farbenpracht der afrikanischen Glanzstare überboten. Alle erwähnten Vögel werden jedoch von den Kolibris Amerikas weit übertroffen. Ihr wunderbares Gefieder zeichnet sich durch Schillerfarben aus, die in ihrer Reinheit, ihrem Glanz und der Vielfalt der Farbtöne wohl von keiner anderen Vogelgruppe erreicht werden.

Die Frage nach den Ursachen der Schillerfärbung des Vogelgefieders hat Biologen wie Physiker seit Jahrhunderten beschäftigt. Wir sahen, daß Isaak Newton bereits im Jahre 1704 die Schillerfarben der Federn in richtiger Weise als Farben dünner Blättchen deutete. Für die Biologen war damit als Aufgabe gestellt, die dafür verantwortlichen Federstrukturen aufzufinden. Man kann leicht zeigen, daß es sich bei den schillernden Teilen der Federn um die als Federstrahlen oder »Radien« bezeichneten Sekundärzweige handelt. Bei Vögeln mit stark ausgeprägter Schillerfärbung sind besonders spezialisierte Schillerradien als Ort farbenprächtiger Interferenzen nachweisbar.

Schillerradien sind stark abgeplattet und bestehen aus einer Reihe rechteckiger Zellen, die stark verhornt und

Beim afrikanischen Prachtglanzstar *(Lamprotornis splendidus)* bildet der blau und grün schimmernde Metallglanz des Gefieders einen wunderbaren Farbkontrast zur gelben Farbe des Auges.

Rechte Seite:
Der Quetzal *(Pharomachrus mocinno)* gehört mit seinen smaragdgrün schillernden Federn zu den schönsten Vögeln Mittelamerikas.

Kolibri an Blüte. Die schillernde Farbenpracht der Kolibris ist auf luftgefüllte Melaningranula zurückzuführen, die in den Schillerradien der Federn übereinandergestapelt sind.

Eine der schönsten Tafeln in Ernst Haeckels »Kunstformen der Natur« soll mit den Mitteln des Künstlers einen Eindruck vom Formen- und Farbenreichtum der Kolibris vermitteln. Sie zeigt links von oben nach unten: Rubinkehlkolibri *(Archilochus colubris)*, Topaskolibri *(Topaza pella)*, Schmuckelfe *(Lophornis cornutus)*, Schwertschnabel *(Ensifera ensifera)*, Rotschwanz-Adler schnabel *(Eutoxeres condamini)*, Amethystohr *(Colibri serrirostris)*, Juan-Fernandez-Kolibri *(Sephanoides fernandensis)*. Rechts von oben nach unten: Sonnenstrahlelfe *(Heliactin cornuta)*, Schleppensylphe *(Sappho sparganura)*, Gouldelfe *(Lophornis gouldii)*, Kapuzenkolibri *(Augastes lumachellus)*, Flaggensylphe *(Ocreatus underwoodi)*.

in der Regel sehr stark mit Melaninkörnchen pigmentiert sind. Bis zum Jahre 1948 wurde allgemein angenommen, die Schillerfarben entstünden durch Keratinstrukturen, nämlich die oberflächliche dünne Hornschicht der Schillerradien. Von anderen Forschern wurde angenommen, daß nicht ein einzelnes Hornblättchen, sondern mehrere solcher Schichten, die durch Melaninlagen getrennt sind, dafür verantwortlich seien.

Der Nachweis, daß für die Schillerfärbung der Federn in den allermeisten Fällen ausschließlich die Melaninkörnchen verantwortlich sind, konnte im Jahre 1948 von dem Gießener Zoologen W. J. Schmidt geführt werden. Sein Untersuchungsverfahren unterschied sich von den früheren dadurch, daß die Schillerfedern nicht im Durchlichtmikroskop, sondern im Auflicht bei stärkster Vergrößerung untersucht wurden. So konnte er zeigen, daß die Interferenzfarben allein an den Melaninkörnchen entstehen. Dies gilt auch für den Fall, daß die Melaningranula aus den Zellen isoliert werden.

Mit der Entwicklung des Elektronenmikroskops war die Möglichkeit gegeben, auch den Feinbau der farbgebenden Federstrukturen aufzuklären. In neueren elektronenmikroskopischen Untersuchungen wurde gezeigt, daß die für das Schillerphänomen verantwortlichen Strukturbildungen der Melaningranula bei verschiedenen Vögeln recht unterschiedlich sein können. Während bei den Nektarvögeln die Dünnblattfarben durch Schichten kompakter Melaninblättchen erzeugt werden, ist die Farbenpracht der Kolibris auf luftgefüllte schiffchenförmige Melaningranula zurückzuführen, die in den Schillerradien übereinandergestapelt sind. Die Untersuchungen ergaben eine ähnliche Schillerstruktur bei den prächtig grüngelb schillernden Federn des Quetzals. Bei den nahe verwandten Trogons sind die mit Luft gefüllten Melaninkörnchen röhrenförmig. Die hier etwa 0,19 bis 0,23 µm dicken Melaninröhren umschließen einen Luftraum von 0,096 bis 0,127 µm Durchmesser.

Für die Erzeugung des Farbschillers ist bei der Gattung *Trogon* wichtig, daß die Melaninröhrchen regelmäßig in mehreren Schichten dicht gepackt übereinanderliegen und in Abhängigkeit von ihrer Stärke unterschiedliche Interferenzfarben erzeugen. Da die verschieden großen Melaninröhrchen gesetzmäßig in unterschiedlichen Körperregionen ausgebildet werden, ergibt sich so das charakteristische Farbkleid des Vogels. So werden bei *Trogon violaceus* am Oberkopf blauviolette, am Rücken gelbgrüne und in der Oberschwanzregion türkisblaue Schillerfedern ausgebildet.

Bei dem farbenprächtigen Pfau werden die Schillerfarben in anderer Weise als bei den Nektarvögeln, Kolibris, Trogons oder Staren erzeugt. Es konnte durch elektronenmikroskopische Untersuchungen gezeigt werden, daß der Farbschiller der Pfauenfeder nach dem Prinzip der Beugung des Lichtes an einem Raumgitter regelmäßig angeordneter winziger Melaninstäbchen erzeugt wird.

Leuchtende Tiere

Wollen wir das Aussehen eines Tieres charakterisieren, so tun wir dies in der Regel, indem wir seine Gestalt und Körperfärbung beschreiben. Beide erfassen wir mit Hilfe unseres optischen Sinnes aufgrund der Absorption und Reflexion von Licht, das von fremden Lichtquellen auf den Tierkörper fällt. Es gibt jedoch auch zahlreiche Tierarten, die selbst Licht aussenden können. Diese Tiere zeigen mit der Verteilung ihrer Leuchtorgane und der Wellenlänge des erzeugten Lichtes auch in der Dunkelheit der Nacht oder in der Finsternis der Tiefsee ein charakteristisches und oft artspezifisches Erscheinungsbild. Daß dies auch unser ästhetisches Empfinden stark beeindrucken kann, sei an zwei Beispielen gezeigt.

Wer hätte sich nicht schon in einer warmen Juninacht am Leuchten unserer Glühwürmchen erfreut, die zur Käferfamilie der Lampyridae gehören. Raoul H. Francé schilderte mit eindrucksvollen Worten, um wieviel prächtiger das Leuchten des Schnellkäfers *Pyrophorus noctilucus* ist, der im tropischen Amerika vorkommt: »Wenn jemand in den Tropen war, dann hat er wenigstens mit einem ihrer Käfer bewundernde Bekanntschaft gemacht, nämlich der Feuerfliege, dem ›Cucujo‹, wie ihn Lateinamerika nennt. Das prachtvollste Garten- und Waldfeuerwerk, das man sich nur denken kann, veranstalten diese manchmal daumenlangen Leuchtkäfer, die zur Nachtzeit, namentlich an Wald- und Wasserrändern, zu Hunderten schwirren, Sternschnuppen gleich im Fluge aufleuchten, oft wie ein Blinklicht immer wieder aufblitzen in allen Farben, die meisten zwar glühwürmchengrün, oft aber auch weiß wie Magnesiumlicht, rötlich oder lila. Unter Umständen leuchten sie so hell, daß man beim Schein eines Cucujo lesen kann! Von diesen unbeschreiblich schönen Leuchtkäfern des fernen Südens weiß alle Welt.«

Der zu den Copepoden gehörende Saphirkrebs *Sapphirina angusta* verdankt seinen Namen prachtvollen Interferenzerscheinungen, die der Zoologe Carl Gegenbaur ein »Meeresleuchten bei hellem Tage« nannte. Die bald saphirblau, purpurn oder goldgrün aufblitzenden Lichtfunken werden durch feine Guaninplättchen in den Epidermiszellen unter der Rückencuticula verursacht. Das Leuchten der männlichen Tiere lockt die Weibchen an.

Dem Leipziger Zoologen Carl Chun, der in den Jahren 1898 und 1899 die erste deutsche Tiefsee-Expedition auf der »Valdivia« leitete, verdanken wir die ausführliche Beschreibung eines leuchtenden Tintenfisches, der mit dem Netz aus der Tiefsee lebend emporgebracht wurde und von Chun den Namen *Lycoteuthis diadema* erhielt. Er beschrieb in eindrucksvoller Weise, welchen Anblick dieses Tier in der Dunkelkammer bot: »Unter allen Wundern der Farbe, die uns die Tiere der Tiefsee zeigen, kann nichts im entferntesten mit den Farbtönen dieser Leuchtorgane verglichen werden. Man glaubte, der Körper sei mit einem Diadem glänzender Edelsteine geschmückt. Das mittlere Augenorgan leuchtete mit ultramarinefarbigem Licht, die Seitenorgane in Perlenglanz. Die Organe, die vorn an der Unterseite sitzen, strahlen ein rubinrotes Licht aus, während die dahinterliegenden schneeweiß oder perlenartig waren, mit Ausnahme des mittleren, das himmelblau war. Es war tatsächlich ein gewaltiges Schauspiel.«

Leuchtende Tiere findet man unter den Landtieren recht selten. Neben den erwähnten Leuchtkäfern aus den Familien der Lampyriden und Elateriden zeigen die Larven einiger Pilzmückenarten sowie manche Arten der Springschwänze (Collembola) und Hundertfüßer (Chilopoda) Leuchtvermögen. Von unseren heimischen Chilopoden verfügen *Scolioplanes crassipes* und *Geophilus carpophagus* über die Fähigkeit, bei Reizung Leuchtsekret abzugeben und so in einem intensiv grünen Licht zu erstrahlen.

Unter den Meerestieren ist das Leuchtvermögen bei den Vertretern zahlreicher Tiergruppen weit verbreitet. Wir finden leuchtende marine Tiere unter den Einzellern, Nesseltieren, Rippenquallen, Ringelwürmern, Krebstieren, Weichtieren, Stachelhäutern, Manteltieren und Fischen.

Vom Wesen des tierischen Leuchtens

Ursache der organismischen Erzeugung von Licht der Biolumineszenz ist in der Regel die unter dem Einfluß des

Der zu den Maulstachlern gehörende Vipernfisch *Chauliodus sloani* ist ein Bewohner der Tiefsee. Die an der Bauchseite des Fisches liegenden Leuchtorgane bilden Lichterketten, von denen ein bläuliches Licht abgestrahlt wird.

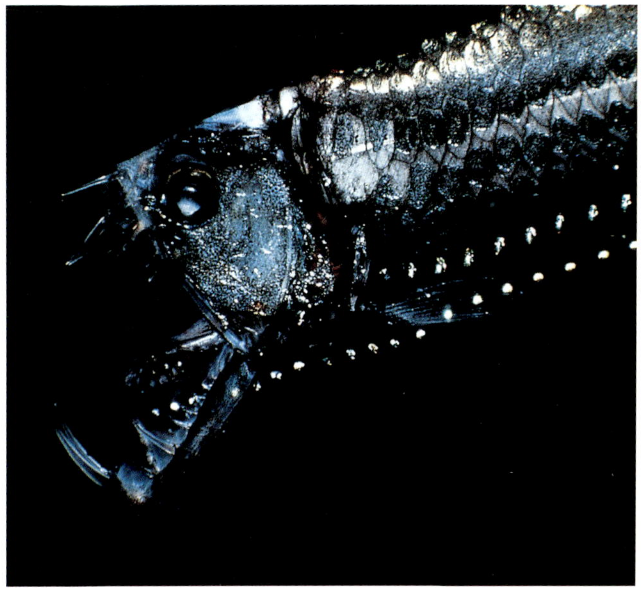

Enzyms Luciferase erfolgende Oxidation einer Leuchtsubstanz, des Luciferins. Da die Fähigkeit zur Lichterzeugung bei den verschiedenen Tiergruppen unabhängig voneinander entstanden ist, verfügen diese über chemisch sehr verschiedene Luciferine. Gruppenspezifische Unterschiede kann man aber auch im Bau der Leuchtorgane und ihrer Funktion feststellen.

Grundsätzlich kann das Leuchten der Tiere auf zweierlei Weise zustande kommen. Beim primären tierischen Leuchten beruht dies auf der Aktivität tiereigener Zellen. In anderen Fällen wird mit Hilfe symbiotischer Leuchtbakterien ein sekundäres Leuchten der Tiere erzeugt. Derartige Leuchtsymbiosen finden wir in den Leuchtorganen von Tintenfischen, Manteltieren und auch verschiedenen Knochenfischen.

Die Leuchtorgane sind häufig mit Linsen, Reflektoren und Abblendeinrichtungen versehen, die das Licht sammeln und ihm eine bestimmte Richtung geben. In manchen Fällen beeinflussen Filter, die den Leuchtzellen vorgeschaltet sind, die Farbe des ausgesendeten Lichtes. Symbiontenhaltige Leuchtorgane brauchen übrigens hinsichtlich der Komplikation ihres Baues jenen der selbst leuchtenden Tiere nicht nachzustehen.

Das tierische Leuchten kann mannigfaltige Aufgaben erfüllen. Es kann der Anlockung von Beutetieren oder des Geschlechtspartners, der Abschreckung von Feinden oder auch der Tarnung dienen. In manchen Fällen können Leuchtorgane sogar als »Scheinwerfer« den eigenen Sehvorgang unterstützen. Bei vielen niederen Wirbellosen läßt sich freilich bisher der Lichterzeugung keine besondere Funktion zuordnen.

Die Tierwelt des Meeresleuchtens

Zu den eindrucksvollsten Erlebnissen einer Schiffsreise gehört das Meeresleuchten, von dem viele Beobachter mit begeisterten Worten berichtet haben. Urheber des Meeresleuchtens können Einzeller sein, von denen das bis 1 mm große, kugelförmige Geißeltierchen *Noctiluca miliaris* am bekanntesten ist. Am Meeresleuchten sind jedoch auch noch andere, an der Meeresoberfläche lebende Tiere beteiligt, wie manche Medusen, Rippenquallen und Manteltiere.

Unter den leuchtenden Medusen ist die im Mittelmeer und an der europäischen Atlantikküste vorkommende Leuchtqualle *Pelagia noctiluca* am bekanntesten. Das 5 bis 6 cm große Tier strahlt bei Reizung von der Oberfläche des Medusenschirms, der Mundarme und der Tentakel ein grünliches Licht aus. Auch einige Hydroidmedusen, wie *Aequorea* und *Phialidium*, können leuchten.

Unter den Planktontieren zeigen mehrere Arten der wunderbar zarten Rippenquallen (Ctenophora) ebenfalls Leuchtvermögen. So kann man bei der Seestachelbeere *Pleurobrachia pileus*, der Melonenqualle *Beroe cucumis* und auch bei dem bis zu 1,5 m langen Venusgürtel *Cestus veneris* beobachten, daß nach äußeren Reizen von den Wandungen der acht Meridionalkanäle ein grünlichblaues Licht ausstrahlt. Eine leuchtende *Pleurobrachia* erweckt so den eigenartigen Eindruck, als ob acht gebogene Leuchtstäbchen durch das Wasser schweben, da man ja von den übrigen glasklar durchsichtigen Organen des Tieres nichts sehen kann.

Eine hervorragende Rolle spielen unter den Erregern des Meeresleuchtens die zu den Manteltieren gehörenden Feuerwalzen (Pyrosomidae). Es ist bemerkenswert, daß sie diesem Leuchtvermögen sogar ihre Entdeckung verdanken, über die Péron im Jahre 1804 schrieb: »Der Himmel war überall dicht mit Wolken verhangen, so daß eine tiefe Dunkelheit herrschte ... Plötzlich entdeckten wir in einiger Entfernung etwas wie ein breites Band von Phosphor, das auf den bewegten Wellen ausgebreitet lag; es nahm einen großen Raum vor uns ein. Dieses

Schauspiel . . . hatte etwas Romantisches, Imposantes und Majestätisches an sich, das alle Blicke fesselte. Bald hatten wir diesen in rote Glut getauchten Teil des Ozeans erreicht, und wir erkannten, daß dieser wunderbare Glanz als einzige und sichere Ursache die Anwesenheit einer unzähligen Masse von Tieren hatte . . . In der Tat stellten die am tiefsten liegenden Individuen mit einem unsicheren Schein ziemlich gut ein Bild von dichten Massen eines glühenden Stoffes oder vielmehr das ungeheurer roter Kugeln dar, während die, welche auf der Oberfläche sichtbar waren, vollkommen großen Zylindern von weißglühendem Eisen glichen.«

Die Feuerwalzen stellen im allgemeinen 3 bis 25 cm lange, zylinderförmige Kolonien zahlreicher Einzeltiere dar. Jedes dieser radial in der Zylinderwand liegenden Einzeltiere besitzt als Leuchtorgan zwei rundliche Zellhäufchen in der Nähe der nach außen ragenden Einströmöffnung. Bei näherer Untersuchung dieser Organe ergab sich, daß die Tiere eigentlich nicht selbst leuchten, sondern ihr Leuchtvermögen einer Symbiose mit leuchtenden Bakterien verdanken, die in den Zellen der Leuchtorgane leben. Die Farbe des auf Reize hin ausgesendeten Pyrosomen-Lichtes wird von verschiedenen Beobachtern sehr unterschiedlich angegeben. Es soll rötlich, orange, gelblich, grün, grünlichblau oder auch himmelblau sein.

Leuchttiere des Meeresbodens

Leuchtende Tiere kommen nicht nur an der Meeresoberfläche, sondern in allen Tiefenzonen des Meeres vor. Von den am Meeresboden lebenden Tieren mit Leuchtvermögen seien hier die Seefedern und Schlangensterne erwähnt. Die zu den Blumentieren (Anthozoa) gehörenden Seefedern (Pennatularia) stellen federförmige Polypenkolonien dar, die mit dem unteren Ende ihres Stiels locker im Boden verankert sind. Von den meisten Arten dieser Tiergruppe wird berichtet, daß sie auf Reize hin Licht aussenden können. Je nach der Artzugehörigkeit leuchten die verschiedensten Teile der Kolonie, bei manchen Formen nur der Stiel, bei anderen die Polypen oder auch der ganze Körper. Die Farbe des Lichtes kann silberweiß, grün, blau oder auch violett sein.

Unter den Stachelhäutern ist Leuchtvermögen mit Sicherheit für die Schlangensterne (Ophiuroidea) nachgewiesen worden. Genauere Angaben hierüber verdanken wir Ernst Mangold, der im Golf von Neapel viele leuchtende Arten untersuchte, die sich im Ort der Lichtproduktion deutlich unterschieden. Während bei *Amphipholis squamata* und *Ophiopsilla aranea* nur die Skelettplatten der Arme leuchten, zeichnen sich *Amphiura filiformis* und *Ophiopsila annulosa* durch eine Lichtproduktion der Stacheln aus. Über das Leuchtvermögen der letzten Art schreibt Mangold: »Man kann sich danach vielleicht einen Begriff von der Pracht der Erscheinung machen, die ein Tier dieser Art mit fünf bis zu 12 cm langen Armen und den etwa 20 000 leuchtfähigen Stacheln gewährt, wenn es beispielsweise durch einen kräftigen Wasserstrahl in allen Teilen gleichzeitig zum Leuchten gebracht wird.«

Leuchttiere der Tiefsee

Unter den freischwimmenden Tieren tieferer Meeresregionen finden wir Vertreter dreier Tiergruppen, die sich durch Leuchtvermögen auszeichnen. Es sind dies manche Krebstiere, zahlreiche Tintenfische und viele Knochenfische.

Die mit den Zehnfußkrebsen (Decapoda) verwandten Leuchtkrebse (Euphausiacea), von denen der größte Teil der als Krill bezeichneten Bartenwalnahrung gestellt wird, besitzen mehrere Paare kompliziert gebauter Leuchtorgane. Diese sitzen im Augenstiel, an der Basis des zweiten und siebten Brustfußes sowie an den vier vorderen Segmenten des Hinterkörpers und erzeugen ein charakteristisches Leuchtmuster. Das von ihnen ausgestrahlte bläulich-gelbe Licht dient den Krebsen wahrscheinlich zum Zusammenhalt der großen Schwärme, die sie bei ihren Vertikalwanderungen in der Tiefsee bilden. Von den Zehnfußkrebsen besitzen nur einige Arten der Gattung *Sergestes* echte Leuchtorgane. Andere Formen, wie etwa die Tiefsee-Garnele *Acanthephyra*, können jedoch ein Leuchtsekret ausstoßen, das nach Beobachtungen des amerikanischen Tiefseeforschers Beebe im Meerwasser wie eine »Feuerwolke« aufleuchtet und den roten Körper des Krebses für kurze Zeit sichtbar werden läßt.

Bei der Weichtiergruppe der Kopffüßer oder Tintenfische (Cephalopoda) ist das Leuchtvermögen eine weit verbreitete Eigenschaft. So besitzen vor allem zahlreiche Arten der zu den zehnarmigen Tintenfischen gehörenden Kalmare (Teuthoida) Leuchtorgane, während es unter den Sepiaähnlichen (Sepioida) und den Achtfüßern (Octopoda) nur wenige leuchtende Formen gibt.

Bei den dunkelbraun oder schwarz gefärbten Weibchen der Tiefseeangler (Ceratioidei) ist der nach vorn verlagerte erste Strahl der Rückenflosse zu einer beweglichen Angel geworden, deren Ende mit einem Leuchtorgan Beutetiere anlockt.

Bei den Leuchtorganen der Tintenfische, die an den verschiedensten Körperstellen liegen, kann man zwei Grundtypen unterscheiden. Die Sepiaähnlichen (Sepioida) und die Schließaugenkalmare (Loliginoidea) besitzen offene Leuchtorgane mit symbiontischen Leuchtbakterien. Nacktaugenkalmare (Architeuthoidea), von denen die meisten Tiefseebewohner gestellt werden, erzeugen hingegen in geschlossenen Leuchtorganen tiereigene Leuchtsubstanzen. Zu ihnen gehört auch der als »Wunderlampe« bezeichnete Tiefsee-Tintenfisch *Lycoteuthis diadema*, dessen faszinierender Anblick bereits geschildert wurde. Während diese Art 24 Leuchtorgane in 10 verschiedenen Bautypen und Farben besitzt, verfügt die verwandte Form *Nematolampas regalis* sogar über 90 Leuchtorgane.

Über die Funktion des Leuchtvermögens der Tintenfische können bisher nur Vermutungen geäußert werden. So sollen bei manchen Arten die Leuchtorgane aufgrund ihrer artspezifischen Anordnung und Farbe der Geschlechterfindung bei der Paarung dienen. Denkbar erscheint auch eine Anlockung von Beutetieren durch die als Lichtfallen wirkenden Leuchtorgane.

Von den 20 750 bekannten Arten der Knochenfische (Osteichthyes) zeichnen sich weit über tausend durch Leuchtvermögen aus. Es handelt sich bei ihnen ausschließlich um Meeresbewohner, die zu den unterschiedlichsten Verwandtschaftsgruppen gehören. Leuchtende Fische der Flachwasserregion finden sich in den Familien der Laternenträger (Anomalopidae), Ponyfische (Leiognathidae) und Kardinalfische (Apogonidae). Die überwiegende Anzahl der Knochenfische mit Leuchtorganen bewohnt jedoch tiefere Meeresregionen. Zu diesen leuchtenden Tiefseefischen gehören vor allem die Ordnungen der Laternenfische (Myctophiformes), Maulstachler (Stomiatiformes) und Armflosser (Lophiliformes).

Die etwa 300 Arten umfassende Ordnung der meist in 300 bis 700 m Wassertiefe vorkommenden Laternenfische verdankt ihren Namen dem Besitz zahlreicher heller Leuchtorgane. Zahl und Anordnung dieser über den ganzen Körper verteilten Lichtquellen ermöglichen nicht nur dem Zoologen eine Unterscheidung der sonst recht ähnlichen Arten, die meist kleiner als 30 cm sind. Am artspezifischen Leuchtmuster erkennen sich auch die Geschlechtspartner selbst.

Typische Tiefseebewohner sind die weltweit verbreiteten Maulstachler, zu denen 9 Familien mit etwa 250 Arten gerechnet werden. Charakteristische Merkmale dieser kleinen Raubfische sind neben dem Besitz von Leuchtorganen die mit dünnen, borstenähnlichen Zähnen bewehrten großen Mäuler. Manche Arten besitzen am Kinn einen Bartfaden, der mit einem Leuchtorgan besetzt ist und als Köder dient.

Bemerkenswerte Erkenntnisse über die Funktion des Leuchtens brachten Experimente mit dem zu den Maulstachlern gehörenden Vipernfisch *Chauliodus*. Die an der Bauchseite des Fisches gelegenen zahlreichen Leuchtorgane bilden Lichterketten, die in der Ruhe ein bläuliches Licht abstrahlen. Es konnte nachgewiesen werden, daß die Lichtintensität dieser Organe der Stärke einer von oben einstrahlenden Lichtquelle angepaßt wird. Da oberhalb 900 m Wassertiefe noch Spuren von Tageslicht einfallen, können die Vipernfische sich so an die umgebende Helligkeit anpassen, daß ihr leuchtender Körper in der Ansicht von unten mit der Umgebung optisch verschmilzt und das Tier vor Angriffen eines Räubers aus der Tiefe geschützt ist. Eine ähnliche optische Schutzfunktion zeigen auch die Tiefsee-Beilfische. Die Leuchtorgane dieser Maulstachler bilden artspezifische Leuchtmuster, die sicherlich zur Arterkennung und Geschlechterfindung dienen.

Zu den bizarrsten Fischgestalten müssen wir die Tiefseeangler (Ceratioidei) rechnen, deren 100 Arten zur Ordnung der Armflosser gehören. Bei den Weibchen dieser merkwürdigen Fische ist der erste Rückenflossenstrahl weit nach vorn auf die Kopfspitze gerückt und zu einer beweglichen Angel umgestaltet. Deren Ende ist mit einem Leuchtorgan versehen, das als Köder für die Beutetiere dient. Die Länge dieser Angel ist bei den verschiedenen Arten sehr unterschiedlich und kann bei den Peitschennasen *(Gigantactis)* das Mehrfache der Körperlänge erreichen. *Thaumatichthys* besitzt eine sehr kurze Angel mit zweilappigem Leuchtköder, der unmittelbar in der Mundhöhle liegt. Manche Arten dieser meist dunkelbraun oder schwarz gefärbten Tiefseeangler besitzen überdies eine astförmig verzweigte Kinnbartel, die an ihren Spitzen ebenfalls Leuchtorgane trägt. Einige Tiefseeangler zeichnen sich übrigens durch eine ganz ungewöhnliche Fortpflanzungsweise aus, indem die männlichen Tiere als winzige Zwergmännchen am Körper der viel größeren Weibchen parasitieren.

Zeichnungen und Muster

Die ästhetische Wirkung der Körperzeichnung

Die ästhetische Wirkung eines Tieres wird nicht nur durch die Form seines Körpers, dessen Symmetrieeigenschaften oder die Proportionen seiner Körperteile bestimmt. Als wesentlichen Faktor hatten wir auch die Körperfärbung kennengelernt. Dabei ist nun freilich zu beachten, daß es neben vielen einheitlich gefärbten Tieren auch zahllose Tierarten gibt, bei denen die Pigment- oder Strukturfarben nicht gleichförmig über die Körperfläche verteilt, sondern in verschiedenen Körperregionen unterschiedlich ausgeprägt sind. Sie bilden charakteristische Zeichnungen und Muster, die in starkem Maße unser ästhetisches Empfinden beeinflussen.

Wenn man überlegt, worauf die ästhetische Wirkung einer Körperzeichnung oder -musterung beruht, so wird man offensichtlich mehrere Gesichtspunkte berücksichtigen müssen. Eine wichtige Rolle spielt dabei das Auftreten von Farbkontrasten oder Farbenharmonie der verschiedenen Zeichnungselemente. Der Betrachter des Tieres wird aber auch durch die mathematischen Gesetzmäßigkeiten der Zeichnungs- oder Mustergeometrie angesprochen und bei tiefergehender Beschäftigung mit dem Tier angeregt, diese zu erfassen. Auf einen dritten Gesichtspunkt hatte schließlich bereits Karl Möbius zu Beginn unseres Jahrhunderts in seiner »Ästhetik der Tierwelt« hingewiesen. Es ist dies das Verhältnis der Zeichnung oder Musterung eines Tieres zu seiner Körperform. Einige Beispiele mögen die von Möbius aufgezeigten Gesetzmäßigkeiten veranschaulichen. Bei einfarbigen Tieren tritt die ästhetische Wirkung der Körperform meist deutlicher hervor als bei verschiedenfarbigen Tieren. Man kann sich leicht überzeugen, wenn man etwa ein einfarbiges Pferd mit einem gescheckten vergleicht. Die geschmeidige Körperform des einfarbig rötlichgrauen Pumas beeindruckt uns stärker als die des gefleckten Leoparden.

Da die Körperteile Träger der Farben sind, erwarten wir bei der Betrachtung gezeichneter Tiere unbewußt, daß gleichartige Körperteile gleiche Färbung oder übereinstimmende Zeichnungen aufweisen, daß die Symmetrie der Zeichnung der Symmetrie der Körperform entspricht. Es stört unser ästhetisches Empfinden, wenn diese Erwartung nicht bestätigt wird, etwa große Flecke unregelmäßig über den Körper verteilt sind.

Farb- und Zeichnungselemente können über die Körperoberfläche so verteilt sein, daß sie die Erfassung der ästhetischen Einheit des Tierkörpers erleichtern oder auch erschweren. Betrachten wir einen Jaguar, einen Leoparden oder einen Irbis, so stellen wir fest, daß zahlreiche Flecke auf einheitlichem Grund den Blick nicht zur Ruhe kommen lassen und dadurch von der Erfassung der ganzen Tiergestalt ablenken.

Das Zusammenwirken oder der Widerstreit zwischen Zeichnung und Körperform läßt sich besonders eindrucksvoll an gestreiften Tieren veranschaulichen. So lenken bei bilateralsymmetrischen Tierformen Längsstreifen den Blick in die Hauptrichtung des Körpers und erleichtern die Erfassung der ästhetischen Einheit der Tiergestalt. Dasselbe gilt aber auch für die Bänderung der Schneckenhäuser, wenn diese – wie bei unseren Schnirkelschnecken – den Windungen folgt.

Ganz anders ist die Wirkung von Querstreifen, wie wir sie etwa bei vielen Fischen, der Korallenotter, dem Zebra oder auch manchen wirbellosen Tieren sehen. Querstreifen sind auffallende Zeichnungselemente, die den Blick von der Hauptachse des Körpers ablenken. Körperform und Zeichnungsmuster lösen so beim Betrachter einen Widerstreit der Aufmerksamkeit aus, der eine ruhige Erfassung der ästhetischen Erscheinung erschwert. Wenn wir ein Zebra oder einen Tiger dennoch als schön empfinden, so hat gewiß das Gesetzmäßige der Zeichnung einen wesentlichen Anteil daran.

Es gibt kaum eine zweite Tiergruppe, die so zahlreiche eindrucksvolle Beispiele der ästhetischen Wirkung von Zeichnung oder Farbmustern bietet wie die Schmetterlinge. Die lebhaften Farben vieler Schmetterlinge ziehen den Blick auf sich. Besonders angenehm empfinden wir in der unerschöpflichen Palette der Schmetterlingsfarben das Nebeneinander von Komplementärfarben wie Gelb und Blau oder Rot und Grün. Ineinander übergehende Farben des Flügelmusters gefallen uns, weil sie zugleich als Einheiten und doch auch als Verschiedenes empfunden werden. Auffallend gefärbte Flügelränder werden als schön empfunden, weil sie die Erfassung der Form des Schmetterlings erleichtern.

Die angeführten Beispiele mögen genügen, um zu zeigen, wie Karl Möbius die ästhetische Wirkung von Zeichnungen und Mustern des Tierkörpers zu deuten versuchte. Freilich sollte man bei der Beurteilung der von ihm aufgestellten Regeln beachten, daß sie das Ergebnis subjektiver Überlegungen und Einschätzungen sind.

Die Querstreifen des Steppenzebras *(Hippotigris quagga)* sind auffallende Zeichnungselemente, die den Blick von der Hauptachse des Körpers ablenken. Das Gesetzmäßige der Zeichnung läßt uns die Tiere dennoch als schön empfinden.

Experimentelle Befunde zur Ästhetik der Zeichnungen und Muster gibt es bislang ebensowenig, wie solche zur ästhetischen Wirkung der Körperproportionen.

Zeichnungs- und Mustertypen

Zeichnungen und Muster des Tierkörpers können Gegenstand unterschiedlicher Betrachtungen sein. Bisher war ausschließlich von ihrer ästhetischen Wirkung auf den Menschen die Rede. Für den Biologen ergeben sich bei der Erforschung der Zeichnungen und Muster vor allem drei Fragestellungen:

1. Welche Zeichnungs- und Mustertypen kann man bei den verschiedenen Tiergruppen beobachten?

2. Wie werden die verschiedenen Muster im Verlaufe der individuellen Entwicklung der Tiere ausgebildet, welche genetischen und entwicklungsphysiologischen Prozesse liegen ihnen zugrunde?

3. Welche Bedeutung haben die Zeichnungen und Muster für das Leben der betreffenden Tierarten?

Hier wollen wir uns im weiteren mit dem ersten und zweiten Problemkreis beschäftigen. Die dritte Fragestellung berührt Probleme der Umweltbeziehungen, der Sinnesleistungen und des Verhaltens. Sie wird in späteren Kapiteln behandelt.

Zeichnungsmuster können wir bei zahllosen Tierarten der unterschiedlichsten Verwandtschaftsgruppen beobachten. Auf den ersten Blick mag es unmöglich erscheinen, in die verwirrende Vielfalt ihrer Formen Ordnung zu bringen. Bei näherer Betrachtung fallen jedoch zwei Haupttypen von Zeichnungsmustern auf, die in den verschiedensten Tiergruppen vorkommen. Der erste Typ ist durch die rhythmische Anordnung einer größeren Anzahl einfacher Zeichnungselemente charakterisiert, die im Verhältnis zur gemusterten Körperoberfläche relativ klein

Unterwasseraufnahme einer giftigen Kegelschnecke *(Conus aulicus)* der Seychellen mit komplexem Zeichnungsmuster.

Die aus Neuguinea stammende, als Gobelinturban bezeichnete Kreiselschnecke *Turbo petholatus* zeichnet sich durch ein wunderbares Farb- und Zeichnungsmuster ihres Gehäuses aus.

sind. Beim zweiten Haupttyp sind einzelne oder wenige Zeichnungselemente – oft relativ große Farbfelder –, vorhanden, die sich in gesetzmäßig festgelegter Lage an bestimmten Körperteilen finden.

Betrachten wir zunächst die rhythmischen Zeichnungsmuster näher, so können wir bei diesen nach der Art ihrer Bildung wiederum zwei Gruppen unterscheiden. Beim ersten Typ entsteht die rhythmische Verteilung der Zeichnungselemente im Zusammenhang mit Wachstumsprozessen. Wie das zu verstehen ist, kann man leicht am Beispiel der Schneckenzeichnung verstehen.

Schneckenschalen können in Wachstumsrichtung der Schale verlaufende Längsstreifen oder senkrecht dazu orientierte Querstreifen aufweisen. Durch Kombination beider Zeichnungsprinzipien an demselben Gehäuse entstehen rhythmisch angeordnete Gitter- oder Fleckenmuster. Die Muster der Schneckenschale kommen durch die Einlagerung von Pigmenten in bestimmte Teile der wachsenden Schale zustande. Da das Wachstum am Schalenrand durch Abscheidung neuer Schalensubstanz von der Mantelregion her erfolgt, entstehen Längsstreifen offenbar dadurch, daß benachbarte Teile des Mantelrandes sich während der gesamten Wachstumszeit in bezug auf die Pigmentbildung und -abscheidung unterschiedlich verhalten. Rhythmisch angeordnete Querbänder werden dann gebildet, wenn der gesamte Mantelrand sein Pigmentbildungsverhalten im Laufe der Zeit periodisch ändert. Durch Verknüpfung beider Bildungsprinzipien entstehen mehr oder weniger regelmäßige Fleckenmuster.

Rhythmische Musterung, die durch Wachstum der Unterlage von einem Rande her während der Musterbildung zustande kommt, finden wir nicht nur bei Schneckenschalen. Sie kommt auch an Muschelschalen und auf dem Gehäuse der altertümlichen Tintenfischgattung *Nautilus* vor. In ähnlicher Weise dürfte die Musterung geringelter Säugetierhaare oder rhythmisch gezeichneter Vogelfedern entstehen.

Eine ganz andere, uns freilich noch ziemlich rätselhafte Entstehungsweise muß der zweiten Gruppe rhythmischer Zeichnungsmuster zugrunde liegen, die uns vor allem von den Fellzeichnungen vieler Säugetiere, wie etwa des Leoparden oder anderer katzenartiger Raubtiere her bekannt ist. Bei diesem Musterungstyp zeigt die Unterlage des Musters während seiner Festlegung und Ausbildung kein einseitiges Wachstum. Sie wird vielmehr gar nicht oder durch Wachstum in der Fläche vergrößert. Jeder Besucher der Raubtierabteilung eines größeren zoologischen Gartens kann beim Vergleich von Jaguar, Leopard, Irbis, Gepard und Tiger feststellen, daß bei diesem Musterungstyp allein durch Variation der Größe, Form, Färbung und Anordnung der Zeichnungselemente eine faszinierende Vielfalt rhythmischer Fellzeichnungen der prächtigen Großkatzen zustande kommt.

Als zweiten Haupttyp tierischer Zeichnungsmuster hatten wir das regelmäßige Vorkommen weniger Zeichnungselemente oder Farbfelder an genau festgelegten

Die Musterung des Jaguarfells ist nur ein Beispiel der faszinierenden Vielfalt rhythmischer Fellzeichnungen, die bei den Großkatzen durch Variation der Größe, Form, Färbung und Anordnung der Zeichnungselemente entstehen.

Folgende Seiten:
Das relativ einfache Zeichnungsmuster des Giraffenfells wirft die trotz seiner Einfachheit noch ungelöste Frage auf, wie in der Entwicklung des Tieres der gesetzmäßige Wechsel pigmentierter und unpigmentierter Haare zustande kommt.

Körperregionen charakterisiert. Wir finden derartige Körperzeichnungen bei den verschiedensten Tiergruppen. Am vertrautesten sind sie uns von vielen Vögeln, Fischen oder auch den Schmetterlingen. Es genügt, an eine Reihe einheimischer Vogelarten wie Buntspecht, Stieglitz, Gimpel, Eichelhäher, Kohlmeise oder die Männchen vieler Entenarten zu erinnern, um eine Vorstellung von diesem Musterungstyp zu vermitteln. Wir finden ihn in viel leuchtenderen Farben bei zahlreichen Vögeln warmer Regionen ausgeprägt, wie beispielsweise den Hähnen vieler Fasanen oder einer Reihe Papageien. Andere bekannte Beispiele liefern die in faszinierender Farbenpracht leuchtenden Körperzeichnungen vieler Korallenfische.

Bei der Betrachtung der Körperproportionen sehen wir, daß in der Reihe der Wirbeltiere mit steigender Evolutionshöhe eine zunehmende Betonung des Kopfpols mit stärkerer Anhebung und Differenzierung der Kopfregion zu beobachten ist. Vergleichen wir unter diesem Gesichtspunkt die Körperzeichnung der Fische, Amphibien, Reptilien, Vögel und Säugetiere, so sehen wir die Gültigkeit dieser Aussage auch in der Gestaltung der Zeichnungsmuster vielfach bestätigt.

Bei den oft so farbenprächtigen Fischen ist in der Verteilung der Farben und Zeichnungen nur selten eine besondere Betonung des Kopfes zu beobachten. Die Kopfregion ist vielmehr in der Regel in die allgemeine Körperzeichnung einbezogen. Wenn ausgeprägte Zeichnungselemente wie Längsstreifen, Querbänder, Tupfen, Farbflecken oder auch komplizierte Ornamente vorhanden sind, so erstrecken sie sich vielfach ohne Beziehung zur Körpergliederung über den ganzen Leib des Tieres. Jeder Aquarianer kann dies durch zahlreiche Beispiele belegen. Die farbenprächtigen Zeichnungen vieler Korallenfische liefern weitere Beweise.

Auch bei den Amphibien ist die Kopfregion in der Regel nicht durch besondere Farbgebung oder Musterung ausgezeichnet. So erstreckt sich beispielsweise die kontrastreiche schwarzgelbe Zeichnung unseres Feuersalamanders unter Einbeziehung des Kopfes über den ganzen Körper. Bei den Reptilien zeigen nur wenige Arten der Schildkröten und Echsen Ansätze einer besonderen Farbgebung oder Zeichnung der Kopfregion.

Eine auffällige Hervorhebung des Kopfes durch charakteristische Farbgebung oder Zeichnung finden wir jedoch

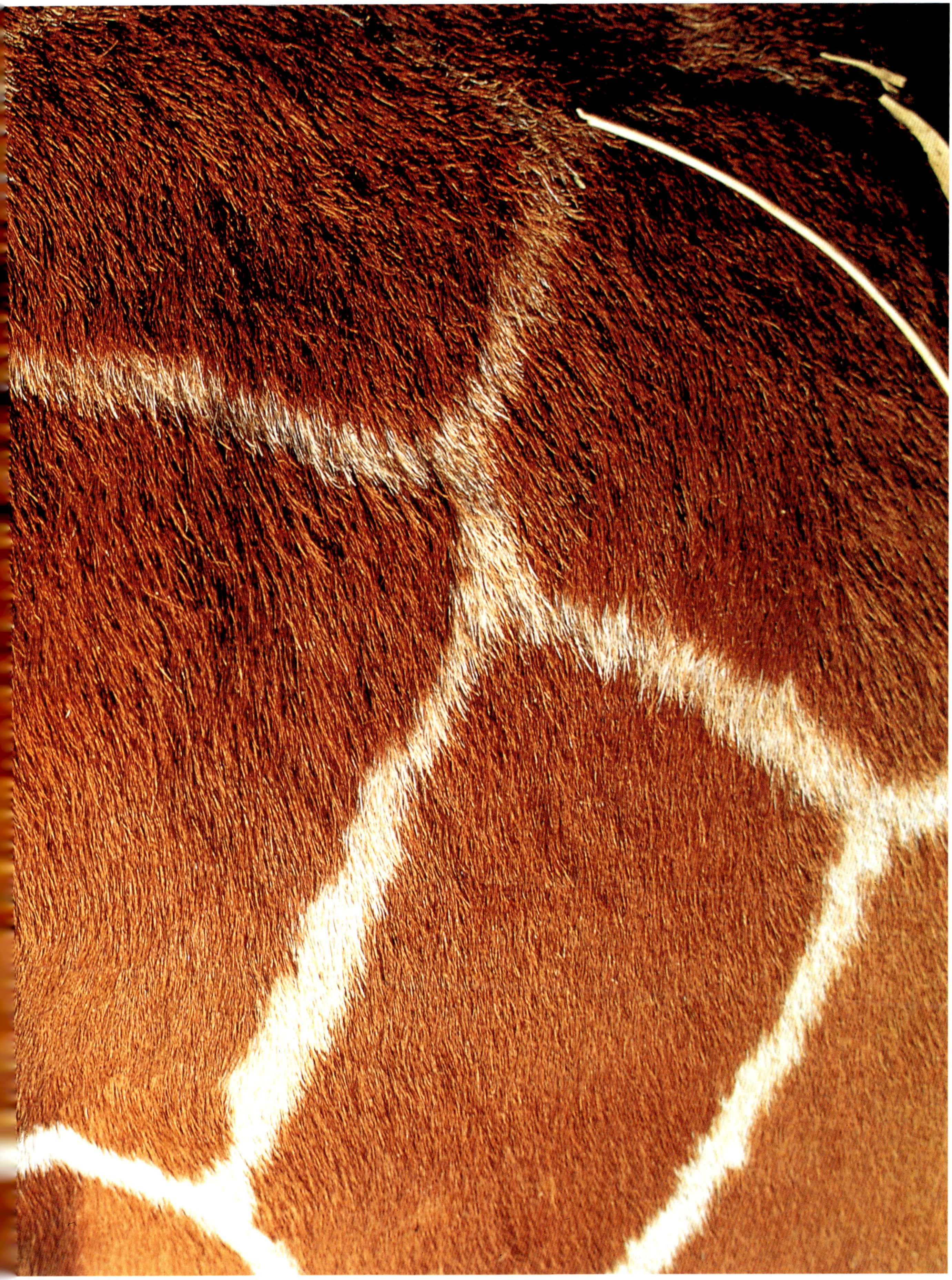

Beim Harlekinfisch *(Choerodon fasciatus)* ist wie bei vielen Fischen die Kopfregion in die allgemeine Körperzeichnung einbezogen.

Rechte Seite:
Die Färbung des prächtigen Allfarblori *(Trichoglossus haematodus)* ist ein Beispiel für jenen bei Vögeln häufigen Musterungstyp, bei dem wenige Farbfelder an genau festgelegten Körperregionen vorkommen. Das Grün des Gefieders entsteht durch Zusammenwirken von gelbem Carotinoid mit dem Blau des Tyndall-Effekts.

bei vielen Vögeln der unterschiedlichsten Verwandtschaftsgruppen. So genügt vor allem bei den männlichen Tieren vieler Enten- und Hühnervögel, bei Papageien, Spechtvögeln, Sperlingsvögeln oder auch Vertretern anderer Vogelordnungen allein das Porträt des Kopfes, um anhand seiner Farbgebung und Zeichnung eine Vogelart sicher zu erkennen.

Bei den Säugetieren spielen Färbung und Zeichnung keine so dominierende Rolle wie bei den Vögeln. Dies hängt mit dem Vorherrschen des Geruchssinnes bei vielen ihrer Vertreter, der vielfach nächtlichen Lebensweise und dem verbreiteten Mangel des Farbensehens zusammen. Dennoch liefern die vielgestaltigen Säugetierordnungen eindrucksvolle Beispiele für den Zusammenhang zwischen der Ranghöhe eines Tieres und dem Vorkommen auffälliger Akzente der Farbgebung oder Zeichnung des Kopfes.

Unter den zweifellos recht urtümlichen Beuteltieren gibt es einige Arten mit einer lebhaften Querstreifung des Körpers. Es sind dies der Ameisenbeutler, das gebänderte Känguruh und der erst vor wenigen Jahrzehnten vom Menschen ausgerottete Beutelwolf. Bei jeder der drei Arten ist die Streifung auf den Rücken beschränkt, während die Kopfregion entsprechend dem Status rangniederer Tiere keine charakteristische Zeichnung aufweist. Ähnliches kann man bei rangniederen Säugetieren mit Längsstreifung beobachten, wie dem asiatischen Erdhörnchen oder dem Streifenziesel der Prärien Nordamerikas. Als Vertreter einer sehr altertümlichen Säugetiergruppe demonstriert uns der Große Ameisenbär Südamerikas, daß durch eine überaus bizarre, die Körpergliederung übergreifende Körperzeichnung die visuelle Erfassung der Kopfregion sogar erschwert werden kann.

Wir finden demgegenüber bei mehreren ranghöheren Säugetierordnungen Tierarten, deren Kopfregion sich durch markante Zeichnung vom übrigen Körper abhebt. In erster Linie seien hier die Raubtiere genannt, von denen Vertreter mehrerer Familien derartige Kopfzeichnungen aufweisen.

Die überraschende Ähnlichkeit des neuerdings auch bei uns vorkommenden Marderhundes mit dem zu den Kleinbären gehörenden amerikanischen Waschbären ist neben einer ähnlichen Körperfarbe vor allem auf die übereinstimmende schwarze Kopfzeichnung zurückzuführen. Zu den Katzenbären gehören der durch eine prächtige Kopffärbung ausgezeichnete kleine Panda sowie der so liebenswürdige, aber überaus seltene Bambusbär, dessen weißer Kopf durch die schwarzen Augenflecken und Ohren sowie die Schwarzfärbung der Lippen und der Nase eine unter den Säugetieren einmalige Zeichnung erhält. Unter den marderartigen Raubtieren zeichnen sich der südeuropäische Tigeriltis und vor allem unser Dachs durch eine auffällige Kopfzeichnung aus. Als eine Schleichkatzenart mit sehr markanter Gesichtszeichnung verdient der chinesische Larvenroller Erwähnung.

Unter den zahlreichen Katzenarten mit charakteristischer Körper- und Kopfmusterung nimmt ohne Zweifel der Tiger eine Vorzugsstellung ein. Man kann seine faszinierende Erscheinung kaum mit treffenderen Worten charakterisieren, als es Adolf Portmann in seinem Buch »Die Tiergestalt« getan hat: »Wie reich gliedert die Streifung den Leib eines Tigers, wo die Gliedmaßen und der Rumpf in Bändern quergezeichnet sind und durch kunstvolle Zwickel die zwei verschiedenen Richtungen im Ansatz der Beine sich vereinigen. Der Kopf aber trägt ein prachtvolles Muster, das die schönsten Figuren für die Auszeichnung von Augen und Ohren reserviert. Dieses Muster, das in freiem Schwung und doch so streng der Fügung der Glieder folgt, den führenden Pol heraushebt, die bedeutenden Sinnesorgane rahmt und betont – diese Entsprechung zwischen innerer Struktur und Erscheinung schafft eine Einheit der sichtbaren Gestalt, die in der Macht des Eindrucks deutlich zu uns spricht. Das höhere Tier wird in besonderer Weise wie durchsichtig, indem die Bedeutung der Gestaltteile, das Spiel der Glieder

Beim Grauhals-Kronenkranich *(Balearica regulorum)* genügt wie bei vielen anderen Vögeln allein das Porträt des Kopfes, um die Vogelart sicher zu erkennen.

Rechte Seite:
Beim Kleinen Panda *(Ailurus fulgens)* ist die Kopfregion durch ein markantes Farbmuster vom übrigen Körper abgehoben.

105

Der Kopf des Sibirischen Tigers *(Panthera tigris altaica)* ist durch ein prachtvolles Muster ausgezeichnet.

durch die Akzente des Musters betont wird. Wie eigenartig ist die Hervorhebung bedeutsamer Stellen bei höheren Tieren!«

Wir finden unter den Säugern nicht nur bei ranghohen Raubtieren eine Betonung des Kopfpols durch charakteristische Zeichnungsmuster. Denken wir nur an die prachtvolle Musterung des Zebrakopfes, deren Linienführung harmonisch an die Streifung des Rumpfes anschließt, zugleich aber die Struktur des Kopfes und seine Sinnesorgane heraushebt. Unter den Paarhufern liefern uns erwähnenswerte Beispiele einer einprägsamen Kopfzeichnung die heute leider so selten gewordene Rappenantilope, der südafrikanische Spießbock oder auch unsere europäische Gemse.

Den größten Reichtum artspezifischer Färbung oder Zeichnung des Kopfes finden wir ohne Zweifel bei der ranghöchsten Säugetierordnung, den Primaten. Während bei ihren ursprünglichsten Formen, den an die Insektivoren anschließenden Spitzhörnchen Südostasiens, der Kopf gegen den mausförmigen Körper in keiner Weise farbig ausgezeichnet ist, finden wir in der auf Madagaskar so formenreich entwickelten Halbaffengruppe der Lemuren mit dem Vari und Katzenmaki bereits einige Arten mit lebhafter Musterung der Kopfregion. Eine große Vielfalt der optischen Gestaltung des Kopfes zeigen jedoch die stammesgeschichtlich höher stehenden eigentlichen Affen, die ja ausgesprochene Augentiere geworden sind.

Bei vielen Affenarten ist der Kopf durch charakteristische Haarbildungen in Form von Mähnen, Bärten oder Schöpfen ausgezeichnet, die sich oft noch durch auffallende Färbungen auszeichnen. Eines der eindrucksvollsten Beispiele dieser Art zeigt uns der zu den Krallenäffchen gehörende Kaiserschnurrbarttamarin, dessen schneeweißer Schnauzbart bis auf die Arme herabhängt und einen starken Kontrast zur schwarzbraunen Fellfärbung bildet. Nackte Gesichtspartien, die sich vor allem bei vielen Meerkatzen durch bunte Hautfarben auszeichnen, können in einem auffallenden Farbkontrast zur umgebenden Fellfarbe stehen und so die Kopfregion stark betonen. Den unbestrittenen Höhepunkt farbiger Gesichtsgestaltung finden wir jedoch ohne Zweifel beim Männchen des Mandrills, dessen phantastische Färbung wir bereits im vorigen Kapitel besprochen hatten.

Probleme der Musterbildung

Wir haben die nahezu unübersehbare Vielfalt tierischer Färbungs- und Zeichnungsmuster bisher bezüglich ihrer optischen Gestaltung und ästhetischen Wirkung betrachtet. Die Frage nach den entwicklungsphysiologischen Prozessen und Gesetzmäßigkeiten, die der Musterbildung zugrunde liegen, konfrontiert uns mit einem der aktuellsten Forschungsprobleme der Entwicklungsbiologie und führt uns an die Grenze des gegenwärtigen Erkenntnisstandes. Wir wollen sie am Beispiel der Schmetterlingsfärbung näher betrachten.

Die Farbmuster der Schmetterlingsflügel stellen eines der eindrucksvollsten Beispiele tierischer Mannigfaltigkeit dar. Sie sind aus wenigen Musterelementen zusammengefügt, deren Form, Farbe und Lage auf den

Das Farbmuster des Ritterfalters *Papilio palinurus* aus Malaysia konfrontiert den Betrachter wie jede andere Schmetterlingsfärbung mit Grundproblemen der Entwicklungsphysiologie. Diese betreffen den Mechanismus der spiegelbildlichen Ausprägung der Muster auf dem rechten und linken Flügel, den zu einem Gesamtmuster führenden Differenzierungsprozeß der Schuppenbildungszellen und die Ausbildung einer Totalzeichnung von Vorder- und Hinterflügel, wie sie bei normaler Flügelhaltung erkennbar ist.

Flügeln für jede Art so charakteristisch sind, daß man danach die Schmetterlinge meist ohne Schwierigkeiten bestimmen kann. Die faszinierende Vielfalt der Schmetterlingsfärbungen hat nicht nur seit je die Menschen begeistert, sondern sie bietet auch ideale Voraussetzungen für eine Aufklärung der stammesgeschichtlichen und entwicklungsphysiologischen Entstehung der Muster. Der amerikanische Zoologe H. Frederik Nijhout hat kürzlich in einem eindrucksvollen Buch die Forschungsergebnisse der vergleichenden Morphologie der Flügelmuster, der experimentellen Untersuchungen zur Musterbildung, der Genetik der Farbmuster und theoretischer Überlegungen zur Musterentstehung zusammengefaßt. Beim Vergleich der Flügelmuster von über 12 000 Tagfalterarten ergab sich, daß die enorme Mannigfaltigkeit dieser Farbmuster durch die quantitative Variation relativ weniger Musterelemente hinsichtlich ihrer Form, Farbe und Lage auf den Flügeln zustande kommt.

Die Festlegung der artspezifischen Farbmuster beginnt vor der Metamorphose im letzten Larvenstadium, wenn die Flügelanlagen noch undifferenzierte innere Imaginalscheiben sind. Der Prozeß der Musterdetermination nimmt seinen Ausgang von den Flügeladern. Diese dienen als Quellen für die Induktionsstoffe, die das Muster organisieren, und markieren zugleich Grenzen zwischen den Flügelteilen, deren Musterelemente sich unabhängig von den andern entwickeln.

Die Pigmente des Farbmusters sind nicht in Zellen der Flügelfläche selbst enthalten, sondern werden in Flügelschuppen eingelagert, die abgeflachte Cuticularausstülpungen spezialisierter Epithelzellen darstellen. Jede Schuppe trägt nur eine einzige Farbe, und das gesamte Farbmuster des Flügels ist ein Mosaik verschiedenfarbiger Schuppen. An dieser Mosaikbildung sind außer den Pigmentfarben enthaltenden Schuppen auch solche mit Strukturfarben beteiligt.

In der Tatsache, daß die Zeichnungsmuster der Tiere in der Regel artspezifisch ausgebildet werden, kann man bereits einen Hinweis sehen, daß sie offensichtlich genetisch bedingt sind. Die Entscheidung, daß bei unserem heimischen Trauermantel der Hauptteil der Flügel braun gefärbt ist, die Flügelränder gelbe Färbung zeigen und parallel zum Flügelrand jeweils eine Reihe blauer Flecke ausgebildet wird, muß bereits in den Erbinformationen der Eizelle enthalten gewesen sein, aus der sich der Schmetterling entwickelte. Wie aber diese genetischen Informationen bei der Flügelbildung zu Instruktionen werden, die den Färbungsprozeß der Flügel so steuern, daß er zu dem charakteristischen Zeichnungsmuster des Schmetterlings führt, wissen wir bisher noch nicht.

Im Grunde handelt es sich bei dieser Frage um den Spezialfall eines viel allgemeineren Problems, das man als ein Zentralproblem der Entwicklungsphysiologie bezeichnen könnte. Im weiteren Sinne ist die Musterbildung ja ein Grundvorgang der Organismusentwicklung, durch den aus der Eizelle im Zuge zahlreicher Zellteilungen und Differenzierungsprozesse ein komplexer vielzelliger Körper aufgebaut wird, dessen Architektur durch ein räumlich geordnetes Muster artspezifischer Organ-, Gewebe- und Zelldifferenzierungen charakterisiert ist.

Die Farbmusterbildung des Schmetterlingsflügels ist letztlich jene Aktivität, durch die in der Haut des sich entwickelnden Tieres räumlich geordnete Gruppen differenzierter Zellen gebildet werden, die sich von den benachbarten Zellgruppen im Differenzierungszustand unterscheiden. Das Problem besteht nun darin, daß alle Zellen eines Tieres in ihren Zellkernen denselben Vorrat an Erbinformationen besitzen und bei der Ausbildung der Flügelfärbung entschieden werden muß, welche Gene in bestimmten Zellgruppen der Flügelepidermis aktiv werden, um die charakteristische Pigment- und Strukturbildung der betreffenden Zellen hervorzurufen.

Man kann sagen, daß dieser Differenzierungsprozeß im Grunde ein zweistufiger Vorgang ist. Jede Zelle muß ihre relative Lage im Zellverband des Flügels irgendwie wahrnehmen, und sie muß sich in bezug auf diese Positioninformation differenzieren. Besondere Beachtung verdient dabei die Tatsache, daß bei den Farbmustern des Schmetterlingsflügels wie bei den Körperfärbungen manch anderer Tiergruppen zahlreiche Hautorgane mit ihren unterschiedlichen Färbungen zu übergeordneten Farbmustern zusammengefaßt werden. So wie beim Schmetterling Tausende Flügelschuppen ein übergeordnetes Farbmuster bilden, tun es beim Vogel die Federn und beim Säugetier die Haare. Welche Mechanismen diesem Abstimmungsprozeß zugrunde liegen, wissen wir bisher noch nicht. Es können bisher zu ihrer Erklärung allenfalls Modellvorstellungen entwickelt werden.

Die Schmetterlinge sind besser als jede andere Tiergruppe geeignet, uns eine weitere faszinierende Eigenschaft der Musterbildung zu veranschaulichen. Jede Schmetterlingssammlung zeigt uns eindrucksvolle Beispiele für die spiegelbildliche Ausprägung der Farbmuster auf beiden Flügeln. Symmetrische Musteranordnungen können wir aber auch bei vielen anderen Tiergruppen beobachten, und zwar nicht nur bilateralsymmetrische. Ohne Zweifel liegt dieser Mustersymmetrie eine entsprechend symmetrische Verteilung jener Faktoren zugrunde, die das Differenzierungsgeschehen der beteiligten Zellen bestimmen. Über die Natur dieser Faktoren kann man aber bisher nur Vermutungen äußern.

Tiergestalt und Umwelt

Die Gestalt eines Tieres kann unter mannigfachen Aspekten betrachtet werden. Wir können die rein geometrischen Verhältnisse des Tierkörpers in den Vordergrund unserer Betrachtungen stellen und seine Symmetrieverhältnisse oder Körperproportionen zu charakterisieren versuchen. Unser Anliegen kann aber auch eine genaue Beschreibung der Form und Struktur der Körperteile sein. Schließlich ist es möglich, die Entwicklung der Körperform des erwachsenen Tieres aus jener der ganz anders gestalteten Embryonal- und Jugendstadien zu untersuchen oder die unterschiedliche Gestaltung der beiden Geschlechter zu vergleichen. In jedem Fall betreiben wir dabei reine Gestaltforschung.

Eine grundlegende Erkenntnis der Biologie besteht in der Feststellung, daß die Strukturen der Lebewesen in untrennbarem Zusammenhang mit ihrer Funktion stehen, daß sie ohne diese überhaupt nicht verstanden werden können. Das gilt für den zellulären Bereich ebenso wie für jenen der Organe und in gleicher Weise auch für den Gesamtorganismus. Der Bauplan eines Tieres erscheint so in starkem Maße durch die spezifische Art der Erfüllung seiner Lebensfunktionen der Ernährung, Atmung, Sinneswahrnehmung, Fortbewegung, Fortpflanzung, des Schutzes vor Feinden und anderer Funktionen geprägt. Da aber diese Aufgaben von jeder Tierart in ihrer ganz spezifischen Umwelt gelöst werden müssen, läßt die Gestalt der Tiere eine Vielzahl von Anpassungen an ihren jeweiligen Lebensraum erkennen.

Konvergenzen der Gestaltbildung

Tiere mit gleicher Lebensweise passen sich im Laufe der Evolution an ähnliche Umweltbedingungen in ähnlicher Weise an. Aufgrund solch konvergenter Entwicklung können sich Tiere sehr unterschiedlicher Verwandtschaftsgruppen in ihrer Gestalt außerordentlich ähnlich werden.

Ein eindrucksvolles Beispiel hierfür bietet die weitgehend übereinstimmende stromlinienförmige Gestalt der Haie, vieler Knochenfische, der Ichthyosaurier und der Delphine. Sie wurde bei diesen Vertretern der Fische, Reptilien und Säugetiere in Anpassung an eine schnelle schwimmende Fortbewegung völlig unabhängig voneinander in der Stammesgeschichte erworben.

Die von unserem Maulwurf *(Talpa europaea)* jedermann bekannte Körperform eines Schaufelgräbers mit walzenförmiger Gestalt, Rückbildung des Schwanzes, kurzen Beinen, Verbreiterung der Vorderbeine zu Grabschaufeln und Reduktion der Augen wurde in Anpassung an gleiche Lebensumstände in ähnlicher Weise vom australischen Beutelmull *(Notoryctes typhlops)*, den afrikanischen Goldmullen (Chrysochloridae) sowie den in Südosteuropa und Asien vorkommenden Blindmäusen *(Spalax)* erworben.

Eines der eindrucksvollsten Beispiele für die konvergente Entwicklung von Tiergestalten liefern die Beuteltiere Australiens. Sie haben auf dem australischen Kontinent alle jene Lebensräume besiedelt und jene Stellen im Haushalt der Natur eingenommen, die auf den übrigen Kontinenten von den höheren Säugetieren (Placentalia) besetzt wurden. In Anpassung an eine ähnliche Lebensweise und ähnliche Umwelten haben so die Beuteltiere ähnliche Lebensformen und Tiergestalten entwickelt wie die Placentatiere. Die Känguruhs entsprechen als springende Pflanzenfresser den afrikanischen Springhasen (Pedetidae) oder den eurasiatischen und afrikanischen Springmäusen (Dipodidae). Der auf Neuguinea und den umliegenden Inseln als baumbewohnender Kletterbeutler lebende Fleckenkuskus *(Phalanger maculatus)* hat große Ähnlichkeit mit den zu den Halbaffen gehörenden Loris (Lorisidae). Die plumpen, schwanzlosen Wombats oder Plumpbeutler (Vombatidae) zeigen eine ähnliche Lebensweise und Gestalt wie unser Hamster *(Cricetus cricetus)*, der ja ebenfalls Baue gräbt und seine Nahrung außerhalb sucht. Auf die Ähnlichkeit der Beutelmulle mit dem Maulwurf und den afrikanischen Goldmullen wurde bereits hingewiesen. Die Flugbeutler (Phalangerinae) haben als Gleitflieger in ähnlicher Weise den Luftraum erobert wie die eurasiatischen Flughörnchen (Pteromyinae) und die afrikanischen Dornschwanzhörnchen (Anomaluridae). Der Beutelmarder *(Dasyurus quoll)* und der erst 1936 ausgestorbene Beutelwolf *(Thylacinus cynocephalus)* verraten schon durch ihre Namen, daß sich unter den Beuteltieren auch raubtierähnliche Formen entwickelt haben.

Lebensformtypen

Bei den bisher genannten Tieren mit konvergenter Entwicklung der Gestalt handelt es sich ausschließlich um Wirbeltiere, also um Vertreter derselben größeren Verwandtschaftsgruppe, die sich trotz aller Unterschiede

Das einzellige Sonnentierchen *(Actinosphaerium eichhorni)* schwebt als Planktontier frei im Wasser. Die strahlenförmigen Pseudopodien erleichtern das Schweben und dienen zugleich dem Nahrungsfang.

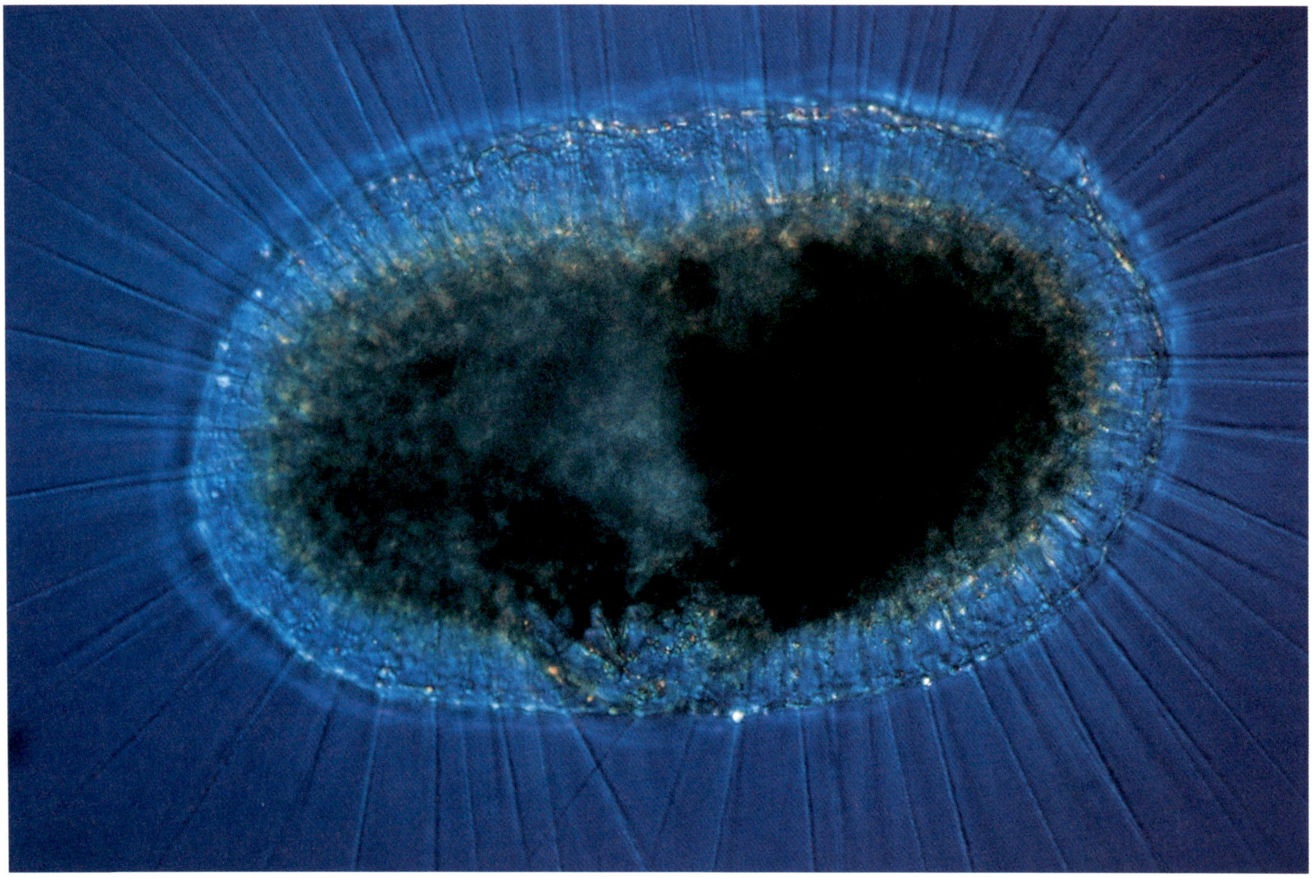

durch einen einheitlichen Grundbauplan auszeichnen. An ähnliche Umweltverhältnisse und Lebensbedingungen haben sich jedoch häufig im Laufe der Evolution auch Angehörige unterschiedlicher Tierstämme in ähnlicher Weise angepaßt. Vertreter ganz verschiedener systematischer Gruppen können so in einem Ökosystem dieselbe Funktion übernehmen, gewissermaßen die gleiche ökologische Planstelle besetzen und unter ähnlichen Bedingungen ein ähnliches Aussehen annehmen.

Strukturtypen von Tieren, die systematisch weit voneinander entfernt stehen können, aber im Zusammenhang mit gleicher Lebensweise eine ähnliche Gestalt angenommen haben, bezeichnen wir als Lebensformtypen. In welcher Weise bestimmte Umweltfaktoren die Entwicklung spezieller Lebensformtypen beeinflußt haben, sei am Beispiel der Tierwelt des Planktons geschildert.

Im freien Wasser der Ozeane oder Binnengewässer können sich Tiere auf die Dauer nur als aktive Schwimmer oder als passive Schweber, als Plankton, vor dem Sinken bewahren. Da die lebende Substanz schwerer als das Wasser ist, sind besondere Anpassungen der Schwebtiere erforderlich, um das Untersinken zu verhindern. Die Planktonorganismen haben im Laufe der Evolution zwei verschiedene Wege beschritten, um dieses Ziel zu erreichen. Der eine bestand in der Verminderung des Übergewichts durch Vermeidung schwerer Baustoffe der Skelette, Wasserreichtum der Gewebe oder Einlagerung von spezifisch leichten Fetten oder Gasen in den Körper. Eine andere Möglichkeit war die Verringerung der Sinkgeschwindigkeit durch Vergrößerung des Formwiderstandes des Tierkörpers.

Planktontiere sinken um so langsamer, je größer die Unterfläche ihres Körpers, d. h. seine Projektion auf die Horizontalebene ist. Da mit einer Vergrößerung der Unterfläche der Wasserwiderstand beim Untersinken wächst und so ein Schweben der Tiere erleichtert wird, zeigen viele Planktonarten eine abgeplattete Körperform, oder sie haben im Laufe der Evolution Schwebefortsätze unterschiedlicher Art entwickelt. Wir finden sie unter den Einzellern bei Radiolarien und Foraminiferen, bei Ringelwürmern und deren Larven, bei den Larven der Stachelhäuter, bei planktischen Krebstieren und selbst bei manchen Meeresschnecken und Fischlarven. Planktontiere zeichnen sich überdies oft durch geringe Körpergröße aus, da ja kleine Tiere im Verhältnis zu ihrer Masse eine große Oberfläche haben. In Anpassung an die schwebende Lebensweise hat sich so im Laufe der Evolution bei Vertretern der verschiedensten Tierstämme ein einheitlicher Lebensformtyp entwickelt, den man als jenen der Planktontiere mit vergrößertem Formwiderstand bezeichnen kann.

In welcher Weise ein bestimmter Lebensraum die Gestalt seiner Bewohner beeinflußt, zeigt auch sehr eindrucksvoll die Fauna des Sandlückensystems der Meeresböden, auf die als erster der Kieler Zoologe Adolf Remane aufmerksam machte. Der Lebensformtyp dieser Tiere ist durch geringe Größe, eine langgestreckte Körperform, den Besitz von Klebeapparaten oder Haftorganen sowie oft durch Reduktion der Gonaden und Eizahl ausgezeichnet. Es ist bemerkenswert, daß sich dieser Strukturtyp der Tiergestalt in ähnlicher Weise bei Ciliaten, Strudelwürmern, Schnurwürmern, Fadenwürmern, Ringelwürmern, Rädertierchen, Bauchhärlingen, manchen Kleinkrebsen und selbst winzigen Medusen herausgebildet hat.

Die Umweltbeziehungen der Tiere betreffen die verschiedensten Lebensfunktionen. Zur konkreten Erfüllung solcher Aufgaben wie beispielsweise der Fortbewegung, Ernährung, Atmung, Sinneswahrnehmung, Fortpflanzung oder Entwicklung haben sich unter Berücksichtigung der jeweiligen Umweltverhältnisse die unterschiedlichsten Lebensformen entwickelt, die zur Evolution zahlreicher Lebensformtypen der Tiergestalten führten. Entsprechend der Vielzahl der Lebensfunktionen und Lebensformen kann man jeweils Gruppen verschiedener Lebensformtypen unterscheiden. Der Kieler Ökologe Wolfgang Tischler zeigte am Beispiel der Fortbewegungsweisen von Tieren terrestrischer Lebensräume, welche Vielzahl von Lebensformen sich in dieser Hinsicht entwickelt haben, die zu unterschiedlichster Gestaltung des Tierkörpers geführt haben. Er unterschied die Gruppen der Gräber, Kriecher, Läufer, Kletterer, Springer und Flieger, die jeweils mehrere Lebensformtypen umfassen.

Da jedes Tier alle wesentlichen Lebensfunktionen erfüllen muß, gehört es stets mehreren Lebensformtypen zugleich an. Jede Tiergestalt läßt so bei näherer Betrachtung eine Anpassung an ihre arteigene Umwelt erkennen.

Die 8500 Arten umfassenden, meist nur 1 oder wenige mm großen Ruderfußkrebse (Copepoda) leben im Meer oder Süßwasser, frei schwebend im Plankton oder am Boden und häufig als Parasiten. Bei den Planktonformen bilden oft zierliche, federförmige Anhänge der Antennen, Extremitäten und Schwanzborsten große Schwebefortsätze, die ein Untersinken im Wasser verhindern (1, 8). Die Färbung der Krebschen wird häufig durch Ölkugeln verursacht, die als Reservestoffe dienen. 1 *Calanus pavo* ♂,2 *Clytemnestra scutellata* ♀, 3 *Oncaea venusta* ♂, 4 *Cryptopontius thorelli* ♀, 5 *Aconthiophorus scutatus* ♀, 6 *Corycaeus venustus* ♀, 7 *Sapphirina darwinii* ♀, 8 *Augaptilus filigerus* ♂. (Nach Haeckel)

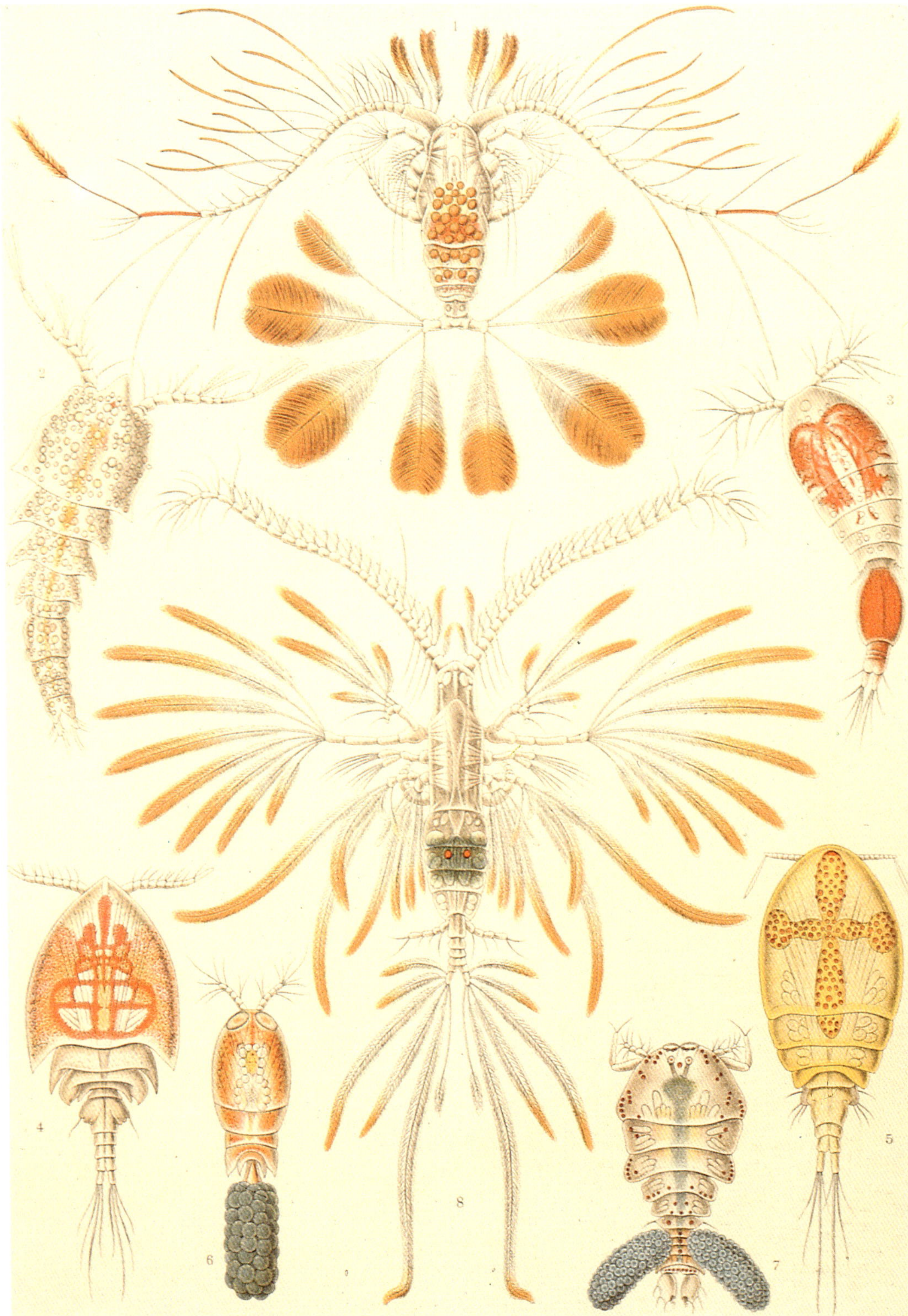

Sehen und Gesehenwerden

Wir haben die nahezu unübersehbare Mannigfaltigkeit tierischer Gestalten hinsichtlich ihrer Symmetrieverhältnisse, der Eigenart ihrer Körperproportionen, der chemischen und physikalischen Ursachen ihrer Körperfarben sowie der Gestaltungsprinzipien und Zeichnungsmuster ihres Farbkleides betrachtet. Dabei haben wir auch versucht, die Bedeutung dieser Faktoren für unser menschliches subjektives Erleben des Reichtums und der Schönheit tierischer Erscheinungen anzusprechen. Offen blieb bisher jedoch die Frage, ob das Aussehen der Tiere für diese selbst irgendeine Bedeutung hat.

Die Körpergestalt und Tracht eines Tieres kann natürlich nur dann eine optische Funktion erfüllen, wenn das Tier unter seinen normalen Lebensbedingungen sichtbar ist. So bleibt die faszinierende Vielfalt der Radiolarienskelette, die uns unter dem Mikroskop begeistert, jedem unbewaffneten Auge infolge ihrer Kleinheit verborgen. Das Aussehen von Tieren, die nur eine nächtliche Lebensweise führen, die Höhlen bewohnen oder in der lichtlosen Tiefsee beheimatet sind, kann in der Regel nicht auf ein sehendes Auge abgestimmt sein. Aber auch bei Tieren, die in einer lichtdurchfluteten Umwelt leben, ist deren Gestalt, Färbung und Zeichnung oft ohne Beziehung zum Gesehenwerden entstanden. So sind die zarten oder leuchtenden Farben der Korallenpolypen und Seerosen ebensowenig wie die vielfältigen Formen und Zeichnungen der Schneckengehäuse für die Anschauung bestimmt, da diese Tiergruppen über keine entsprechend leistungsfähigen Sehorgane verfügen.

Andererseits liefert die genaue Untersuchung der Farbtracht vieler Tiere indirekte Hinweise dafür, daß sie als »optisches Organ« für das Anschauen bestimmt ist. Schon die Betrachtung des Gefieders einer Rabenkrähe ist hier lehrreich. Der Vogel erscheint einheitlich blauschwarz gefärbt und verspricht für unser Problem auf den ersten Blick keinerlei Argumente. Streichen wir jedoch mit der Hand durch das Gefieder, so sehen wir, daß nur die Spitzen der Federn die schillernde blauschwarze Farbe besitzen, während die unteren Teile der Federfahnen hellgrau gefärbt sind. Dieser Farbunterschied wird durch geringfügige Veränderungen der Federstruktur und verstärkte Einlagerung von Pigment am Ende der Feder bewirkt. Das blauschwarze Farbkleid der Krähe wird offensichtlich nur von den sichtbaren Teilen des Gefieders aufgebaut, das neben der schützenden und wärmenden Funktion einen Eigenwert als optisches, für das Anschauen bestimmtes Organ hat. Dieser Schluß läßt sich durch vielfältige Beobachtungen am Vogelgefieder belegen. Wenn die Deckfedern eines Vogels ein charakteristisches Farbmuster aufweisen, so ist vielfach nur die zur Schau gestellte Oberseite mit diesem Muster versehen, während die Unterseite der Feder nahezu einfarbig ist.

Aufmerksamen Schmetterlingssammlern war bereits im vergangenen Jahrhundert eine Eigentümlichkeit der Flügelzeichnung vieler Schmetterlingsarten aufgefallen, für die man später den Begriff »Totalzeichnung« prägte. Worum es sich dabei handelt, veranschaulicht in eindrucksvoller Weise unser heimischer Segelfalter. Die schwarzen Querbänder seiner Vorder- und Hinterflügel bilden bei normaler Flügelhaltung des lebenden Falters ein einheitliches Zeichnungsmuster durchgehender, nach hinten konvergierender Streifen. Bei der unnatürlichen Flügelstellung präparierter Schmetterlinge geht dieses einheitliche Muster verloren. Die Totalzeichnung beider Flügelpaare ist um so überraschender, da jeder Flügel sich aus einer selbständigen Anlage entwickelt, jede Flügelzeichnung somit gesondert an einer zusammengefalteten Flügelanlage entsteht. Wir wissen zwar noch nicht, welche entwicklungsphysiologischen Steuerungsmechanismen dafür sorgen, daß die Zeichnung des Hinterflügels eine genaue Fortsetzung der Vorderflügelzeichnung bildet. Es ist jedoch die Annahme naheliegend, daß sich in der Evolution die Totalzeichnung der Flügelpaare als ein für das Anschauen bestimmtes »optisches Organ« entwickelt hat.

Bei aufmerksamer Betrachtung einer größeren Schmetterlingssammlung wird man auf zahlreiche andere Fälle von Totalzeichnung stoßen. Totalzeichnungen sind jedoch keine Besonderheit der Schmetterlinge, sondern auch bei anderen Tiergruppen zu finden. Eindrucksvolle Beispiele liefert die Gefiederfärbung vieler Vögel.

Betrachten wir die Flügelfärbung unserer häufigsten europäischen Entenart, der Stockente. Die im übrigen sehr unterschiedlich gefärbten männlichen und weiblichen Tiere besitzen beide einen prachtvoll blau gefärbten, vorn und hinten durch schwarze und weiße Streifen eingesäumten Flügelspiegel. An der Bildung des Farbmusters dieses Spiegels sind 10 Federn (die Armschwingen) beteiligt, die sich seitlich überdecken. Jede einzelne dieser Federn ist unsymmetrisch gezeichnet, da sich das

Die Gesamtheit der für eine Tiergruppe typischen äußeren Merkmale bezeichnen wir als ihren Habitus. Die abgebildeten Wanzenarten zeigen, daß der Grundhabitus der Wanzen in mannigfaltiger Weise durch unterschiedliche Körperproportionen (1, 2, 3), starke Abplattung (4, 5, 6), auffällige Körperfortsätze (7, 8, 9), starke Behaarung (10, 11) oder unterschiedliche Skulptur der Körperoberfläche (12, 13, 14) abgewandelt sein kann. 1 *Limnotrephes campbelli*, 2 *Colasiella matercula*, 3 *Rheumatobates crassifemur* ♂, 4 *Pephricus paradoxus*, 5 *Holocneria spinosa*, 6 *Planibyrsa montei*, 7 *Severiniella haasi*, 8 *Edessa bubulus*, 9 *Oxylobus nigromarginatus*, 10 *Holoptilus ursus*, 11 *Ptilocnemus lemur*, 12 *Coptosoma scutellatum*, 13 *Cazima verrucosa*, 14 *Cyrtocoris monstrosus*.

charakteristische Farbmuster nur auf der unbedeckten Hälfte der Federfahne findet. Das Gesamtmuster der Spiegelfärbung ergibt sich als ein den Einzelfedern übergeordnetes Ganzes, das durch Nebeneinanderlagerung der unbedeckten Federhälften entsteht.

Wie bei der Totalzeichnung der Schmetterlingsflügel ist auch beim Entenflügel die ganzheitliche Bildung des Musters der Spiegelfärbung erstaunlich, daß jede Feder aus einer selbständigen Federanlage hervorgeht, ihre Färbung aber streng koordiniert mit jener der Nachbarfedern erfolgen muß. Auch hier kennen wir die entwicklungsphysiologischen Mechanismen der Steuerung dieses Prozesses noch nicht. Wir müssen jedoch ebenfalls annehmen, daß sich das Muster der Spiegelfärbung in der Evolution als ein für visuelle Betrachtung bestimmtes »optisches Organ« entwickelt hat.

Die äußere Erscheinung eines Tieres kann natürlich nur dann eine optische Funktion erfüllen, wenn es entweder selbst über ein leistungsfähiges visuelles System verfügt oder von Tieren anderer Artzugehörigkeit gesehen werden kann. Es ergibt sich hier die Frage, welche Tiergruppen überhaupt ein Sehvermögen besitzen.

Im Laufe einer über eine Milliarde Jahre währenden Evolution haben sich im Tierreich Lichtsinnesorgane sehr unterschiedlicher Organisationshöhe und Leistungsfähigkeit entwickelt. Hinsichtlich ihrer Sehleistung unterscheidet der Zoologe drei Hauptgruppen. Im einfachsten Fall ermöglichen die Sehorgane dem Tier nur ein Helligkeitssehen, also die Wahrnehmung unterschiedlicher Lichtintensitäten. Eine höhere Sehleistung liegt bei jenen Lichtsinnesorganen vor, die eine Orientierung über die Richtung des Lichteinfalls gewährleisten. Den höchsten Entwicklungsstand haben jene visuellen Systeme erreicht, die das Tier zum Bildsehen befähigen. Diese Fähigkeit wurde bei den Tintenfischen, Krebsen, Insekten und Wirbeltieren zur höchsten Vollendung entwickelt.

Es geht also vor allem um diese Tiergruppen, wenn die optische Gestaltung der Tierarten im Hinblick auf ihre visuelle Wahrnehmung geformt wurde. Freilich dürfen wir dabei nicht nur an das Sehen der eigenen Artgenossen denken. Es geht ebenso um die visuelle Wahrnehmung von potentiellen Feinden oder Beutetieren. Damit kann auch das Aussehen eines Tieres, das selbst über kein leistungsfähiges visuelles System verfügt, auf das Sehvermögen einer anderen Tierart abgestimmt sein.

Unsere Vorstellung vom Erscheinungsbild der Tierarten wird in starkem Maße durch das Farbkleid der Tiere bestimmt. Das hängt gewiß damit zusammen, daß wir über einen ausgezeichneten Farbensinn verfügen. Der farbtüchtige Mensch kann etwa 200 Farbtöne unterscheiden. Bei Berücksichtigung des Sättigungsgrades und der Helligkeit sollen für das menschliche Auge sogar 600 000 Farbarten unterscheidbar sein. Dies darf uns jedoch nicht zu dem Schluß verleiten, daß der Farbensinn sehtüchtiger Tiere in jedem Fall vergleichbare Leistungen aufweist.

Die Säugetiere zeigen uns, daß sogar innerhalb derselben Tiergruppe beträchtliche Unterschiede vorhanden sein können. Nur die Affen verfügen wie der Mensch über ein hochentwickeltes Farbensehen. Wenn bei den meisten Säugetieren der Farbensinn schwach entwickelt ist, so hängt dies sicher damit zusammen, daß es unter ihnen viele nachtaktive gibt. Im übrigen kommt Farbensehen bei allen Wirbeltiergruppen vor. Es ist bei den Fischen und Vögeln hochentwickelt, ließ sich aber auch bei Amphibien und Reptilien nachweisen.

Der Nachweis des Farbunterscheidungsvermögens ist für die meisten Gruppen der wirbellosen Tiere schwer zu führen. Er ist am eindeutigsten, wenn das Tier auf Farben dressiert werden kann, wie etwa bei der Honigbiene. Physiologische Befunde deuten jedoch darauf hin, daß die Fähigkeit zur Unterscheidung von Licht verschiedener Wellenlänge nicht nur bei Insekten und anderen Arthropoden, sondern in geringerem Maße selbst bei Planarien, Meeresringelwürmern (Polychaeten), Seesternen und Mollusken vorkommt. Die Erfassung einer Tiergestalt in ihrer Einheit von Form, Färbung und Musterung setzt freilich neben dem Farbensinn die Fähigkeit zum Formensehen voraus, die bei Planarien, Polychaeten, Seesternen und den meisten Mollusken mit Ausnahme der Tintenfische nicht entwickelt ist.

Habitus und Tracht

Der Zoologe verwendet zur Bezeichnung der äußeren Erscheinung eines Tieres zwei Begriffe, die nicht immer scharf voneinander zu trennen sind. Er spricht von dem »Habitus« und der »Tracht« eines Tieres.

Der Habitus umfaßt die Gesamtheit aller äußerlich erkennbaren morphologischen Merkmale eines Organismus, einer Art, einer Gattung oder höheren systematischen Gruppe. Am Habitus sind gestaltliche Merkmale

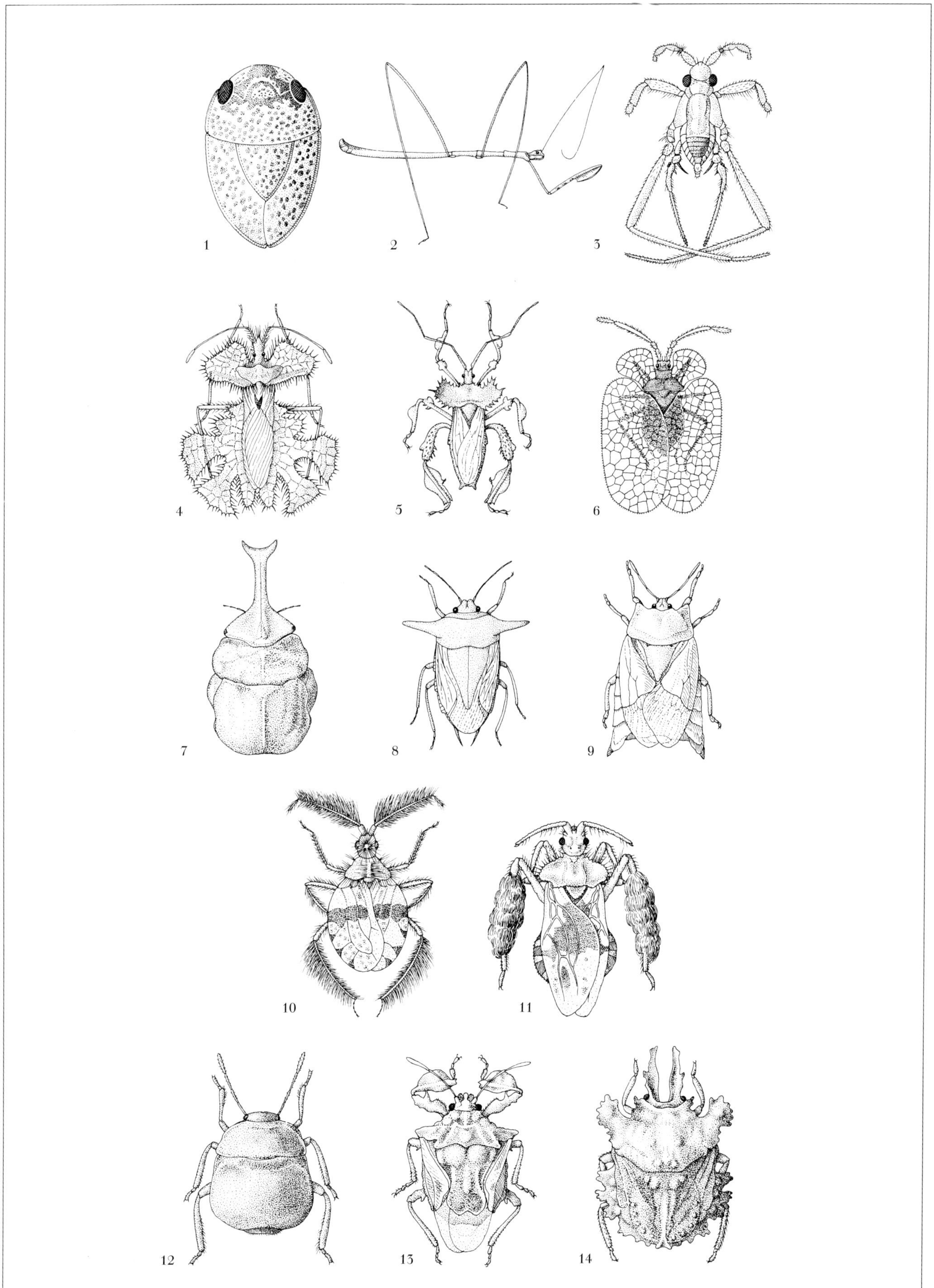
1
2
3
4
5
6
7
8
9
10
11
12
13
14

der Form und Größe, der Oberflächenbeschaffenheit und gelegentlich auch Besonderheiten der Körperhaltung beteiligt. Einen wichtigen Bestandteil des Habitus stellt die Umrißlinie des Körpers dar. In diesem Sinne spricht man etwa vom Käferhabitus oder auch Habitus eines Vogels.

Unter der Tracht versteht man demgegenüber die äußere Erscheinung eines Tieres in ihrem Verhältnis zur Umwelt. Die Tracht eines Tieres hat in dessen Beziehungen zur belebten oder auch unbelebten Umwelt eine bestimmte Funktion zu erfüllen. An ihr sind Merkmale des Habitus, der Skulptur und der Färbung beteiligt. Diese drei Elemente können bei den verschiedenen Arten in unterschiedlichem Verhältnis am Zustandekommen der Tracht beteiligt sein. Es kann aber auch eines im Vordergrund stehen, wie der langgestreckte Habitus bei den Stabheuschrecken oder die Färbung bei den Schmetterlingen. Trachtmerkmale können typische Habitusmerkmale der höheren systematischen Gruppen, zu denen die betreffende Tierart gehört, im wörtlichen Sinne einer »Tracht« wie ein Kleid verhüllen.

Die Vielfalt möglicher Aufgaben der Tiertrachten findet ihren Niederschlag in der Unterscheidung zahlreicher funktioneller Trachttypen. Wir wollen hier davon absehen, daß bei Höhlentieren, versteckt lebenden Formen oder sehuntüchtigen Arten eine reine Formtracht zum Ertasten genutzt werden kann. In der Regel sind die Trachten jedoch für die visuelle Erfassung bestimmt. Dabei kann man nach ihren biologischen Funktionen zwei große Gruppen von Tiertrachten unterscheiden, die im Grunde gegensätzliche Aufgaben zu erfüllen haben. Bei der ersten Gruppe handelt es sich um unauffällige Verbergetrachten (krypotophylaktische Trachten), die ihren Träger in ihrer natürlichen Umgebung schwer sichtbar machen. Die zweite Gruppe umfaßt auffällige Trachten (sematophylaktische Trachten), die auf ihre Träger aufmerksam machen sollen, damit sie beachtet, erkannt oder auch verkannt werden.

Umgebungstrachten

Unter den Verberge- oder Tarntrachten sind Farbanpassungen der Tiere an ihre Umwelt weit verbreitet. Der dadurch erzielte Sichtschutz kann sowohl für potentielle Beutetiere wie für Räuber von Vorteil sein, findet sich somit bei Jägern wie bei Gejagten. Die bei solchen »Umgebungstrachten« zu beobachtende Übereinstimmung der Tierfärbung mit der allgemeinen Grundfärbung der Umgebung, die auch als »Homochromie« bezeichnet wird, läßt sich bei Tieren unterschiedlichster Lebensräume beobachten. Betrachten wir die Bewohner verschiedener Landschaftstypen, wie etwa des Regenwaldes, der Steppe, einer Wüste oder der Schnee- und Eislandschaft der Polargebiete, so fällt eine gewisse Einheitlichkeit der Tierfärbung in diesen Landschaften auf, die mit dem Vorherrschen einer oder weniger Farben im Lebensraum zusammenhängt.

Die weiße Farbe der jungen Sattelrobbe *(Phoca groenlandica)* ist eine Umgebungstracht, die als Schutzfärbung in der weißen Polarlandschaft dient.

Die Eis- und Schneewüsten der Polargebiete bilden den einfarbigsten Landschaftstyp. Wir finden hier zahlreiche weiß gefärbte Säugetiere und Vögel, wie Schneehase, Eisfuchs, Eisbär, Schneehuhn, Schnee-Eule und Grönlandfalke. Diese Weißfärbung der Polartiere stellt offensichtlich eine Schutzfärbung dar, die Räuber und Beute in der Schnee- und Eislandschaft gleichermaßen unsichtbar macht.

Eindrucksvolle Beispiele homochromer Umgebungstrachten finden wir bei vielen Wüstentieren. Da in den sehr vegetationsarmen Trockenwüsten Pflanzenwuchs den Tieren kaum Sichtschutz gewähren kann, kommt hier einer Übereinstimmung der Tierfärbung mit der Bodenfärbung offensichtlich eine besonders arterhaltende Funktion zu. Zahlreiche Säugetiere, Vögel und Reptilien, aber auch Insekten und Spinnen zeigen in diesen Ge-

Die Rindenzeichnung des Eulengefieders ist als Farbanpassung an die Umwelt zu deuten.

bieten Körperfärbungen, die mit der gelben, braunen oder auch rötlichen Farbe des Wüstenbodens weitgehend übereinstimmen.

Die Ornithologen Kleinschmidt und Niethammer haben uns mit eindrucksvollen Beispielen von Wüstenfärbung bei afrikanischen Lerchen vertraut gemacht. So zeigen algerische Lerchen verblüffende Übereinstimmung ihrer Gefiederfärbung mit der Bodenfarbe des jeweiligen Verbreitungsgebietes. Nach den Beobachtungen Niethammers leben die unterschiedlich gefärbten Lerchenrassen der Namib stets in Wüstengebieten mit entsprechender Bodenfärbung. Besonders eindrucksvoll waren in diesem Zusammenhang Verhaltensbeobachtungen in Grenzgebieten, wo verschieden gefärbte Böden aneinanderstoßen. Rote Lerchen hielten sich grundsätzlich auf rotem Sandboden auf und konnten nicht auf benachbarte helle Kalkgebiete getrieben werden, während umgekehrt die hell gefärbten Lerchen des Kalkbodens stets die roten Sandfelder mieden.

Eine vergleichbare Ausbildung unterschiedlich gefärbter Lokalformen, die der jeweiligen Bodenfarbe entsprechen, wurde in der Namib-Wüste auch bei Trappen, Nagetieren, Elefantenspitzmäusen, Schlangen und Heuschrecken beobachtet. Besonders eindrucksvoll ist die Übereinstimmung mit der Bodenfärbung bei den sehr unterschiedlich gefärbten Arten der Tag-Gecko-Gattung *Rhotropus*. Es wurden in der Namib hellgraue Tiere von *R. barnardi* auf graubraunem Sandsteingeröll, schieferfarbige rotgefleckte *R. boultoni* auf dunklen rotgetönten Granitblöcken, braune Exemplare von *R. bradfieldi* auf schwarzbraunem Diabas und schwarze Tiere derselben Art auf schwarzen Diabas-Klippen gefunden.

Zahlreiche eindrucksvolle Beispiele homochromer Umgebungstrachten liefert die Tierwelt des tropischen Regenwaldes. Wir verdanken Robert Mertens, einem der besten Kenner dieser Tierwelt, eine eindrucksvolle Schilderung des Sichtschutzes der Regenwaldtiere. Zu der faszinierenden Farbübereinstimmung zahlloser Regenwaldtiere mit ihrer Umgebung schreibt er in seinem Buch über die Tierwelt des tropischen Regenwaldes:

»Bei den auf dem Boden des Waldinneren lebenden Tierarten dominieren im allgemeinen düstere, also schwärzliche, bräunliche, rötliche oder selbst gelbliche Farbtöne in den verschiedensten Abstufungen und Kombinationen. Das ist die Färbung der meisten Huftiere, Nager und anderer bodenbewohnender Säuger des Regenwaldes, ferner der Echsen, Schlangen, Froschlurche und sehr vieler Wirbelloser der gleichen Lebensstätte. Vögel, die sich im schattigen Waldesinneren nahe dem Erdboden aufhalten, haben oft ein unscheinbares, eigentümliches glanzloses Gefieder. Sogar düster gefärbte Falter herrschen im tiefen Urwalde vor, wie namentlich die Hesperiiden und Nymphaliden.

Auch die bei der Tierwelt der Tropenwälder so verbreitete Rindenfärbung gehört hierher. Sie kommt nicht nur vielen Säugern, z. B. den Dornschwanzhörnchen *(Anomalurus)* und Flattermakis *(Galeopithecus, Galeopterus)*, sondern auch Vögeln, Eidechsen, Froschlurchen, Insekten und Spinnentieren zu. Manche davon lassen in ihrer Färbung eine völlige Übereinstimmung mit dem Gesamtton der Baumrinde erkennen, indem sogar durch Flechtenbewuchs verursachte hellgraue Fleckchen wiedergegeben sind, wie z. B. bei einigen Schweifaffen *(Pithecia)*, Baumechsen und Fröschen.

Eine sehr verbreitete Farbe der Regenwaldtiere ist das Grün, das wahrscheinlich in keinem anderen Lebensraum so häufig wiederkehrt wie in der Hyläa. Die grüne Färbung tritt in allen Tönungen und Mischungen sowie in verschiedensten Helligkeitsstufen auf, vom leuchtendsten Smaragdgrün bis zu einem stumpfen Olivgrün. Gerade die letztere Farbe ist sehr häufig und kommt z. B. vielen

Die südamerikanische Palmen-Lanzenotter *(Bothrops lateralis)* hat als Wald- und Baumbewohner eine grüne Schutzfärbung.

kleineren Sperlingsvögeln zu. Außerdem sind grüne Farbkleider verbreitet bei Papageien, Fruchttauben, Musophagiden, Nageschnäblern (Trogones), Kolibris, Glanzvögeln (Galbulidae), Bartvögeln (Capitonidae); bei keiner anderen Vogelgruppe ist mir aber das samtene Blattgrün so leuchtend erschienen wie bei den indomalaiischen Smaragdracken, namentlich bei den von Borneo stammenden Arten dieser bemerkenswerten Familie (Eurylaemidae).

Ausgesprochen olivgrün gefärbte Flughunde *(Dobsonia peroni)* habe ich selber im Indoaustralischen Archipel in

Die glasartige Transparenz des Körpers gibt dem Glaswels *(Kryptopterus bicirrhis)* einen Sichtschutz.

ihrem Freileben kennengelernt. Ähnlich gefärbte Eichhörnchen hausen in den orientalischen und äthiopischen Feuchtwäldern. Der deutlich grünliche Schimmer mancher Faultiere, die in Ruhe mit ihrem zottigen Pelzwerk ganz den Eindruck von Ansammlungen abgestorbener Epiphyten machen, stammt von mikroskopischen Algen, die sich auf dem Haarkleid ansiedeln.

Grün gefärbte Eidechsen und Schlangen sind in den Regenwäldern häufig; sogar laub- oder smaragdgrüne Warane *(Varanus prasinus)*, Flugdrachen *(Draco everetti)*, Riesenschlangen *(Boa canina, Chondropython viridis)*, Giftnattern *(Dendroaspis)* und Ottern *(Trimeresurus, Atheris)* gibt es hier. Bei den verschiedensten Strauch- und Baumbewohnern unter den Froschlurchen treten grüne Farbtöne in größter Mannigfaltigkeit immer wieder auf; bei dem kleinen olivgrünlichen Bromelienfrosch *Hyla cuspidata* ist sogar das Skelett grün gefärbt. Unter den Insekten kommen grüne Farbkleider wohl in jeder Ordnung vor; am weitesten verbreitet sind sie aber unter den Geradflüglern und Schmetterlingsraupen.

Es kann kein Zweifel darüber herrschen, daß die grünen Farbkleider bei allen diesen Geschöpfen im großen und ganzen genau solche Schutztrachten darstellen wie die düsteren Farbtöne der Boden- und Rindenbewohner.«

Man könnte noch viele Beispiele für Anpassungen der Farbtracht von Tieren an ihre Umgebungsfarbe aufzählen, auch solche von Tieren, die im Wasser leben. Viele Wirbellose des Meeres oder Süßwassers besitzen einen farblos durchsichtigen Körper, und selbst unter den Fischen gibt es glasartig transparente Formen wie den Glasbarsch *Chanda ranga* oder den Glaswels *Kryptopterus bicirrhis*. Die silbrig glänzende Bauchseite vieler Fischarten ist ebenfalls als eine Umgebungstracht zu deuten, da sie von unten einen Sichtschutz gegen die glänzende Wasseroberfläche bietet.

Gegenschattierung und Körperauflösung

Bei manchen unserer heimischen Schmetterlingsraupen kann man eine eigentümliche Form der Verbergetracht beobachten, die als Gegenschattierung bezeichnet wurde. Betrachten wir die Raupe des jedermann bekannten Zitronenfalters. Ihr Rücken ist grün gefärbt. Seitlich von der Rückenmitte beginnt eine Aufhellung ins Weißliche, die am unteren Stigmenrand bis zum reinen Weiß geht. Dort folgt mit scharfer Grenzlinie ein dunkles Grün, das zur Bauchseite hin ebenfalls heller wird. Die Raupe lebt am Faulbaum und sitzt normalerweise auf der Oberseite der Blätter mit ihrem Rücken dem Licht zugewendet. Da die am dunkelsten gefärbte Rückenmitte direkt dem Licht zugekehrt ist und durch die Belichtung aufgehellt erscheint, sieht die Raupe in der Rückenansicht eintönig grün aus wie das Blatt, auf dem sie sitzt. Sie ist demzufolge schwer zu sehen.

Dieses Prinzip der Gegenschattierung bewirkt für das Auge eine Aufhebung der Körperlichkeit und Verflachung infolge des Zusammenpassens der durch die Körpergestalt bewirkten echten Schattengebung und einer ihr entgegengerichteten »gemalten« Schattierung der Körperfarbe. Der Tierkörper erscheint somit bei einseitiger Beleuchtung wie eine gleichfarbige Fläche.

Von der Seite gesehen, zeigt die Raupe des Zitronenfalters infolge der doppelten Gegenschattierungen von Rücken- und Bauchseite einen Zweiflächeneffekt. Der zylinderförmige Raupenkörper erscheint in zwei unterschiedlich gefärbte Flächen zerlegt, die Räumlichkeit des Körpers damit ebenfalls aufgehoben.

Das Prinzip der Gegenschattierung, das man auch bei anderen Raupen und Puppen einheimischer Schmetterlingsarten beobachten kann, ist im Tierreich weit verbreitet. Es stellt im Grunde die Vorstufe einer Schutztracht

Der südamerikanische Schmuckhornfrosch *(Ceratophys ornata)* ist einer der farbenprächtigsten Frösche. Seine faszinierende Färbung und Zeichnung bewirkt für den Betrachter eine als »Somatolyse« bezeichnete Auflösung der Körpergestalt und damit einen Sichtschutz.

dar, die man als »Körperauflösung« oder »Somatolyse« bezeichnet hat.

Die bisher besprochenen Umgebungstrachten bewirken eine Unauffälligkeit der Tiere durch Angleichung ihrer Körperfärbung an die Farbe der Umgebung. Es mag überraschen, daß auch sehr bunte Farbtrachten zur Schwererkennbarkeit führen können. Viele Tiere sind infolge einer sehr bunten Färbung in der Nähe zwar sehr auffällig, aus größerer Entfernung jedoch trotzdem schwer erkennbar. Diese Wirkung kommt dadurch zustande, daß die einheitliche Form des Tierkörpers infolge seiner Färbungs- und Zeichnungsmuster in kleine, unregelmäßige Farbflächen zerlegt erscheint. Man spricht deshalb von Körperauflösung oder »Somatolyse«.

Eine optische Auflösung der Körpergestalt wird in besonderem Maße durch Nebeneinanderstellung stark kontrastierender Farbflächen erreicht. Solche Grenzflächenkontraste sind besonders wirksam, wenn sehr helle und sehr dunkle Zonen, etwa weiße und schwarze Streifen, aneinanderstoßen. Verlaufen solche Streifen senkrecht zur Körperkontur, so wird die somatolytische Wirkung der Kontrastflächen durch das Prinzip der unterbrochenen Grenzlinien noch verstärkt.

Die faszinierenden Zeichnungsmuster vieler Tiergestalten, die in den zoologischen Gärten unsere Aufmerksamkeit erregen, bewirken in der natürlichen Umgebung der Tiere oft das genaue Gegenteil. Das gilt für die kontrastreiche Streifung des Tigers ebenso wie für die Fleckenzeichnung des Leoparden oder Jaguars. Sie führen in der natürlichen Umgebung der Raubkatzen zu einer Tarnung gegenüber ihren Beutetieren.

Ein außerordentlich eindrucksvolles Beispiel für eine Verbergetracht durch Somatolyse finden wir in unserer heimischen Fauna bei der Rohrdommel. Das gelbbraun gefärbte Gefieder mit seiner dunkelbraunen Längsstreifung bietet dem Vogel im Schilfdickicht seines natürlichen Lebensraumes eine hervorragende Tarnung. Diese Tarnwirkung wird durch das Einnehmen einer besonderen Körperhaltung, die bereits von den Nestjungen beherrschte Pfahlstellung, noch extrem verstärkt.

Die Möglichkeiten der Gestaltauflösung durch kontrastierend nebeneinander gesetzte Farbflächen, durch Streifen oder Linienmuster, die scheinbar sinnwidrig über die Körperteile hinwegziehen, erscheinen unerschöpflich. Eindrucksvolle Beispiele hierfür liefern die Korallenfische, deren Zeichnungsmuster oft in gar keiner Beziehung zur Körpergliederung stehen. Aber auch viele bunte Farbkleider von Vertretern anderer Wirbeltiergruppen, vor allem solchen der Vögel, sind unter dem Gesichtspunkt der Gestaltauflösung zu sehen.

Im tropischen Regenwald gibt es neben den erwähnten Tierarten mit farbangepaßten Umgebungstrachten zahlreiche Arten, deren leuchtende, auffällige Farbtrachten Aufmerksamkeit und Bewunderung erregen. Unter den Säugetieren des afrikanischen Urwaldes wären etwa das Pinselohrschwein, die Bongo-Antilope, das Okapi, die zahlreichen mit bunten Abzeichen versehenen Meerkatzen oder der leuchtend gefärbte Mandrill zu nennen.

Die Buntheit der im übrigen meist eintöniger gefärbten Säugetiere wird jedoch von der Vogelwelt des Regenwaldes bei weitem übertroffen. In der Farbenskala ihres Gefieders tritt neben dem Grün häufig Gelb und Orange, aber auch Rot, Blau und Violett auf. Wir finden außerordentlich farbenfreudige Arten bei den Papageien, unter den Sperlingsvögeln bei den Tangaren (Dacnidinae), Schmuckvögeln (Cotingidae) und Prachtdrosseln (Pittidae) sowie in der Spechtvogelfamilie der Bartvögel (Capitonidae).

Zahlreiche Regenwaldvögel zeichnen sich überdies durch ein stark ausgeprägtes Schillern ihres Gefieders aus, wie wir es bei vielen Hühnervögeln, den Trogons (Trogonidae), den zur Verwandtschaft der Spechte gehörenden Glanzvögeln (Galbulidae), den amerikanischen farbenglitzernden Kolibris (Trochilidae) und ihren altweltlichen Gegenstücken, den ebenfalls blütenbesuchenden, aber zu den Sperlingsvögeln gehörenden Nektar-

Im tropischen Regenwald Afrikas gibt es neben farbangepaßten Tierarten auch Säugetiere mit auffälligen Farbtrachten. Das Okapi *(Okapia johnstoni)* soll aber trotz seiner auffälligen Zeichnung wegen der nächtlichen Lebensweise schwer zu sehen sein, da es durch seine Färbung schon auf relativ kurze Entfernung mit der Umgebung verschmilzt.

vögeln (Nectariniidae) finden. Einen Höhepunkt an Farbenpracht und Glanz des durch vielfältige Schmuckfedern ausgezeichneten Gefieders finden wir schließlich bei den Männchen der Paradiesvögel, die ebenfalls tropische Waldgebiete bewohnen.

Es wäre gewiß nicht richtig, das häufige Vorkommen auffallend bunter Tiere im tropischen Regenwald nur unter einem Gesichtspunkt zu deuten. Die Farbkleider vieler Vögel und auch die verschiedener Säugetiere haben sicherlich Bedeutung als Arterkennungsmerkmale. Naturforscher, die das Glück hatten, diesen einzigartigen Lebensraum kennenzulernen, haben vielfach bestätigt, daß die farbenprächtigen Tiergestalten des Regenwaldes in ihrer natürlichen Umwelt kaum auffallen. Die Umgebung ist dort sehr farbig und durch die überquellende Fülle des pflanzlichen Lebens vielfältig gegliedert. Es mischen sich in dem Laub- und Astgewirr der Baumkronen die verschiedensten Schlaglichter und Schatten. Sie bewirken ein Durcheinander sich überkreuzender Linien und Farbtöne, in dem auch die buntesten Tiergestalten mit ihrem Hintergrund in erstaunlicher Weise verschwimmen. Die herrlichen Farben vieler Urwaldvögel kommen so erst zur Wirkung, wenn man die Tiere in die Hand nimmt.

Schützende Verbergetrachten durch Mimese

Der durch eine Umgebungstracht bewirkte Sichtschutz eines Tieres wird wesentlich vervollkommnet, wenn zu der Farbübereinstimmung noch eine Angleichung der Körperform an leblose oder belebte Gegenstände der Umgebung hinzukommt. Man spricht dann von Mimese und kann in Abhängigkeit von den nachgeahmten leblosen Gegenständen, Pflanzen oder Tieren die Erscheinungen der Allo-, Phyto- und Zoo-Mimese unterscheiden.

Zwischen reinen Farbanpassungen der Tiere an ihre Umgebung und ausgeprägten Mimesen gibt es mannigfache Übergänge. Wir finden sie etwa bei den häufigen

Zu den prächtigsten Bewohnern der tropischen Wälder gehören die Paradiesvögel, wie der auf Neuguinea und den benachbarten Inseln der Molukken vorkommende Gelbparadiesvogel *(Paradisaea minor)*.

Eine eigentümliche Form der Mimese zeigt die südostasiatische Fangschrecke *Hymenopus*, die mit ihrer Rosafärbung und den stark verbreiterten Beinen den Blüten der Bäume ähnelt, auf denen sie sich aufhält. Blütenbesuchende Fliegen werden so leicht zur Beute des Raubinsekts.

rindenartigen Zeichnungsmustern vieler Insekten und Spinnen, aber auch von Fröschen, Eidechsen oder Vögeln. Beispiele aus unserer heimischen Fauna wären viele Schmetterlinge oder die Gefiederfärbung des Baumläufers und des Ziegenmelkers.

Wir finden viele Mimesen unter den Insekten, die Rinden, Flechten, Holzstückchen, Stengel, Zweige, Knospen, Stacheln, Dornen oder auch Blätter in täuschender Weise nachahmen. In welchem Maße diese Formung den Menschen täuschen kann, hat der große Zoologe August Weismann am Beispiel der Moderholzeule *Xylena exsoleta* eindrucksvoll geschildert. Dieser heimische Schmetterling ähnelt mit seinen entsprechend gezeichneten, in der Ruhe dem Körper eng angelegten Flügeln in eindrucksvoller Weise einem modernden Holzstückchen. Weismann schrieb: »Die Färbung dieses Schmetterlings ist aus Braun, Weißlich, Schwarz und Gelb so seltsam gemischt und mit spitzwinkligen Zickzacklinien und Bogen derart durchzogen, daß man nicht imstande ist, sie bloß mit dem Auge von einem Stückchen faulen Holzes zu unterscheiden. Ich habe das einmal an mir selbst erfahren, als ich im Vorbeigehen an einem Zaun eine *Xylena* am Boden sitzen zu sehen glaubte, sie aufhob und betrachtete. Enttäuscht warf ich sie wieder ins Gras, da ich sie für ein Stückchen altes Holz zu erkennen glaubte, besann mich aber dann noch und hob sie noch einmal auf, und wahrlich, es war wirklich der Schmetterling.«

Bei den Raupen vieler Spanner können wir eine verblüffende Ähnlichkeit mit einem kleinen Ast beobachten. Diese Übereinstimmung wird nicht nur durch die Färbung und rindenähnliche Beschaffenheit der Haut, sondern auch durch die Haltung der Spannerraupe verursacht. Sie sitzt mit dem Hinterende fest an einem Zweig und streckt den Körper wie einen kleinen Seitenast schräg in die Luft.

Es ist wiederum die Tierwelt des tropischen Regenwaldes, die uns eine Vielzahl eindrucksvoller Beispiele

Zu den bekanntesten Blattnachahmern gehören die in den Wäldern Südostasiens vorkommenden Gespenstschrecken der Gattung *Phyllium*, die als »Wandelnde Blätter« bezeichnet werden.

für Mimesen liefert. Am häufigsten sind auch hier Nachbildungen von Stengeln und Zweigen. Eine überraschende Ähnlichkeit dieser Art zeigen die Stabheuschrecken, deren Riesenformen bis zu 30 cm Länge erreichen. Wir finden hier jedoch Pflanzenstengelmimesen auch bei zahlreichen anderen stabförmigen Insekten, zu denen neben Schmetterlingsraupen, Heuschrecken und Gottesanbeterinnen auch Käfer und Schnabelkerfe gehören. Selbst unter den Schlangen können sehr lange, dünne Baumnattern, die grün oder grau gefärbt sind, sich durch ein lianenartiges Aussehen im Pflanzengewirr des Regenwaldes tarnen.

Es gibt unter den Tieren der tropischen Wälder zahlreiche Blattnachahmer. Am bekanntesten sind wohl die zu den Gespenstheuschrecken gehörenden »Wandelnden Blätter« *(Phyllium)* der indomalaiischen Fauna und unter den Tagfaltern die indischen Blattschmetterlinge der Gattung *Kallima*. Wenn diese Schmetterlinge in der Ruhestellung ihre Flügel zusammenschlagen, so sieht deren Unterseite in der Form, Färbung und Zeichnung bis in Einzelheiten einem verwelkten Blatt ähnlich. Neben der täuschenden Nachahmung eines Blattstiels und der Aderung mit Mittelrippe und Seitenrippen werden selbst schadhafte Stellen, Insektenfraß und Schimmelpilze in verblüffender Weise nachgeahmt.

Es ist bemerkenswert, daß auch unter den Wirbeltieren des Regenwaldes sich Blattnachahmer finden. Dies gilt für die kleinen Chamäleons der Gattung *Brookesia* und für manche Frösche, von denen der Laubfrosch *Phyllomedusa* einem grünen Laubblatt ähnelt, während einige bodenbewohnende Frösche und Kröten braunen, am Boden liegenden Blättern ähnlich sehen können.

Schließlich sei darauf hingewiesen, daß auch Fische wirkungsvolle Pflanzenmimesen aufweisen können. Das gilt etwa für Seenadeln, die Seegraswiesen und Algenzonen der Meeresküsten bewohnen. Ihre langgestreckte Gestalt und grünliche oder bräunliche Färbung lassen sie in ihrem Lebensraum nahezu unkenntlich werden. So ist die fast fadenförmige kleine Schlangennadel *Nerophis ophidion* in dem von ihr bevorzugten Algenrasen der Meersaite *(Chorda filum)* kaum zu sehen, wenn sie sich mit ihrem Wickelschwanz an den fadenförmigen Algen festklammert.

Einen Höhepunkt der Mimese verkörpert der zu den Seepferdchen gehörende große Fetzenfisch *Phyllopteryx eques*, ein Bewohner der Korallenriffe vor der Küste Australiens. Er lebt hier im Gestrüpp der Algen und ist dieser Umgebung in seinem Aussehen vollkommen angepaßt. Durch die Form und Färbung seines Körpers, der mit auffallend verlängerten und flächig verbreiteten, lappenartigen Fortsätzen versehen ist, ähnelt dieser wunderliche Fisch Algen, die von der Brandung zerrissen sind.

Schrecktrachten

Beobachtungen und Versuche an Insekten haben gezeigt, daß plötzlich vorgezeigte Farbgegensätze einen potentiellen Feind abschrecken können. Wir finden solche Schreckfarbe etwa bei unserer heimischen Schnarrschrecke *Psophus stridulus*, die beim Auffliegen ihre in der Ruhe verdeckten, leuchtend roten Hinterflügel ausbreitet. Wenn der Totenkopfschwärmer *(Acherontia atropos)* oder das Abendpfauenauge *(Smerinthus ocellatus)* bei Beunruhigung ihre Flügel spreizen, werden plötzlich die lebhaften Farben ihrer Hinterflügel sichtbar.

Die bei vielen Schmetterlingen wie diesem nordamerikanischen Falter *Automeris io* vorkommenden Augenflecke werden als Schrecktrachten gedeutet, deren plötzliches Vorzeigen insektenfressende Vögel abschrecken soll.

Beim Abendpfauenauge besitzt jeder Hinterflügel eine charakteristische Augenzeichnung, wie wir sie ähnlich oder noch ausgeprägter auf den Flügeln vieler Schmetterlingsarten und auch auf Raupenkörpern finden. Es gibt dabei alle Übergänge von einfachen runden Flecken, die sich von der Grundfärbung deutlich abheben, zu solchen mit hellem Kontrastring und schließlich verblüffend augenähnlichen Zeichnungen, die in der »Pupille« sogar ein unsymmetrisches Glanzlicht haben.

Die schon im vergangenen Jahrhundert ausgesprochene Vermutung, daß durch das Vorzeigen dieser Augenflecke insektenfressende Vögel abgeschreckt werden, weil sie ihnen die Augen eines Feindes vortäuschen, konnte durch Beobachtungen und Experimente von Blest wahrscheinlich gemacht werden. So schrecken unerfahrene, im Käfig aufgezogene Goldammern regelmäßig zurück, wenn ein bedrohtes Tagpfauenauge *(Inachis io)* durch Aufklappen der Flügel und Vorziehen der Vorderflügel plötzlich die Augenflecke vorzeigt. Nach Beseitigung der Augenflecke durch Entfernung der farbigen Schuppen zeigen die Vögel keine Schreckreaktion und fressen die Schmetterlinge.

Daß die Schreckreaktionen der Vögel tatsächlich auf die vermeintliche Wahrnehmung von Augen eines Feindes zurückzuführen ist, konnte Blest durch Modellexperimente mit Attrappen zeigen. Er bot Buchfinken, Goldammern und Kohlmeisen auf einer Platte Mehlwürmer an. Wenn die Vögel sich zu fressen anschickten, projizierte er plötzlich rechts und links neben die Beute bestimmte Muster. Dabei ergab sich, daß die Vögel vor einfachen oder konzentrischen Ringen stärker als vor Balken oder Kreuzen zurückschreckten. Am stärksten war die Abschreckung bei der Projektion von je zwei exzentrischen Ringen, die Ähnlichkeit mit zwei konvergierenden Augen eines Wirbeltieres zeigten. Aus anderen Versuchen war schon bekannt, daß für Vögel die Augen eines Freßfeindes

Detailaufnahme des Roten Drachenkopfes *(Scorpaena scrofa)*. Die Tarnfärbung und bizarren Hautanhänge verleihen dem der Beute auflauernden Fisch einen Sichtschutz.

wichtige Schlüsselreize sind, die dessen Erkennung und eine Flucht auslösen.

Ob die in der Farbtracht vieler Fische vorkommenden Augenflecke eine vergleichbare Bedeutung im Sinne einer Schrecktracht haben, ist durch experimentelle Befunde noch nicht gesichert.

Warntrachten

Wir verstehen unter Warntracht auffällige Farbkleider von Tieren, die giftig, ekelhaft schmeckend, wehrhaft oder sonst irgendwie ungenießbar sind. Warntrachten unterscheiden sich von Schrecktrachten dadurch, daß ihre Wirkung auf die potentiellen Räuber durch unangenehme Erfahrung verstärkt wird, während Schrecktrachten durch wiederholte Erfahrung eher wirkungsloser werden.

Man findet bei Warntrachten häufig schwarz-gelbe oder schwarz-rote Kontrastfarben in charakteristischer Verteilung. Beispiele hierfür sind die schwarz-gelbe Streifung der stechenden Wespen oder die leuchtend gelben Flecken auf schwarzem Grund bei unserem Giftdrüsen besitzenden Feuersalamander. Schwarz-rote Kontrastfärbung als Warntracht finden wir unter unseren heimischen Tieren bei den Marienkäferchen (Coccinellidae) und in der Schmetterlingsgruppe der Widderchen oder Blutströpfchen (Zygaenidae).

Die Marienkäfer lassen bei starker Störung aus feinen Poren in den Gelenkhäuten ihrer Beine orangefarbene Tröpfchen von Blutflüssigkeit austreten, denen eine abschreckende, ekelerregende Wirkung auf die Käferfeinde zugesprochen wird. Ameisen, die mit dem Blut in Berührung kommen, fliehen und putzen sich intensiv. Allerdings dürften das Reflexbluten und die Warntracht nur eine begrenzte Schutzwirkung haben, da manche Vögel und Raubinsekten dennoch Marienkäfer verzehren.

Daß die schwarz-rote Warntracht den Widderchen einen relativen Schutz gegen ihre natürlichen Feinde, etwa manche Vögel, gewährt, ist durch Versuche mit dem gemeinen Blutströpfchen *Zygaena filipendulae* nachgewiesen worden. Die Schmetterlinge sind durch einen Ekelgeschmack geschützt, der wohl an ihr Blut gebunden ist. So konnte beim Zerreiben mehrerer Widderchen-Arten freie Cyanwasserstoffsäure nachgewiesen werden. Im Versuch verweigerten die Vögel schon nach den ersten Freßversuchen die weitere Annahme der Blutströpfchen.

Eine der eindrucksvollsten Warntrachten bilden die auffällig schwarz-rot-gelb geringelten amerikanischen Korallenschlangen. In der tropischen und subtropischen Zone Amerikas gibt es 75 Schlangenarten aus 18 Gattungen, die diese Korallentracht tragen. Da es unter ihnen neben sehr gefährlichen auch weniger giftige Arten und sogar ungiftige Schlangen gibt, werden wir hier mit einem komplizierten Problem der Entstehung dieser Warntracht konfrontiert, das der führende Reptilienkenner Robert Mertens erst im Jahre 1956 klären konnte. Wir werden später auf dieses interessante Kapitel der Tiertrachten zurückkommen.

Schützende Nachahmung durch Mimikry

Als der junge englische Naturforscher Henry Walter Bates 1848 im Alter von 23 Jahren gemeinsam mit Alfred Russel Wallace zu einer Forschungsreise nach Brasilien aufbrach, ahnte er kaum, daß seine 11 Jahre währende Sammeltätigkeit im Amazonasgebiet durch eine Entdeckung gekrönt werden sollte, die zu einer wesentlichen Stütze der gerade von Darwin begründeten Selektionstheorie wurde und bis heute mit seinem Namen verbunden blieb.

Unter den 14 000 von ihm gefangenen Insektenarten hatte er neben vielen anderen Schmetterlingen 94 Arten gesammelt, die er zu der Schmetterlingsfamilie der Heliconiden rechnete. Von diesen zählen die Entomologen heute 67 Arten zu den Ithomiinae und 27 zu den Heliconiinae. Bei der genauen Durchsicht seiner Ausbeute fand Bates zu seiner Überraschung unter diesen charak-

Die schwarzgelbe Kontrastfärbung des Pfeilgiftfrosches *Dendrobates leucomelos* dient als Warntracht, die das giftige Tier vor Freßfeinden schützen soll.

teristisch gezeichneten bunten Faltern einige Tiere, die sich trotz gleicher Farbtracht durch Besonderheiten des Flügelgeäders und der Extremitäten als Angehörige eines ganz anderen Verwandtschaftskreises auswiesen. Es handelte sich um Weißlinge (Pieridae), die durch weitgehende Übereinstimmung in der bunten Färbung, der Flügelform und der langsamen Flugweise von den Heliconiden kaum zu unterscheiden waren.

Bates zog aus seinen Beobachtungen den Schluß, daß die sehr häufigen Heliconiden als ungenießbare Tiere von insektenfressenden Vögeln gemieden werden und die ihnen täuschend ähnlichen Weißlinge denselben Vorteil genießen. Er prägte für diese täuschende Ähnlichkeit einer an sich ungeschützten Tierart mit einer durch Ungenießbarkeit, Giftigkeit oder Wehrhaftigkeit geschützten Art den Begriff »Mimikry«. Im Unterschied zu anderen Formen der Ähnlichkeit sprechen wir heute in diesen Fällen von Batesscher Mimikry.

In seinem 1861 erschienenen Werk über die Insektenfauna des Amazonasgebietes beschrieb Bates zahlreiche Beispiele für Mimikry, deren Entstehen er bereits mit Darwins Selektionstheorie erklärte. Er schrieb zur Ähnlichkeit der Weißlinge mit den ungenießbaren Ithomiinen: »Dieses Prinzip (welches die Ähnlichkeiten hervorruft) kann kein anderes sein als natürliche Zuchtwahl und die auslesenden Faktoren insektenfressender Tiere, welche jene Abänderungen oder Varietäten, welche nicht hinreichend Ithomiinen ähnelten, um sie zu täuschen, allmählich ausrotteten.«

Seit dieser ersten Beschreibung der Batesschen Mimikry sind zahlreiche weitere Fälle solcher schützenden Ähnlichkeit beschrieben worden. Die einschlägige Literatur wurde nahezu unüberschaubar. Bereits bis zum Jahre 1963 hatten sich etwa 1500 Veröffentlichungen mit der Mitteilung solcher Mimikrybeispiele sowie dem Für und Wider ihrer selektionistischen Erklärung beschäftigt.

Die im Regenwald Costa Ricas vorkommende giftige Korallenschlange *Micrurus nigrocinctus* besitzt eine der auffälligsten Warntrachten. Die Nachahmung dieser »Korallentracht« durch ungiftige Schlangen bildet ein eindrucksvolles Beispiel für Mimikry.

Durch die gelegentlich unkritische Beschreibung neuer Fälle von Mimikry nur aufgrund von Sammlungsmaterial kam das ganze Problem der Schutzanpassung zeitweilig in Verruf. Sorgfältige Studien neueren Datums konnten jedoch eindeutig zeigen, daß es neben zufälligen Ähnlichkeiten zweier Tierarten auch zahlreiche Fälle echter Mimikry gibt.

Es überrascht nicht, daß die Schmetterlingsmimikry bei Tieren des tropischen Regenwaldes entdeckt wurde, da dieser Lebensraum ja besonders reich an Tieren mit Schutztrachten ist. Hier war Bates die faszinierende Übereinstimmung der zu den Weißlingen zählenden südamerikanischen *Leptalis*-Arten mit den von Insektenfressern gemiedenen, im gleichen Lebensraum vorkommenden *Ithomia*-Arten aufgefallen. Im tropischen Asien sind es Schmetterlingsarten der Danainen, Euploeinen sowie die Papilioniden-Gattung *Pharmacophagus*, in Afrika die Danainen und Acraeiden, die als Schutzspender von gleichaussehenden Arten anderer Verwandtschaftsgruppen dienen. Von besonderem Interesse ist die Tatsache, daß bei Schutzspendern mit geographischer Rassenbildung die nachahmenden Arten ebenfalls entsprechend aussehende Rassen entwickelt haben. So entsprechen in Afrika den drei geographischen Rassen von *Danais chrysippus* auch drei täuschend ähnlich aussehende Rassen der nachahmenden Art *Hypolimnias misippus*.

Mimikry finden wir nicht nur bei Schmetterlingen. In unserer heimischen Fauna gibt es eine Reihe von Beispielen für Wespen-Mimikry. So wird die schwarz-gelb geringelte Farbtracht der durch ihren Wehrstachel gegen zahlreiche Verfolger geschützten Wespen von vielen Schwebfliegen (Syrphidae) und unter den Schmetterlingen von dem Hornissenschwärmer *Trochilium apiforme* nachgeahmt.

Eigenartige Fälle von Mimikry zwischen Käfern und Schaben sind von den Philippinen bekannt geworden.

Mehrere Schabenarten der Gattung *Prosoplecta* ahmen hier in überraschender Weise Marienkäfer (Coccinellidae) und Blattkäfer (Chrysomelidae) nach, die für Insektenfresser ungenießbar sind. Während Schaben sonst in Spalten oder Ritzen eine versteckte Lebensweise führen oder in den Tropen durch eine grüne Tarnfarbe geschützt sind, zeichnen sich die *Prosoplecta*-Arten durch eine offene Lebensweise und auffällige Färbung aus. Ihre Käfer-Mimikry gewährt ihnen offenbar trotz dieser für Schaben ungewöhnlichen Eigenschaften einen hinreichenden Schutz.

Es ließen sich viele weitere Mimikry-Fälle bei Insekten anführen. Bei den Wirbeltieren waren demgegenüber nur wenige Beispiele zu finden. Unter den Säugetieren Borneos soll eine solche schützende Ähnlichkeit zwischen mehreren Arten der Spitzhörnchen oder Tupaias, die durch widerlich schmeckendes Fleisch geschützt sind, und mehreren Eichhörnchen-Arten bestehen, die von ihnen praktisch kaum unterschieden werden können. Auf die vielzitierte Schlangenmimikry zwischen hochgiftigen Korallenottern und ungeschützten, harmlosen Nattern soll in anderem Zusammenhang ausführlicher eingegangen werden.

Warngemeinschaften

Bereits dem Entdecker der Mimikry Bates war aufgefallen, daß eine täuschende Ähnlichkeit zweier Schmetterlingsarten nicht nur zwischen einem durch seine Ungenießbarkeit geschützten Modell und dem an sich ungeschützten Nachahmer vorkommt. Er beobachtete, daß auch ungenießbare Schmetterlingsarten, die nicht näher miteinander verwandt sind, einander in Färbung, Zeichnungsmuster und Flügelform sehr ähnlich sein können. Eine einleuchtende Erklärung für dieses zunächst überraschende Phänomen fand 1878 der deutsche Naturforscher Fritz Müller, dem während seiner jahrzehntelangen Forschungstätigkeit in Brasilien zahlreiche botanische und zoologische Entdeckungen zu verdanken sind.

Müller ging von der Überlegung aus, daß ein insektenfressender Vogel oder anderer Räuber erst einmal lernen muß, welcher Schmetterling genießbar und welcher ungenießbar ist. Der Schutz einer ungenießbaren Schmetterlingsart erfordert zunächst die Opferung einiger Individuen dieser Art. Wenn nun zwei ungenießbare Arten gleich aussehen, wird für jede Art das Opfer nur halb so groß, da es für den Räuber gleichgültig ist, an welcher er die Warnfärbung erlernt. Die Zahl der Individuen, die pro Räuber zu opfern sind, verteilt sich auf alle Arten, die ein gemeinsames »Warnkleid« besitzen. Je mehr Arten ein gemeinsames Warnsignal entwickelt haben, desto geringer ist der Verlust der einzelnen Art.

Die Ausbildung einer solchen Warngemeinschaft geschützter ungenießbarer Arten wurde als »Müllersche Mimikry«, die Gruppe dieser Arten als »Mimikry-Ring« bezeichnet. Es ist bemerkenswert, daß sich in einem solchen Mimikry-Ring neben mehreren ungenießbaren Arten auch noch täuschend ähnlich aussehende, an sich ungeschützte Nachahmer finden können. Der Müllerschen Mimikry sind dann Fälle von Batesscher Mimikry angeschlossen.

Mimikry-Ringe können zahlreiche Arten umfassen, die auf engstem Raum nebeneinander leben. So berichtete J. W. Kaye 1906 in den »Transactions of the entomological Society of London«, daß die in Britisch-Guayana auf einer 25 km langen Waldstraße gefangenen Schmetterlinge zur Hälfte aller Individuen einem einzigen Mimikry-Ring angehörten, der 19 Arten umfaßte, die den Familien der Nymphaliden, Danaiden und Eryciniden angehörten.

Es wurden viele solche Müllersche Mimikry-Ringe gefunden. Aus unserer heimischen Fauna sei nur das Beispiel der Wespen erwähnt. Die Weibchen der Faltenwespen sind durch ihren Wehrstachel vor vielen Freßfeinden geschützt. Sie besitzen eine schwarz-gelb-geringelte Warnfärbung, auf die im Zusammenhang mit der Batesschen Mimikry bereits hingewiesen wurde. Da sich eine ganze Anzahl Wespenarten durch eine ähnliche Warnfärbung auszeichnen, können wir hier durchaus von einem Mimikry-Ring sprechen, obwohl diese verschiedenen Wespenarten ihre übereinstimmende Färbung möglicherweise von einem gemeinsamen Vorfahren ererbt haben. Ähnlich wie bei dem erwähnten Mimikry-Ring südamerikanischer Schmetterlinge haben sich auch dem Müllerschen Mimikry-Ring unserer Wespen ungeschützte Schwebfliegen und andere Insekten nach dem Prinzip der Batesschen Mimikry in ihrer Farbtracht angeschlossen.

Mertenssche Mimikry

Es war bereits im vergangenen Jahrhundert bekannt, daß es unter den auffällig schwarz-rot-gelb geringelten »Korallenschlangen« Südamerikas giftige und ungiftige

Die »Plakatfärbung« des Pfauenkaiserfischs *(Pygoplites diacanthus)* signalisiert anderen Artgenossen, daß ein bestimmtes Revier bereits besetzt ist.

Arten gibt. Der Gedanke war naheliegend, daß es sich bei der Färbung der ungiftigen Arten um einen typischen Fall von Mimikry handelt. Das Verständnis dieser Mimikry bereitete jedoch lange Zeit gewisse Schwierigkeiten, da die »echten« Korallenschlangen zu den giftigsten Schlangen gehören. Wenn der Biß einer solchen Schlange jedoch zum Tode führt, kann kein potentieller Schlangenfeind aus der Erfahrung lernen, daß es sich bei der auffälligen Korallenschlangentracht um eine Warnfärbung handelt, die er künftig meiden muß. Dies würde bedeuten, daß die Ähnlichkeit der ungiftigen Schlangen ebenfalls nicht als Batessche Mimikry gedeutet werden kann. Eine Klärung dieses scheinbaren Widerspruches verdanken wir dem führenden Reptilienkenner Robert Mertens, der sich 1956 ausführlich mit den Problemen beim Auftreten von Mimikry auseinandersetzte.

In den tropischen und subtropischen Gebieten Amerikas leben 75 Schlangenarten aus 18 Gattungen, die eine Korallentracht tragen. Sie gehören zu den beiden Familien der Giftnattern (Elapidae) und Nattern (Colubridae). Die ungiftigen Arten sind offensichtlich Nachahmer der giftigen Korallenschlangen im Sinne der Batesschen Mimikry. Unter den giftigen Schlangen gibt es neben den sehr giftigen *Micrurus*-Arten mit tödlicher Wirkung ihres Bisses auch mäßig giftige Arten.

Vorbilder der ungiftigen Schlangen sind nun nicht, wie man zunächst meinen könnte, die wehrhaftesten Arten. Ihr Biß würde dem Schlangenfeind kein Lernen erlauben. Es ist vielmehr anzunehmen, daß als Mimikry-Modelle allein die mäßig giftigen Korallenschlangen in Frage kamen. Sie waren einerseits die Vorbilder für ihre ungiftigen Nachahmer, wurden andererseits aber auch von den sehr giftigen Arten nachgeahmt. Da die Schutzwirkung der Warntracht bei den mäßig und stark giftigen Korallenschlangen nicht auf Gegenseitigkeit beruht, kann man hier nicht von Müllerscher Mimikry sprechen. Wolfgang Wickler hat deshalb für die Warntracht der Korallenschlangen die Bezeichnung »Mertenssche Mimikry« vorgeschlagen.

Trachten zur innerartlichen Verständigung

Schrecktrachten und Warntrachten dienen der zwischenartlichen Verständigung. Farb- und Formtrachten können aber auch im Dienste der innerartlichen Verständigung stehen und der Arterkennung oder Geschlechterfindung dienen. In vielen Fällen bewirken bereits einzelne ihrer Merkmale als Signale beim Geschlechtspartner oder anderen Tieren derselben Art die Auslösung bestimmter Verhaltensreaktionen. Solche optischen »Auslöser« spielen vor allem bei Tieren eine Rolle, die über ein hochentwickeltes Sehvermögen verfügen. Es überrascht nicht, daß zu ihnen gerade jene Tiergruppen gehören, die sich durch besonders prächtige Farbtrachten auszeichnen, wie die Schmetterlinge, Vögel oder Fische.

Zu den auffälligsten Farbtrachten, die bei Tieren vorkommen, gehören die vieler Korallenfische. Sie zeichnen sich durch Farbmuster aus, in denen grelle Farben großflächig und kontrastreich nebeneinandergestellt sind. Da die weithin sichtbaren und aufgrund der Einfachheit ihrer Muster kaum verwechselbaren Fische gewissermaßen wandelnden Plakaten gleichen, hat man ihr Farbkleid als »plakatfarbig« bezeichnet.

Es war kein Geringerer als der Begründer der vergleichenden Verhaltensforschung Konrad Lorenz, der sich die Frage stellte, »wozu in aller Welt diese Fische so bunt sind«. Die Lösung dieses Rätsels gelang ihm durch genaue Beobachtung des Verhaltens der Korallenfische im Aquarium und in ihrem natürlichen Lebensraum. Er fand, daß es unmöglich ist, in einem kleineren Aquarium mehr als ein Individuum einer plakatfarbigen Art zu halten, da die Anwesenheit mehrerer Tiere zu wütenden Kämpfen führt. Dieses Verhalten konnte Lorenz in Florida durch Beobachtungen im freien Meer bestätigen, wo jeweils Einzelfische mehrerer plakatfarbiger Arten, die unterschiedliche Muster zeigen, friedlich nebeneinander leben können. Die Aggressivität richtet sich also nur gegen Angehörige der eigenen Art.

Nun sind freilich nicht alle Korallenfischarten so angriffslustig. Vergleicht man eine Reihe unverträglicher und friedlicher Arten miteinander, so ergibt sich ein enger Zusammenhang zwischen Färbung, Aggressivität und Ortstreue. Die extreme, auf Artgenossen gerichtete Angriffslust findet sich bei jenen Arten, die sich durch auffällige Plakatfärbung und große Ortstreue auszeichnen. Die Plakatfärbung dieser Korallenfische dient offensichtlich dazu, anderen Angehörigen derselben Art schon auf große Entfernung zu signalisieren, daß ein bestimmtes Revier bereits besetzt ist. Wenn bei vielen Kaiserfisch-Arten die Jungfische ein völlig anderes Farbkleid als die erwachsenen Tiere tragen, so dient das wahrscheinlich dazu, um nicht von den Erwachsenen als Artangehörige erkannt zu werden. Die Jungtiere färben sich erst dann um, wenn sie groß genug sind, um Revierkämpfen gewachsen zu sein.

Die Gestalt im Lebenszyklus

Wenn wir von der Erscheinung eines Tieres sprechen, so haben wir in der Regel die optische Gestaltung des erwachsenen, geschlechtsreifen Organismus im Sinn. Lebewesen verändern sich jedoch im Ablauf ihres Lebens ständig, sind somit nur in ihrem ganzen Lebenszyklus vollständig zu erfassen. Sie stellen Raumzeitgefüge dar, deren äußere Erscheinung in der Zeitfolge einem gesetzmäßigen Wandel unterliegt. Wenn wir als wesentliche Komponenten der Erscheinung des erwachsenen Tieres dessen Symmetrieeigenschaften, Proportionen, Hautstrukturen, Farbgebung und Zeichnungsmuster betrachtet haben, so ergibt sich hier die Frage, wie diese Komponenten sich im Verlaufe des Lebenszyklus entwickeln und wandeln.

Wir können im allgemeinen bei den Tieren vier Perioden ihrer Entwicklung und ihres Lebens unterscheiden. Die Embryonalentwicklung umfaßt den Zeitraum von der Befruchtung des Eies bis zum Verlassen der Eihüllen oder der Geburt. Als Jugendperiode wird die Zeit vom Übergang zum freien Leben nach der Embryonalentwicklung bis zur Erlangung des erwachsenen Zustandes bezeichnet. Die Reifeperiode des ausgebildeten geschlechtsreifen Tieres bezeichnet den Höhepunkt der Entwicklung, der bei den Wirbeltieren und vielen Wirbellosen einen langen Zeitraum relativer Konstanz der Erscheinung umfaßt. Während der Altersperiode oder Seneszens des Tieres ist ein allmählicher Abbau und Verfall der Organe und Strukturen zu beobachten.

Bildung der Körpergrundgestalt

Die Embryonalentwicklung der Tiere beginnt mit der Furchung des befruchteten Eies und führt im zweiten Abschnitt dieses Zeitraumes zur Ausbildung der Körpergrundgestalt, die bereits den Grundbauplan des Tierstammes erkennen läßt, zu dem die betreffende Form gehört. Der sich anschließende dritte Abschnitt der Embryonalentwicklung ist durch die morphologische und histologische Sonderung der Organsysteme charakterisiert.

Für die Ausbildung der Gestalt und äußeren Erscheinung eines Tieres ist die Entwicklung der Körpergrundgestalt von wesentlicher Bedeutung. In ihr werden die Symmetrieverhältnisse des Tierkörpers angelegt, denen alle übrigen Merkmale der tierischen Erscheinung überlagert sind. Mit der Ausbildung der Körpergrundgestalt wird die gesamte Richtungsorganisation des tierischen Organismus erkennbar. Die Organanlagen nehmen im Keim ihre charakteristischen Lagebeziehungen ein. Es wird beim bilateralsymmetrischen Tier festgelegt, wo im Tierkörper dorsal, ventral, vorn, hinten, rechts und links ist. Für die außerordentlich einheitlich geformte Körpergrundgestalt der Wirbeltiere bedeutet dies, daß die Dorsal-Ventral-Richtung durch die Aufeinanderfolge von Neuralrohr als Anlage des Nervensystems, Chorda als Vorstufe der Wirbelsäule, Darmanlage und Herzanlage bestimmt wird. Die Unterscheidung von Vorder- und Hinterende wird durch eine Gliederung des Neuralrohrs in Hirnteil und Rückenmark sowie die Differenzierung der Darmanlage in Kiemen- und Rumpfdarm deutlich. Ausdruck der Rechts-Links-Ordnung ist die klare bilateralsymmetrische Ausbildung des mittleren Keimblatts.

Bei den meisten Tiergruppen werden wie bei den bilateralsymmetrischen Wirbeltieren und Gliederfüßern die embryonal ausgebildeten Symmetrieverhältnisse direkt in die des erwachsenen Tierkörpers übernommen. In manchen Verwandtschaftsgruppen erfolgt jedoch im Lebenszyklus der Tiere ein Symmetriewechsel. So entstehen bei den Stachelhäutern zunächst eindeutig bilateralsymmetrische Larvenformen. Die Radiärsymmetrie der ausgebildeten Seesterne, Seeigel oder Schlangensterne wird erst sekundär im Rahmen eines komplizierten Metamorphoseprozesses ausgebildet.

Jugendgestalt und Reifegestalt

Es ist gewiß eine der reizvollsten Aufgaben der Biologie, zu verfolgen, welchen Weg die Entwicklung der tierischen Gestalt von den undifferenzierten Frühstadien der Embryonalentwicklung über die zu freiem Leben befähigten Jugendstadien zur Reifegestalt des erwachsenen Tieres nimmt. Generationen von Zoologen haben sich die Erforschung dieses Gebietes zur Lebensaufgabe gemacht, seit der große Jan Swammerdam vor über 300 Jahren in intensiver Forschungsarbeit die Entwicklung der Insekten untersuchte und in der erst nach seinem Tode erschienenen »Biblia naturae« beschrieb. Die Entwicklung zahlloser Tierformen wurde in einem kaum überschaubaren Schrifttum geschildert, in dem dennoch nur eine repräsentative Auswahl der über eine Million bekannten Tierarten berücksichtigt werden konnte.

Unter der Vielfalt der beschriebenen Wege tierischer Gestaltwerdung gibt es die verschiedensten Grade der

Aus der Puppe schlüpfender Kleiner Fuchs *(Vanessa urticae)*. Der Gestaltwandel der Schmetterlinge von der Raupe über die Puppe zum Falter fasziniert uns heute noch ebenso wie vor über 300 Jahren Jan Swammerdam.

Ähnlichkeit zwischen den früheren Jugendstadien und den erwachsenen Tierformen. Bei manchen Tiergruppen führt über die embryonal angelegte Körpergrundgestalt ein relativ geradliniger Weg von der Jugendform zur Reifegestalt. Die Entwicklung der Wirbeltiere ist ein Beispiel für solchen direkten Entwicklungsgang.

In anderen Tiergruppen sind die ersten freilebenden Stadien von den erwachsenen Formen so verschieden, daß sie vielfach als eigene Tierarten beschrieben wurden. Erst durch Zuchtversuche und eingehende Beobachtung der Entwicklung konnte häufig festgestellt werden, daß es sich um Jugendformen längst bekannter Tierarten handelt.

Die Umwandlung der Raupe in den Schmetterling ist gewiß seit langem das bekannteste Beispiel tiefgreifender Umwandlungsprozesse eines ganz anders gestalteten Jugendstadiums in die Reifegestalt des erwachsenen Tieres. Welche Faszination vom Studium dieses Entwicklungsprozesses seit jeher auf die Forscher ausging, hat wohl niemand mit beredteren Worten zum Ausdruck gebracht als Swammerdam. In seiner Bibel der Natur begann er die Beschreibung der Schmetterlingsentwicklung mit den Worten: »Die Geschichte, die ich jetzo . . . will beschreiben, ist nach allen Umständen so wunderbar, daß man sie mit Recht unter die unerklärten Zufälle der Romane bringen könnte, woferne sie nicht auf die unumstößliche Wahrheit gegründet wäre.«

Was hätte Swammerdam wohl gesagt, wenn ihm die Jugendentwicklung vieler Tiergruppen des Meeres bekannt gewesen wäre? Deren Entdeckungsgeschichte begann erst im 19. Jahrhundert, als der große Berliner Zoologe Johannes Müller bei seinen meeresbiologischen Studien 1845 auf Helgoland die überraschende Beobachtung machte, daß sich aus einer mikroskopisch kleinen, glasartig durchsichtigen Larvenform ein so ganz anders gestalteter Seeigel entwickelt. Es begann damit eine Periode intensiver Entwicklungsforschung, die uns mit einer Vielzahl seltsamer Gestaltumwandlungen bei Meerestieren bekannt machten. Wir finden solche bei den verschiedenen Gruppen der Würmer, Muscheln, Schnecken, Stachelhäuter und Krebse, die alle ihre Entwicklung über charakteristische Larvenformen nehmen.

In den Lehrbüchern der Zoologie wird seit dem vergangenen Jahrhundert meist zwischen den beiden oben angesprochenen Entwicklungswegen der direkten Entwicklung und der indirekten Entwicklung über Larvenformen unterschieden. Wie die Schweizer Zoologen Geigy und Portmann zeigten, kann mit einer solchen einfachen Unterscheidung das Wesen der mannigfaltigen Entwicklungsarten der Tiere nur unzureichend erfaßt werden. Ausgangspunkt für ein tiefergehendes Verständnis der Vielfalt tierischer Gestaltbildung ist die Klärung des Wesens einer Larve.

Die Gestalt der Larven

Als Larve bezeichnen wir ein in der Regel frei lebendes Entwicklungsstadium eines Tieres, das auf dessen Embryonalstadium folgt, sich von ihm und dem erwachsenen Tier aber durch Besitz zeitweiliger Larvenorgane unterscheidet. Diese spezifischen Organbildungen stehen in den meisten Fällen im Dienste der Fortbewegung und Ernährung des Larvenstadiums. Sie üben ihre Funktion nur während der Larvalperiode aus und werden nicht in den Körper des erwachsenen Tieres übernommen. Andererseits ist bemerkenswert, daß manche Teile des Larvenkörpers, die für die Gestalt des reifen Tieres wesentlich sind, während der Larvalperiode auf embryonalem Zustand verharren. Das bekannteste Beispiel hierfür sind die Imaginalscheiben der Insekten, aus denen die ihren Larven fehlenden Körperanhänge, in jedem Fall somit die Flügel und die Genitalanhänge hervorgehen.

In der Blütezeit der beschreibenden Entwicklungsforschung wurde von den Zoologen eine beeindruckende Vielfalt von Larvenformen der verschiedensten Tiergruppen beschrieben. Hier kann nur auf einige markante Beispiele des larvalen Formenreichtums hingewiesen werden. Von besonderem Interesse sind die Wimperlarven einer Reihe wirbelloser Tierstämme, die vorwiegend im Meer leben. Hierzu zählen unter anderem die »Müllersche Larve« der Meeresstrudelwürmer, die »Pilidium-Larve« der Schnurwürmer, die »Veligerlarve« der Schnecken und Muscheln sowie die »Trochophoralarve« der Ringelwürmer und einiger anderer Wurmgruppen.

Alle diese Larven besitzen charakteristische Wimperbänder, die der Fortbewegung im Plankton, manchmal auch der Ernährung dienen. Man hat diese Larven vielfach auf den Typ der Trochophora zurückzuführen versucht, deren Aussehen vor allem durch einen zirkulär um den Larvenrumpf verlaufenden Wimpernkranz bestimmt wird. Unter dem Einfluß der aufblühenden Abstammungslehre war im Sinne des biogenetischen Grundgesetzes mit der vieldiskutierten Trochophora-Theorie diesem Larvenstadium eine überragende Bedeutung als Stammform der bilateral-symmetrischen Tiergruppen zugesprochen worden. Wenn diese Vorstellung auch sicherlich heute nicht mehr haltbar ist, so hat sie doch in der Diskussion der Entstehung tierischer Bauplantypen eine wichtige historische Rolle gespielt.

Einen ganz anderen Larventyp verkörpern die ebenfalls als Plankton lebenden Wimperlarven der Stachelhäuter. Auch sie lassen sich auf einen Grundtyp zurückführen, der aufgrund seiner zweiseitigen Symmetrie als »Dipleurula« bezeichnet wird. Die Bewimperung dieser kleinen Larve konzentriert sich zunächst auf ein etwa trapezförmiges Wimperband, das im Bereich des Vorderkörpers den Mund umzieht. Dieses Wimperband erfährt im Verlauf der Larvalentwicklung eine erhebliche Oberflächenvergrößerung, indem es sich auf armartige, als Schwebefortsätze dienende Auswüchse des Larvenkörpers erstreckt, die bei jeder Stachelhäutergruppe eine charakteristische Anordnung aufweisen. Es entstehen so die »Auricularia« der Seegurken, die »Bipinnaria« der Seesterne und die durch teilweise extrem schlanke und zerbrechliche Arme ausgezeichneten »Pluteus«-Larven der Seeigel und Schlangensterne.

Die Larven vom Typ der Trochophora oder Dipleurula bilden ihre Sonderorgane auf einem sehr frühen Entwicklungsstadium aus. In vielen Fällen geschieht dies unmittelbar nach Bildung der Gastrula, jenes charakteristischen Frühstadiums der tierischen Entwicklung, in dem der Keim gerade ein Darmrohr ausgebildet und damit den zweischichtigen Aufbau aus äußerem und innerem Keimblatt erlangt hat. Wir bezeichnen solche Larvenformen als »Frühlarven« oder »Primärlarven«.

Frühlarven lassen die Körpergrundgestalt des betreffenden Tieres und damit seine systematische Zugehörigkeit zu einem bestimmten Tierstamm noch nicht direkt erkennen. Der Bauplan der Reifegestalt wird erst im Verlaufe der weiteren Entwicklung dieser Larven deutlich erkennbar. Im Hinblick auf die Ausbildung der Symmetrieverhältnisse der erwachsenen Formen kann man bei ihnen allerdings zwei unterschiedliche Entwicklungswege beobachten. Während bei den Frühlarven des Trochophora-Typs bereits die Bilateralsymmetrie der Reifegestalt angelegt ist, bilden die ebenfalls bilateralen Wimperlarven der Echinodermen die Radiärsymmetrie des erwachsenen Tieres erst im Verlaufe eines komplizierten Metamorphoseprozesses aus.

Wenn die charakteristischen Larvenorgane erst nach Ausbildung der Körpergrundgestalt entwickelt werden, entstehen »Spätlarven« oder »Sekundärlarven«. Sie lassen ihre Zugehörigkeit zu einer bestimmten Tiergruppe viel leichter erkennen als die Frühlarven. Typische Spätlarven finden wir in großer Vielgestaltigkeit und oft bizarrer Form bei den Krebsen. Viele von ihnen haben Schwebeorgane in Form von abenteuerlichen Körperfortsätzen ausgebildet, die ihnen eine frei schwebende Lebensweise im Wasser ermöglichen.

Da das Wachstum der Krebse wie das aller Gliederfüßer mit periodischen Häutungen verbunden ist, kann man bei ihnen in der Regel mehrere deutlich abgrenzbare Larvenstadien unterscheiden, die vielfach mit besonderen Namen belegt wurden. Bei vielen Krebsgruppen beginnt die Larvalentwicklung mit der »Naupliuslarve«, die durch den Besitz von drei mit Gliedmaßen versehenen Segmenten und ein unpaares Naupliusauge charakterisiert ist.

Über eine für die einzelnen Gruppen charakteristische Anzahl von Larvenstadien wird dann die Reifegestalt des Krebses ausgebildet. So gibt es unter den Ruderfußkrebsen Arten, die 12 Larvenstadien mit jeweils unterschiedlicher Anzahl von Körpersegmenten durchlaufen.

Auch die Insekten bilden typische Spätlarven aus, deren Gestalt und Entwicklungsgang freilich bei den einzelnen Insektenordnungen sehr unterschiedlich sind. Die Entomologen unterscheiden zwei Haupttypen der Insektenmetamorphose, bei denen die Gestaltbildung des geschlechtsreifen Tieres in sehr verschiedener Weise erfolgt. Diese erfolgt entweder auf dem Wege einer unvollkommenen Verwandlung (Hemimetabolie) oder als vollkommene Metamorphose (Holometabolie).

Bei Insekten mit unvollkommener Verwandlung zeigt bereits das aus dem Ei kriechende Jungtier eine weitgehende Ähnlichkeit mit der erwachsenen Form. Merkmale des geschlechtsreifen Tieres, wie die äußeren Geschlechtsorgane oder die Flügel, werden schon in frühen Entwicklungsstadien angelegt und vergrößern sich von Häutung zu Häutung. Unter den Gruppen mit unvollkommener Metamorphose zeichnen sich die Eintagsfliegen, Steinfliegen und Libellen dadurch aus, daß ihre Larven im Wasser leben und in Anpassung an diese Lebensweise Tracheenkiemen als charakteristische Larvenorgane ausgebildet haben und damit gegenüber den Reifeformen fremdartige Gestaltsmerkmale aufweisen. Bei den räuberischen Libellenlarven wird dieser Eindruck durch den Besitz der eigentümlichen Fangmaske verstärkt. Die Schaben, Heuschrecken, Wanzen oder Zikaden, deren Larven terrestrisch leben, zeigen noch eindrucksvoller, wie in der Larvalentwicklung schrittweise die Gestalt des erwachsenen Tieres ausgebildet wird.

Bei den Insekten mit vollkommener Verwandlung ist die Verschiedenheit der Larvenstadien und des geschlechtsreifen Tieres viel ausgeprägter als bei den hemimetabolen Formen. Dies zeigt ein Vergleich von Raupe und Schmetterling ebenso wie der von Käferlarve und ausgebildetem Käfer oder gar die Gegenüberstellung der äußerlich kaum gegliederten Fliegenmade mit dem hochdifferenzierten Körper der Fliege. Wesentlich ist für die vollkommene Metamorphose dieser Insektenordnungen, daß zwischen die Larvenstadien und das geschlechtsreife Tier ein ruhendes und zur Nahrungsaufnahme nicht befähigtes Puppenstadium eingeschaltet ist.

Der Gestaltwandel ist hier im wesentlichen auf die beiden letzten Häutungen beschränkt. Mit der Puppenhäutung werden plötzlich die Flügelanlagen und bei den Schmetterlingspuppen auch der Saugrüssel äußerlich sichtbar, deren Anlagen freilich innerlich lange vorbereitet waren. Während der Puppenruhe laufen dann tiefgreifende innere Abbau- und Aufbauprozesse ab.

Unter den Wirbeltieren gibt es bei einigen Knochenfischen und Amphibien typische Larvenformen. Durch den Besitz äußerer Kiemen zeichnen sich die Laven des Nilhechts *Gymnarchus niloticus*, des afrikanischen Flösselhechts *Polypterus* sowie der afrikanischen und südamerikanischen Lungenfische aus. Absonderliche Fischlarvengestalten entstehen durch extreme Verlängerung der Flossenstrahlen beim Anglerfisch *Lophius* und in noch extremerer Form bei der Gattung *Trachipterus*, wo die Flossenfäden die ganze Körperlänge übertreffen. Es handelt sich hier unzweifelhaft um Schwebeeinrichtungen, wie wir sie ja auch bei den marinen Larven vieler wirbelloser Tiere kennengelernt haben. Bizarre Larvenformen mit extrem verlängertem ersten Flossenstrahl der Rückenflosse wurden auch von den Nadelfischen *(Carapus)* beschrieben, die in Seegurken kriechen und dort eine merkwürdige schmarotzende Lebensweise führen. Ganz andere Sonderbildungen zeigen die schlangenartig gestreckten Larven des Tiefseefisches *Stylophthalmus paradoxus*, deren Augen auf langen Stielen stehen. Auch unser Flußaal nimmt seine Entwicklung über eine Larvenform, deren seitlich abgeplattete, weidenblattähnliche Gestalt sehr wenig Ähnlichkeit mit der schlangenförmigen Gestalt des erwachsenen Aals hat.

Die bekanntesten Larven der Wirbeltiere sind ohne Zweifel jene der Amphibien. Haben wir nicht alle als Kinder mit Begeisterung Kaulquappen gefangen und verwundert zur Kenntnis genommen, daß aus den fischähnlichen, beinlosen Larven, die einen Ruderschwanz, Kiemen und Sauggruben besitzen, die so ganz anders gestalteten Frösche werden? Seit Rösel von Rosenhof 1758 seine Naturgeschichte der Frösche unter dem Titel »Historia naturalis ranarum nostratium« veröffentlichte, ist die Entwicklung des Frosches Gegenstand zahlloser beschreibender und experimenteller Untersuchungen geworden. Die Metamorphose der Amphibien wurde so neben jener der Schmetterlinge zu einem der bestuntersuchten Entwicklungsprozesse der Tiere.

Das Weibchen des Zwerg-Panamabaumsteigers *(Dendrobates pumilio)* transportiert auf seinem Rücken zwei Kaulquappen zu einer Wasserstelle und dokumentiert so eindrucksvoll den Gestaltwandel des Frosches.

Die Jungtiere der Vögel und Säugetiere

Reptilien, Vögel und Säugetiere zeichnen sich im Unterschied zu den Amphibien stets durch eine direkte Entwicklung aus. Larvenformen werden von ihnen niemals ausgebildet. So schlüpfen die Reptilien durchweg als Jungtiere aus dem Ei, die den erwachsenen Formen bereits recht ähnlich sind und sofort ein selbständiges Leben führen. Vögel und Säugetiere zeigen demgegenüber eine ausgeprägte Brutpflege, die das Jungtier von der Elterngeneration mehr oder weniger abhängig macht. Je nach dem Grad dieser Abhängigkeit kann man in beiden Gruppen Nestflüchter und Nesthocker unterscheiden, deren Gestaltähnlichkeit mit den Reifeformen unterschiedlich ausgeprägt ist.

Von unseren heimischen Vögeln gehören zu den eigentlichen Nesthockern vor allem die Sperlingsvögel und Spechte, aber auch die Racken, Tauben und Kuckuck. Nestflüchter finden wir bei den Hühnervögeln, Enten, Regenpfeifern, Rallen und Kranichen. Die Greifvögel, Störche und Reiher nehmen eine Zwischenstellung ein.

Jungvögel, die das Ei als Nesthocker verlassen, sind noch nackt, ihre Augen und Ohröffnungen sind verschlossen. Trotz ihres noch sehr unentwickelten Zustandes sind sie jedoch häufig mit einer Reihe Sonderbildungen ausgestattet, die nur im Zusammenhang mit der Brutfürsorge der Eltern verständlich werden. Es sind hier vor allem die auffälligen Rachenfärbungen und die leuchtenden, dicken Schnabelwülste der jungen Singvögel zu nennen, die beide im Dienste einer charakteristischen Verhaltensweise, des »Sperrens« des Jungvogels stehen. Wenn der junge Vogel seine Eltern um Nahrung anbettelt, ihnen den Hals entgegenstreckt und den Schnabel weit aufsperrt, dient die artspezifische Färbung des Sperrrachens zugleich als ein die Fütterung auslösendes Reizmittel und als Erkennungsmerkmal.

Es ist bemerkenswert, daß die leuchtend roten und gelben Farbtöne von Rachen und Schnabelwulst der Nesthocker dieselben sind, mit denen in den Tropen Vogelblumen ihre Bestäuber anlocken oder die wir in unseren Breiten bei Beeren und Früchten finden, die von Vögeln gefressen werden. Sie sind offenbar auf den Farbensinn der Vögel abgestimmt.

Bei vielen Vogelarten zeigen die Rachen der Jungvögel nicht nur eine leuchtende Färbung, sondern auch eine charakteristische Rachenzeichnung und gelegentlich farbige Papillenbildungen am Rachen, die so wie die Saftmale der Blüten den Weg markieren, auf dem vom Altvogel die Nahrung eingeführt werden soll. Bei manchen Höhlenbrütern kann dieser Weg noch durch perlenförmige Hautverdickungen markiert sein, die als Leuchtperlen durch Zurückwerfen des Lichtes den Rachen des Jungvogels in der Höhle besser sichtbar machen.

Trotz dieser Sonderbildungen der Jungvögel, die später wieder zurückgebildet werden, kann man nicht von Larvalmerkmalen sprechen. Larvenorgane sind Bildungen im Dienste einer selbständigen Lebensweise des Jungtiers. Hier handelt es sich jedoch um Sonderbildungen im Zusammenhang mit der Abhängigkeit des Nesthockers vom Altvogel.

Wie anders als die Gestalt des eben geschlüpften Nesthockers muten jene der Nestflüchter unter den Vögeln an! Jugendformen, die jedermann von den Hühner- und Entenküken wohlbekannt sind, schlüpfen auf einem viel weiter entwickelten Stadium und sind den alten in Gestalt und Verhalten viel ähnlicher. Die Proportionen dieser Jungvögel sind freilich von jenen der Altvögel noch verschieden. Sie sind es zum guten Teil, die uns die kleinen Federbällchen der Nestflüchterküken so liebenswert machen.

Das Farbkleid der Nestflüchter zeigt häufig den Charakter einer Tarntracht, die durch Schutzfärbung oder

Die artspezifische Rachenfärbung der sperrenden jungen Goldammern *(Emberiza citrinella)* dient zugleich als ein die Fütterung auslösendes Reizmittel und als Erkennungsmerkmal.

Junges Riesenkänguruh *(Macropus giganteus)* im Beutel. Der Gestaltwandel des zunächst extrem von der Mutter abhängigen »Beutelhockers« ist nach einem halben Jahr so weit gediehen, daß es erstmals den Beutel verläßt.

Flecken und Streifenmuster zur Gestaltauflösung den Körper in seiner Umgebung unkenntlich macht. Es sind jedoch nicht alle Dunenkleider der Nestflüchter als Schutztrachten zu sehen. So haben unter unseren heimischen Vögeln die schwarzen Dunenjungen der Bleßhühner eine leuchtend rot und gelb gefärbte Kopfregion, die des verwandten Teichhuhns auffallend rot und blau gefärbte Gesichter. Offenbar dienen diese farbigen Kopfmuster als Signale für die Altvögel, an denen sie ihre eigenen Jungen erkennen.

Der Entwicklungsweg über das Stadium des Nestflüchters dürfte bei den Vögeln wie bei den Reptilien den ursprünglichen Entwicklungsmodus darstellen, das Nesthockerstadium demgegenüber abgeleitet sein. So finden sich unter den Nestflüchtern vor allem relativ ursprüngliche Vogelgruppen. In besonderem Maße gilt dies für die australischen Großfußhühner (Megapodidae), die aus morphologischen Gründen als primitiv zu bewerten sind und in ihrer Entwicklungsweise viele Übereinstimmungen mit den Reptilien zeigen. Sie zeichnen sich durch eine lange Embryonalzeit, unvollkommene Nestbau- und Brutpflegeinstinkte und das Fehlen postembryonaler Brutpflege aus. Ihre Jungvögel schlüpfen auf sehr weit entwickeltem Stadium, besitzen bereits Konturfedern und können schon am Schlüpftag fliegen.

Für den abgeleiteten Zustand des Nesthockers spricht auch die Tatsache, daß die Nacktheit der Nesthocker eine sekundäre Erscheinung ist. Die bereits angelegten Federkeime werden zu einem bestimmten Zeitpunkt in die Haut versenkt und von Epithelwucherungen verschlossen.

Bei den Säugetieren ist im Gegensatz zu den Vögeln der Nesthockerzustand primitiv und die Entwicklung über ein Nestflüchterstadium abgeleitet. Die ursprünglichen Säuger bringen ihre Jungen auf einem frühen, noch sehr unentwickelten Stadium zur Welt. Eine extreme Abhängigkeit von der Mutter zeigen die Jungen der Beuteltiere, über deren außergewöhnliche Entwicklungsweise im Beutel der Mutter wir erst vor etwa zwei Jahrzehnten durch den Australier G. B. Sharman unterrichtet wurden.

Das nur 2 cm große Junge des Riesenkänguruhs wird nackt und blind auf einem nahezu embryonalen Zustand geboren. Es besitzt jedoch bereits gut ausgebildete Vorderfüße mit kräftigen Krallen, mit denen es am mütterlichen Körper aufwärts in den Beutel klettert, wo es sich an einer der Zitzen festsaugt, mit der es etwa 5 Monate verbunden bleibt. Die Gestaltentwicklung des »Beutelhockers« ist nach rund 190 Tagen so weit gediehen, daß das junge Känguruh erstmals den schützenden Beutel verläßt.

Ausgesprochene Nesthocker sind die Jungen der Insektenfresser, Nagetiere und Raubtiere. Sie werden in einem sehr unreifen Stadium nackt geboren. Ihre Augenlider und Ohröffnungen sind durch Hautverwachsungen geschlossen, so daß die empfindlichen Sinnesorgane in der ersten Zeit nach der Geburt in der neuen Umgebung geschützt sind. Zur Öffnung der Sinnesorgane sind später besondere Abbauprozesse erforderlich.

Nestflüchter finden wir bei den Huftieren, Robben und Walen. Ihre neugeborenen Jungen sind, abgesehen von der Körpergröße und den Proportionen, den Elterntieren bereits sehr ähnlich. Sie sind nach der Geburt zu vollkommener Fortbewegung befähigt, so daß eine neugeborene Antilope ihrer Mutter sofort bei der Flucht folgen kann. Auch bei den jungen Affen ist die Bewegungskoordination weit entwickelt. Ihre Säuglinge klammern sich im Pelz der Mutter fest oder reiten auf

Junge Rotfüchse *(Vulpes vulpes)* haben im Unterschied zum erwachsenen Tier zunächst ein schwärzlich braunes Fell.

ihrem Rücken. Hassenstein hat deshalb vorgeschlagen, sie als »Traglinge« zu bezeichnen.

Ähnlich wie bei den Vögeln haben auch bei vielen Säugetieren die Jungen ein charakteristisches Jugendkleid, das später abgelegt wird. So haben neugeborene Iltisse oder Zobel ein weißlich-graues Fell, das erst später einen braunen Farbton annimmt. Junge Füchse haben zunächst ein schwärzlich braunes Fell, über die Stirn einen rötlichgrauen Streifen und auf der Brust einen kleinen weißen Fleck. Im Alter von 6 bis 8 Wochen zeigen sie dann das bekannte blaßgelb-rötliche Erscheinungsbild der Alten.

Besonders interessant ist die Färbung neugeborener Löwen oder Pumas, die sich im erwachsenen Zustand durch eine einheitliche Färbung ihres Fells auszeichnen. Als Jungtiere besitzen sie jedoch ein Muster aus unregelmäßigen Flecken und Streifen. Es sind hier offenbar in der Individualentwicklung Anklänge an die Evolution der Arten zu sehen, die von Formen mit gestreiftem oder geflecktem Fell abstammen dürften.

Auch bei anderen Säugetierarten, die im erwachsenen Zustand ein einfarbiges Fell besitzen, kommen häufig gefleckte oder gestreifte Jungtiere vor. So haben junge Rehe und Rothirsche ein weiß geflecktes Fell, die Frischlinge der Wildschweine weißliche Längsstreifen. Die Jungen des Schabrackentapirs besitzen ein Jugendkleid mit hellen Längsstreifen, das später von der ganz anderen Tracht des erwachsenen Tieres verdrängt wird. Es ist bemerkenswert, daß eine ähnliche Musterung des Fells wie bei den Jungtieren der genannten Arten bei den Reifestadien rangniederer Formen derselben Gruppen vorkommen kann, also eine Fleckung oder Streifung des Körpers unter Auslassung der Kopfregion.

Das Kindchen-Schema

Der menschliche Säugling ist kein primärer Nesthocker, denn es fehlen ihm die dafür charakteristischen geschlossenen Augenlider und Gehörgänge. Im 3. bis 5. Monat macht der Embryo des Menschen im Mutterleib eine Art Nesthockerstadium mit geschlossenen Augenlidern durch, die sich aber dann öffnen. Der junge Mensch ist aber auch kein Nestflüchter oder Tragling, da er erst nach einem Jahr laufen lernt und sich nach der Geburt an der Mutter auch nicht aus eigener Kraft festklammern kann. Er läßt sich im Grunde keinem der drei biologischen Jungentypen der Säugetiere zuordnen.

In seinem Verhalten ähnelt ein menschlicher Säugling am ehesten einem Tragling. Die stammesgeschichtlich sicher ursprüngliche Jugendform eines echten Traglings ging bei der Menschwerdung im Zusammenhang mit dem aufrechten Gang und der Umformung des Kletterfußes zum Greiffuß verloren. Der menschliche Säugling wurde zu einem sekundären Nesthocker, der ganz auf die Hilfe der Mutter angewiesen ist.

Während der Körper des Jungtieres der höheren Säuger mit Ausnahme des Kopfes ein verkleinertes Abbild der Reifegestalt darstellt, hat das menschliche Neugeborene bei weitem noch nicht die Körperproportionen des Erwachsenen erreicht. Ein Proportionsvergleich der Gestalt des Säuglings mit jener der Reifegestalt ergibt, daß die einzelnen Körperteile während der Entwicklung ein ganz unterschiedliches Wachstum erfahren. So verdoppelt der Kopf seine Geburtsgröße, während der Rumpf die dreifache, der Arm die vierfache und das Bein die fünffache Länge der Geburtsgröße erreicht.

Kleinkinder haben eine merklich andere Gestalt als Erwachsene. Neben der relativen Größe des Kopfes und den im Verhältnis zum Körper kurzen Beinen gehört zu den charakteristischen Merkmalen eine runde Kopfform mit hoher Stirn, kleiner Nase, fliehendem Kinn, Pausbacken und großen Augen. Konrad Lorenz hat diesen Merkmalskomplex, den Erwachsene als niedlich empfinden und

Das Rehkitz *(Capreolus capreolus)* besitzt im Unterschied zur einheitlichen Färbung des erwachsenen Tieres ein weiß geflecktes Fell.

der bei ihnen eine positive Gefühlsbetonung auslöst, als »Kindchen-Schema« bezeichnet.

Dieses Kindchen-Schema hat für unsere ästhetische und gefühlsmäßige Einstellung zur Gestalt der Tiere eine nicht zu unterschätzende Bedeutung. Wir empfinden nicht nur den kleinen Menschen, sondern auch Tiere, die diesem Merkmalskomplex mehr oder weniger entsprechen, als niedlich. Unsere positive Reaktion übertragen wir nicht nur auf Jungtiere, die dem Schema entsprechen, sondern auch auf Haustierrassen oder Wildtiere, die entsprechende Merkmale aufweisen. Das gilt beispielsweise für solche Hunderassen mit runder Kopfform wie Pekinesen oder für das Rotkehlchen mit seinen großen Augen und dem kurzen Schnabel.

Gestaltbildung und ungeschlechtliche Fortpflanzung

Im Jahr 1744 berichtete Abraham Trembley in einem umfangreichen Buch über seine viereinhalb Jahre währenden Untersuchungen an Süßwasserpolypen. Im dritten Kapitel dieses liebenswürdigen Werkes schildert er mit begeisterten Worten in aller Ausführlichkeit die ihm zunächst unfaßbar erscheinende Beobachtung, daß sich Polypen durch Bildung von Knospen fortpflanzen können, die sich nach hinreichendem Wachstum vom Muttertier lösen. Er selbst verglich diese Fähigkeit der Hydren mit jener der Pflanzen, sich durch Ableger zu vermehren.

Trembley war so zum Entdecker der ungeschlechtlichen oder vegetativen Fortpflanzung der Tiere geworden. Die von ihm ausgesprochene Vermutung, »daß die Polypen die Eigenschaft, sich durch Sprößlinge zu vermehren, so seltsam sie auch scheint, nicht allein für sich besitzen, sondern daß sie auch vielen anderen Tieren gemein sei«, hat sich in der Folge als völlig richtig erwiesen. Trembley selbst konnte eine ungeschlechtliche Vermehrung bei den von ihm »Federblumenpolypen« genannten Formen beobachten, die man aufgrund seiner Illustrationen als Moostierchen (Bryozoa) identifizieren kann.

Wir wissen heute, daß sich neben Hydren und zahllosen anderen Nesseltieren (Cnidaria) sowie den Moostierchen auch Schwämme, Strudelwürmer (Turbellaria), manche Ringelwürmer (Annelida) und neben einigen anderen wirbellosen Tiergruppen auch die Manteltiere (Tunicata) ungeschlechtlich fortpflanzen können. Dabei spielt als Vermehrungsmodus außer der Knospenbildung auch die Teilung des Tierkörpers eine Rolle.

Die Gestaltbildung einer Tierart wird durch den Prozeß der Knospung oder Teilung natürlich in nachhaltiger Weise beeinflußt. Trembley konnte dies bereits beim Süßwasserpolypen beobachten. Da der Polyp in der Regel nicht nur eine, sondern gleichzeitig mehrere Knospen ausbilden kann, bekommt das Muttertier mit seinen Sprößlingen ein unregelmäßig verzweigtes Aussehen. Es entsteht ein »Tierstock«, der allerdings nur von zeitlich begrenzter Dauer ist, da die jungen Polypen sich nach einiger Zeit vom Muttertier lösen. Bei den meisten anderen Tiergruppen führt die vegetative Fortpflanzung jedoch zu dauerhaften Tierstöcken, die gelegentlich auch als Tierkolonien bezeichnet werden. Die Gestalt dieser Tierstöcke ist natürlich vom Bildungsmodus und der Art ihres Wachstums abhängig. Wenn die vegetative Vermehrung durch Querteilung erfolgt und neue Teilungen beginnen, bevor die erste vollendet ist, entstehen Tierketten. Solche können wir bei den Strudelwurmgattungen *Stenostomum* und *Microstomum* sowie manchen Ringelwürmern beobachten. Von den im Süßwasser lebenden Oligochaeten bildet *Nais* Tierketten mit maximal 8, *Chaetogaster* solche mit sogar bis zu 16 Individuen aus. Bei dem zur Polychaetenfamilie der Syllidae gehörenden Meeresringelwurm *Myrianida fasciata* kommen sogar Tierketten mit 30 Einzeltieren vor. Diese werden am Hinterende des größten Stammtieres in der Weise gebildet, daß das letzte

Das Küken der Moschusente *(Cairina moschata)* entspricht mit seiner vom erwachsenen Zustand stark abweichenden Gestalt und Färbung dem bei uns positive Gefühlsbetonung auslösenden »Kindchenschema«.

Tier der Kette zuerst entstanden ist und das jüngste dem Stammtier am nächsten liegt.

Querteilungen des Tierkörpers als Form der Fortpflanzung finden wir auch bei manchen Nesseltieren, wie der Actinie *Gonactinia prolifera* oder der Pilzkoralle *Fungia*. Sie sind vor allem aber charakteristisch für die Polypen der Scheibenquallen (Scyphozoen). So kann man etwa beim Scyphopolypen unserer Ohrenqualle beobachten, daß dieser durch wiederholte Querteilungen (Strobilation) das Aussehen eines Tellersatzes annimmt, bevor die einzelnen Individuen sich als junge Medusen vom Ende des Polypen ablösen.

Längsteilungen des Tierkörpers kommen relativ selten vor. Sie sind zwar schon von Trembley und Rösel für *Hydra* beschrieben worden, treten hier aber seltener als bei manchen Actinien, wie etwa den Seenelken, auf.

Die ungeschlechtliche Vermehrung durch wiederholte Knospenbildung läßt Tierstöcke von ungemein vielfältiger Gestalt entstehen. Wenn diese oft in überraschender Weise pflanzlichen Wuchsformen ähnelt, so ist dies offensichtlich auf analoge Wachstumsprozesse zurückzuführen. Eindrucksvolle Beispiele hierfür liefern die Polypenstöcke der Hydroiden und die Moostierchen (Bryozoa).

Bei den Hydroidenstöcken kann man nach der Art ihres Wachstums drei Haupttypen der Verzweigung unterscheiden. Im einfachsten Fall entwickeln sich am unteren Ende des Primärpolypen lange, sich über das Substrat ausbreitende und verzweigende Ausläufer (Stolonen). An ihnen entwickeln sich Polypenknospen, deren Stiele sich über das Substrat erheben.

Den zweiten Typ der Stockbildung kann man etwa bei *Eudendrium* beobachten. Die baumähnlichen Tierstöcke dieses Typs sind durch ein »monopodiales« Wachstum charakterisiert. Jeder Polyp besitzt unter dem Köpfchen im Bereich des Stiels eine Wachstumszone und unmittelbar darunter eine Knospungszone. Man kann somit am Polypenstock einen Hauptstamm von Seitenästen verschiedener Ordnung unterscheiden, die alle mit einem Polypenköpfchen enden.

Der dritte Typ der Hydroidenstöckchen ist durch eine »sympodiale« Verzweigung charakterisiert. Bei ihm gibt es keinen Hauptstamm, sondern alle Triebe sind gleichwertig. In der Nähe jedes Polypenköpfchens entstehen eine oder mehrere Knospen, die nach dem Auswachsen an der Basis des neuen Polypenköpfchens wieder eine neue Knospungsregion bilden. Das älteste Polypenköpfchen liegt somit an der Basis des gesamten Hydroidenstocks.

Ähnlich vielgestaltige Tierstöcke wie die Hydroiden bilden die viel höher organisierten Moostierchen. Viele ihrer Arten bilden flechtenartige, flächige Aufwüchse auf Tangen, Steinen oder Molluskenschalen. Daneben gibt es aber auch freistehende Bryozoenstöcke, die in ihrer Wuchsform Lebermoosen ähneln oder Keulen-, Blatt-, Strauch- oder Baumform zeigen.

Auf ungeschlechtliche Vermehrung durch Knospenbildung ist auch einer der eindrucksvollsten Wachstumsprozesse des Tierreichs zurückzuführen, die Bildung der gewaltigen Korallenriffe. Die Hauptrolle unter den Riffbildnern spielen die Steinkorallen (Madreporaria), deren Wachstum und Vermehrung eine nähere Betrachtung verdient.

Die Polypen der Steinkorallen können sich durch extratentakuläre oder intratentakuläre Knospung ungeschlechtlich vermehren. Im ersten Fall bilden sich an der basalen Körperwand Knospen, die bald zu sekundären Polypen werden und ihrerseits wieder in gleicher Weise Polypen erzeugen. Die Polypenzahl und Größe eines Korallenstocks nimmt so schnell zu. Bei der intratentakulären Knospung entsteht aus dem ursprünglichen Polypen durch ein spezielles Breitenwachstum eine Art Doppelpolyp, in dem aus der primären Mundscheibe zwei Mundscheiben mit je einem Tentakelkranz auswachsen.

Dieser Röhrenschwamm von den Bahamas zeigt deutlich den Grundbauplan des zylindrischen Schwammkörpers mit zahlreichen Einströmöffnungen und dem großen Osculum als Ausströmöffnung. Da benachbarte Schwämme bei Berührung miteinander zu einem neuen Organismus verschmelzen können, kann man darüber streiten, ob Schwämme mit mehreren Oscula Einzeltiere oder Tierkolonien sind.

Die Hornkoralle *Gorgonia ventalina* der Karibik bildet fächerförmige Tierstöcke.

Die Skelettbildungen der Steinkorallen sind reine Außenskelette, die von den Basalplatten ausgeschieden werden. Sie spiegeln mit ihren radiär angeordneten Skelettsepten, dem peripheren Rundwall des Kelches und oft einer zentralen säulenförmigen Columella die Symmetrieverhältnisse im inneren Bau der Polypen wider. Da die Basalplatten der Polypen die Kalkausscheidung während des ganzen Polypenlebens fortsetzen, wächst das Skelett nach oben ständig weiter. Es werden auf diese Weise Korallenriffe mit riesiger Flächenausdehnung und mächtigem Sockel gebildet, die aber stets nur von einer dünnen oberen Schicht lebender Steinkorallenpolypen bedeckt sind, von der allein das gesamte Vertikal- und Horizontalwachstum ausgeht.

Die Form der Korallenstockskelette ist außerordentlich variabel. Als eindrucksvolles Beispiel sei die Skelettform der bekannten Hirnkorallen näher beschrieben. Die Oberfläche ihrer rundlichen Stöcke ist wie die Oberfläche des menschlichen Gehirns von mäanderförmigen Furchen durchzogen. Diese Mäanderform kommt durch unvollständige Knospenbildung zustande, bei der die Mundscheibe des primären Polypen in ein langes Band mit zahlreichen Mundöffnungen ausgewachsen ist.

Neben den zu den Hexacorallia gehörenden Steinkorallen sind am Aufbau der Korallenriffe als Vertreter der achtzähligen Octokorallen auch die Orgelkorallen (Tubiporidae) beteiligt. Ihre aus zahlreichen Polypen bestehenden Tierstöcke scheiden ein rotgefärbtes kalkiges Innenskelett ab, dessen bis 20 cm lange Röhren wie Orgelpfeifen nebeneinander stehen. Die kleinen moosgrünen Polypen bilden zu diesem roten Skelett einen auffälligen Farbkontrast. Auch für die übrigen Ordnungen der Octokorallen ist die Bildung von Tierstöcken charakteristisch. So bilden die Lederkorallen (Alcyoniidae) kompakte, fleischige Stöcke mit wenigen Seitenzweigen, die Horn-

Die ungeschlechtliche Vermehrung durch wiederholte Knospenbildung oder Teilung läßt Tierstöcke von vielfältiger Gestalt entstehen, die oft pflanzlichen Wuchsformen überraschend ähnlich sind. 1 dichotom verzweigter Tierstock des Einzellers *Carchesium polypinum*; 2 Polypenstock der Hydrozoe *Dynamena argentea*; 3 gefiederter Ast eines Stockes der Hydrozoe *Synthecium elegans* mit Geschlechtskapseln an der Basis der Seitenäste; 4 Tierstock der Hydrozoe *Laomedea geniculata* mit 3 Freßpolypen und 2 Geschlechtspolypen, an denen Medusen knospen; 5 Tierstock der Seefeder *Renilla reniformis* mit Polypen auf einer Seite der nierenförmigen Platte; 6 Tierstock des Flügelkiemers *Rhabdopleura normani* mit unregelmäßig verzweigten Röhren, die der Unterlage aufliegen; 7 Tierstock der Seescheide *Polycyclus cyaneus*, der aus rundlichen Teilstöcken von 10–16 Einzeltieren mit gemeinsamer Ausfuhröffnung besteht; 8 zur freien Ortsbewegung befähigter Tierstock des Moostierchens *Cristatella mucedo*, der auf der Bauchseite langsam entlangkriecht.

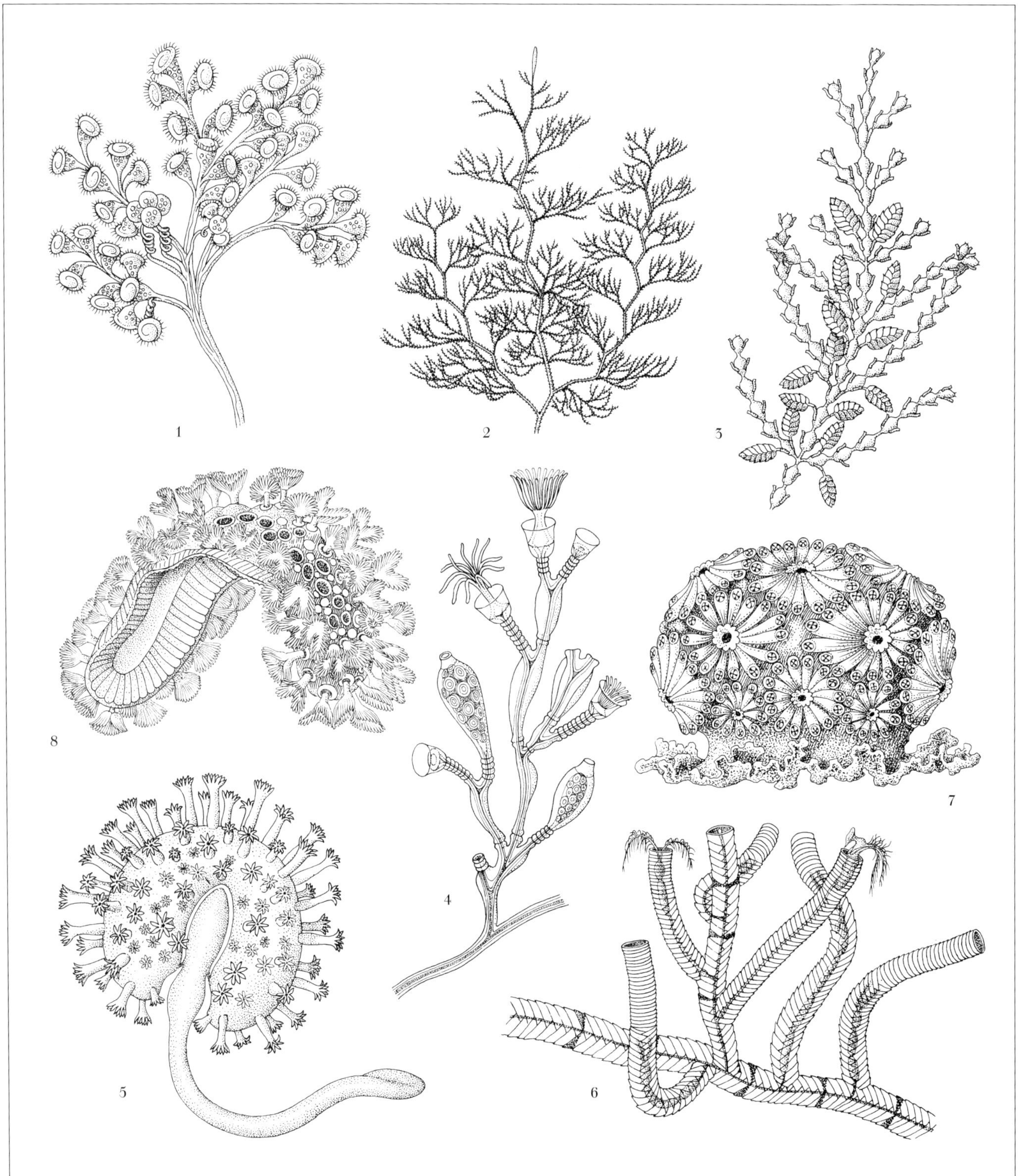

Bei dem Polypenstock der Seefeder *Ptilosarcus guerneyi* sind zahlreiche Einzelpolypen zu einem bilateralsymmetrischen Gesamtorganismus höherer Ordnung integriert.

korallen (Gorgonaria) baum-, strauch-, ruten- oder auch fächerförmige Tierstöcke, die aufgrund ihrer Farbenpracht zu den auffälligsten Gestalten der Tierwelt unterseeischer Landschaften gehören. Eine besondere Betrachtung verdienen die ebenfalls zu den Octokorallen gehörenden Seefedern (Pennaturalia), da ihre federförmigen Tierstöcke sich durch einen charakteristischen Polypen-Dimorphismus auszeichnen.

Der Weg zu Individuen höherer Ordnung

Seefedern bilden Polypenstöcke, die in ihren höchstentwickelten bilateralsymmetrischen Formen, wie sie etwa bei *Pennatula* oder *Pteroeides* vorkommen, auf den unvoreingenommenen Beobachter durchaus den Eindruck eines Einzeltieres machen. Die genauere Untersuchung des Baues und der Entwicklung zeigt jedoch, daß ein solcher Tierstock aus einem kräftig entwickelten Hauptpolypen hervorgeht, aus dem seitlich durch Knospenbildung zahlreiche Sekundärpolypen entstehen, deren Zahl bei *Pteroeides* bis zu 35 000 betragen kann. Der Hauptpolyp, dessen Mundöffnung und Tentakelkrone reduziert wird, bildet die kräftige Hauptachse des federförmigen Tierstocks, während die Seitenfiedern aus regelmäßig angeordneten Gruppen von Sekundärpolypen gebildet werden. Diese Sekundärpolypen zeigen einen ausgeprägten Dimorphismus. Neben den mit Tentakelkronen und Geschlechtsorganen versehenen »Autozooiden« der Seitenfiedern finden sich an der Hauptachse kurze, kegelstumpfförmige »Siphonozooide«, bei denen Tentakel und Muskulatur reduziert sind.

Daß beim Polypenstock einer Seefeder Tausende von Einzelpolypen zu einem Gesamtorganismus höherer Ordnung integriert sind, kann man nicht nur aus der Gestalt, sondern auch aus den Verhaltensreaktionen des ganzen Tierstocks ablesen. Beim Eingraben des Stiels in den Boden, den Expansions-Kontraktions-Rhythmen durch wechselnde Flüssigkeitsfüllung der Kanalsysteme und bei Reaktionen auf äußere Reize verhält sich der Stock wie ein einzelnes Tier.

Seefedern sind nicht die einzige Gruppe der Nesseltiere, bei denen die Tierstockbildung durch zunehmende Integration der Einzeltiere zur Bildung von Tierindividuen höherer Ordnung führte. Weitere Beispiele fanden wir in den Segelquallen, deren hochintegrierte Tierstöcke Bewohner des freien Meeres sind.

Die zu den Hydroiden gehörende Segelqualle *Velella velella* ist in vollkommenster Weise an das Leben an der Meeresoberfläche angepaßt. Im Grunde stellt sie einen Polypenstock dar, dessen Basalplatte durch eine 180°-Drehung zu einem auf dem Wasserspiegel treibenden Schwimmfloß wurde, von dem zahlreiche modifizierte Polypen nach unten ins Wasser hängen. Das aus konzentrischen, mit Luft gefüllten Chitinröhren aufgebaute Floß verhindert ein Untersinken des Tierstocks. Ein an der Floßoberfläche emporragendes dreieckiges Segel fängt den Wind und läßt die tiefblau gefärbte Segelqualle auch bei schwacher Brise passiv über das Meer gleiten. Sie wird oft zu riesigen Schwärmen zusammengetrieben, so daß Schiffe tagelang durch einen Schwarm fahren können.

Dem Höhepunkt der Integration eines Tierstocks zu einem einheitlichen Gesamtorganismus höherer Ordnung begegnen wir in der Gruppe der Staatsquallen oder Siphonophoren. Nach übereinstimmendem Urteil aller Naturforscher, die das Glück hatten, Staatsquallen in ihrem natürlichen Lebensraum zu beobachten, müssen

Die Segelqualle *(Velella velella)* stellt einen Hydroidpolypenstock dar, der in vollkommenster Weise an das Leben an der Meeres oberfläche angepaßt ist. Die mit den Polypen in Generationswechsel stehende freischwimmende Meduse ist erst 1964 bekannt geworden.

Rechte Seite:
Die Staatsquallen (Siphonophora) bilden den Höhepunkt der Integration eines Tierstocks zu einem einheitlichen Gesamtorganismus höherer Ordnung. Zu den schönsten Tiergestalten der Meere gehört die in natürlicher Größe abgebildete *Strobalia cupula* (1). Die Teilabbildungen 2–8 veranschaulichen die unterschiedliche morphologische und funktionelle Differenzierung der zum Tierstock vereinigten Einzelindividuen dieser Hydrozoen. (Nach Haeckel)

diese Hochseebewohner der warmen Meere zu den schönsten Tiergestalten überhaupt gerechnet werden. Ihre oft mit Blumengirlanden verglichenen Tierstöcke zeichnen sich durch große Formenmannigfaltigkeit, zarte Farbenpracht, oft glasartige Durchsichtigkeit und das gefällige Spiel ihrer zierlich geformten Anhänge aus.

Der Name Staatsqualle deutet bereits darauf hin, daß hier viele Einzelpersonen zu einem Gesamtorganismus vereinigt sind, in dem die Einzelindividuen im Interesse der Arbeitsteilung eine so weitgehende Spezialisierung erfahren haben, daß sie eher mit Organen zu vergleichen sind. Die Einzelpersonen dieses Tierstocks sind zu medusenähnlichen Schwimmglocken, einfachen gallertigen Deckstücken, schlauchförmigen Tastern ohne Mundöffnung, trichterförmigen Nährpolypen mit je einem langen nesselkapselbewaffneten Fangfaden sowie Geschlechtsmedusen differenziert.

Trotz ihres Formenreichtums folgen alle Siphonophoren einem einheitlichen Grundaufbau. An einem mehr oder weniger langgestreckten, vertikal im Wasser schwebenden röhrenförmigen Stamm entstehen durch meist seitliche Knospung zahlreiche als »Zooide« bezeichnete Personen, von denen die oberen als Schwimmglocken ausgebildet, die darunter stehenden zu Personengruppen (Cormidien) zusammengefaßt sind, die gewissermaßen Seitenzweige der Achse bilden.

Generationswechsel und Gestaltwandel

Adelbert von Chamisso, der den meisten nur als spätromantischer Dichter bekannt ist, hatte sich auch als Biologe bleibende Verdienste erworben. Während seiner Teilnahme an der mehrjährigen russischen Weltumseglung der Brigg »Rurik« machte er am 13. Oktober 1815 im östlichen Atlantik eine Entdeckung, die bis heute in den Lehrbüchern der Zoologie Gegenstand eines wichtigen Kapitels ist. Er beobachtete damals bei den zu den Manteltieren gehörenden Salpen erstmals den Generationswechsel eines Tieres. In seinem Buch über die Reise um die Welt schrieb er 1821:

»Hier war es, wo wir an diesen durchsichtigen Weichtieren des hohen Meeres die uns wichtig dünkende Entdeckung machten, daß bei denselben eine und dieselbe Art sich in abwechselnden Generationen unter zwei sehr wesentlich verschiedenen Formen darstelle; daß nämlich eine einzelne freischwimmende Salpa anders gestaltete, fast polypenartig aneinander gekettete Jungen lebendig gebiert, deren jedes in der zusammen aufgewachsenen Republik wiederum einzeln freischwimmende Tiere zur Welt setzt, in denen die Form der vorvorigen Generation wiederkehrt. Es ist, als gebäre die Raupe den Schmetterling und der Schmetterling hinwiederum die Raupe.«

Chamisso hatte bei den Salpen jenen regelmäßigen Wechsel zwischen einer geschlechtlich und einer ungeschlechtlich erzeugten Generation entdeckt, den wir heute »Metagenese« nennen. Ihm selbst war aufgefallen, daß sich beide Generationen derselben Tierart durch unterschiedliche Gestalt auszeichnen. Dieser Gestaltdimorphismus sei für eine Salpenart genauer beschrieben.

Bei der im Mittelmeer häufigen *Salpa democratica* entwickelt sich aus der befruchteten Eizelle ein 1,5 cm großes Ammentier. Die walzenförmige, stets einzeln lebende Amme ist an ihrem Hinterende durch zwei lang ausgezogene seitliche Fortsätze ausgezeichnet. Sie ist geschlechtslos, läßt aber an einem am Hinterende liegenden Knospungszapfen (Stolo prolifer) die Geschlechtsgeneration hervorknospen. Die Geschlechtstiere werden nur 0,6 cm groß, bilden Keimdrüsen aus und enden im Bereich der Atemöffnung mit einer Spitze. Seitliche Fortsätze fehlen. Es werden jeweils ganze Doppelreihen von Geschlechtstieren mit dem dazugehörigen Abschnitt des Knospungszapfens als »Kettensalpen« abgestoßen. Die Ketten der Geschlechtstiere sollen bei der ebenfalls im

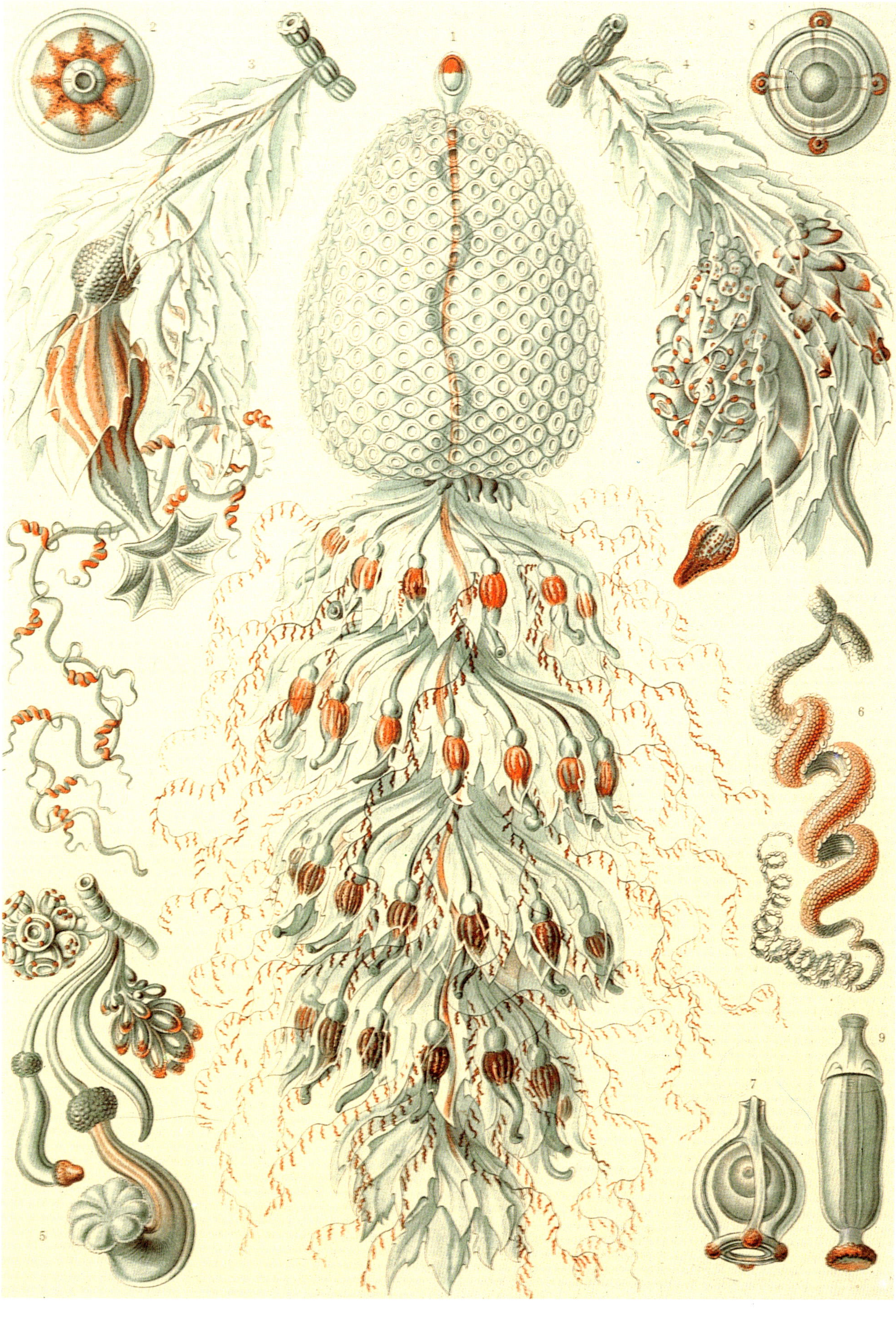
2
3
1
4
8
6
5
7
9

Der Gestaltwandel im Lebenszyklus eines Tieres ist bei jenen Tiergruppen besonders auffällig, die nach der Embryonalentwicklung besondere Larvenstadien durchlaufen. Frühlarven (1, 3, 5) bilden ihre zeitweilig vorhandenen Larvenorgane bald nach dem Gastrulastadium aus, Spätlarven (7, 9, 11) erst nach Ausbildung der Körpergrundgestalt. 1 Trochophora des Ringelwurms *Polygordius* (2), 3 Mitraria der Polychaetenfamilie Oweniidae (4), 5 Ophiopluteus des Schlangensterns *Ophiotrix fragilis* (6), 7 Zoea der Garnele *Sergestes* (8), 9 ältere Larve mit gestielten Augen des Tiefseefischs *Stylophthalmus paradoxus* (10), 11 Kaulquappe eines Frosches (12).

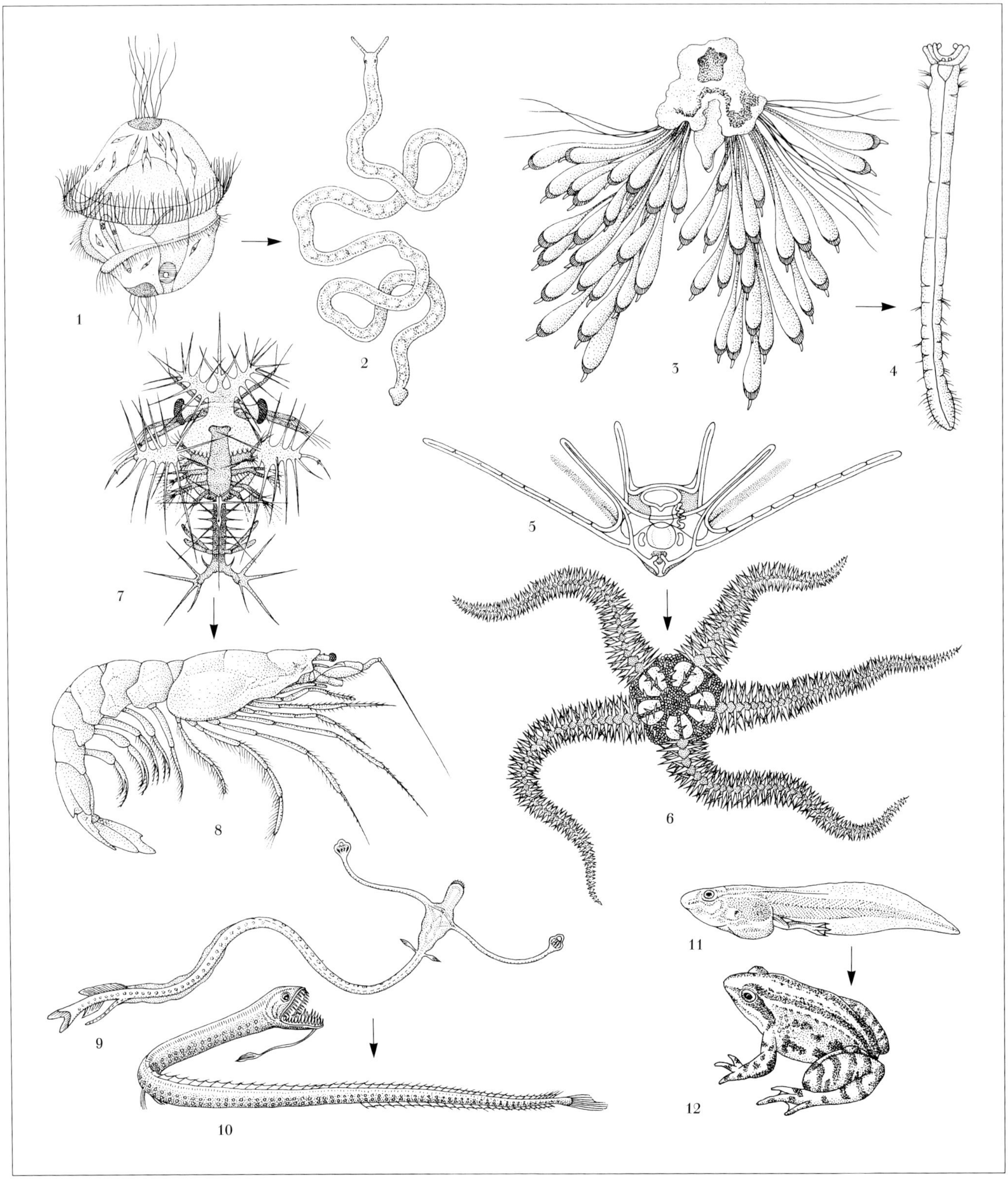

Mittelmeer vorkommenden *Salpa maxima* die gewaltige Länge von 25 m erreichen.

Aufgrund ihrer unterschiedlichen Gestalt und Größe wurden die Ammen und Geschlechtstiere der Salpen früher als verschiedene Arten beschrieben. Es ist so verständlich, daß Chamissos Entdeckung zunächst auf Unglauben stieß, bis über zwei Jahrzehnte später der dänische Zoologe Steenstrup die Beobachtungen bestätigte. Ein vergleichbarer metagenetischer Generationswechsel wurde dann jedoch auch als normale Erscheinung bei den Nesseltiergruppen der Hydrozoen und Scyphozoen gefunden. Der mit dem Generationswechsel verbundene Gestaltwandel der geschlechtlich und ungeschlechtlich erzeugten Tiere erwies sich bei diesen Tiergruppen als viel stärker ausgeprägt.

Die früher beschriebenen festsitzenden Polypen oder Polypenstöcke der Hydrozoen stehen in einem gesetzmäßigen Generationswechsel mit normalerweise freischwimmenden Medusen. Der Gründerpolyp eines Polypenstocks entsteht durch geschlechtliche Fortpflanzung aus einer befruchteten Eizelle. Er kann auf ungeschlechtlichem Wege durch seitliche Knospung andere Polypen oder aber als Geschlechtstier Medusen hervorbringen, die ihrerseits durch geschlechtliche Fortpflanzung Polypen erzeugen.

Polyp und Meduse der Hydrozoen können zwar auf einen einheitlichen Grundbauplan zurückgeführt werden, sind jedoch in ihrer Gestalt und Lebensweise so unterschiedlich, daß auch sie früher vielfach als besondere Tierarten beschrieben wurden. Allerdings erzeugen von den 2600 Hydrozoenarten nur 700 frei lebende Medusen. Bei der Mehrzahl sind die Medusen zu »Gonophoren« reduziert, die am Polypen festsitzen.

Einen mit Gestaltwandel verbundenen Generationswechsel zeigen auch die Scheibenquallen (Scyphozoa). Bei ihnen entsteht die Polypengeneration ebenfalls auf geschlechtlichem Wege aus der befruchteten Eizelle. Aus den in der Regel sehr kleinen Becherpolypen der Scyphozoen gehen durch ungeschlechtliche Vermehrung mittels Querteilung junge Medusen hervor, die zu den oft großen und farbenprächtigen Scheibenquallen heranwachsen.

Polyp und Meduse der Nesseltiere lassen sich auf einen einfachen Grundbauplan zurückführen, der durch Radiärsymmetrie, das Vorhandensein von zwei Epithelschichten und einer diese trennenden nichtzelligen Zwischenschicht (Mesogloea) sowie durch die Existenz nur einer Körperöffnung charakterisiert ist. Die Meduse stellt im Grunde einen umgekehrten Polypen dar, dessen Basis zur Schwimmglocke mit mächtiger Mesogloea sowie mit zusätzlichen Fortbewegungs- und Sinnesorganen wurde. Trotz dieser relativ einfachen Gestaltsbeziehungen zwischen Polyp und Meduse kann die Medusenentwicklung nicht als eine einfache Neuanordnung der Polypenzellen betrachtet werden. Sie ist vielmehr ein echter Differenzierungsprozeß, da in der Meduse niemals typische Polypenzellen vorkommen.

Aufgrund ihrer einfachen und übersichtlichen Organisation wurden vor allem die Hydrozoen in neuerer Zeit zu einem bevorzugten Untersuchungsobjekt der Entwicklungsphysiologie, an dem vielversprechende Ansätze zur Aufklärung der Gestaltbildungsprozesse gewonnen wurden.

Da dem Wachstum und der Vermehrung der Hydroidpolypen keine zeitlichen Grenzen gesetzt sind, kann die Polypengeneration grundsätzlich als unsterblich bezeichnet werden. Demgegenüber ist die Meduse sterblich, da sie nach Abgabe der Geschlechtsprodukte Degenerations- und Zerfallserscheinungen zeigt. Die Tatsache, daß es bei ein und derselben Art körperlich sterbliche und unsterbliche Formen gibt, machen diese Organismen zu idealen Untersuchungsobjekten zur Erforschung der Alterungsprozesse.

Der regelmäßige Wechsel von Polypen- und Medusenform im Entwicklungszyklus der Nesseltiere wirft eine Reihe allgemeinbiologischer Probleme auf, die bis heute noch längst nicht gelöst sind.

Vom genetischen Gesichtspunkt aus betrachtet müssen die Erbinformationen einer Art mit Generationswechsel die Entwicklungsprogramme für zwei verschiedene Formen beinhalten. Da alle Körperzellen eines Polypen dieselben Erbinformationen enthalten, dürften in den Zellen der Polypengeneration die für die Medusenbildung verantwortlichen Gene inaktiviert sein. In jenen Zellverbänden des Polypen, die eine Medusenknospe ausbilden, müßten diese »Medusengene« hingegen eine Aktivierung erfahren. Die experimentelle Untersuchung des Generationswechsels der Nesseltiere bietet vielversprechende Möglichkeiten für die Aufklärung der bei der Gestaltbildung wirkenden räumlichen und zeitlichen Kontrollmechanismen der Genaktivitäten.

Die Gestaltung der Geschlechter

150 Die Sexualität war in der Entwicklung des Lebens sicherlich eine der folgenreichsten und wichtigsten Erfindungen der Natur. Sie liefert mit dem ständigen Wechsel von Keimzellbildung und Befruchtung im Verlauf der Generationsfolge immer wieder die Möglichkeit zu einer Umverteilung und Neukombination der Erbanlagen. Durch die sexuelle Fortpflanzung bekommen die Organismenarten auf diese Weise eine erhöhte genetische Plastizität, die sich unter wechselnden Umweltbedingungen als Selektionsvorteil auswirkt. Die Sexualität wurde so für die Entstehung der Mannigfaltigkeit und den Erhalt der Organismenarten von grundlegender Bedeutung.

Die Entwicklung der Sexualerscheinungen hat sich in vielfältiger Weise und bei den einzelnen Tiergruppen unterschiedlich auf die Gestaltung des Tierkörpers ausgewirkt. Einen Höhepunkt hat diese ohne Zweifel in der Ausbildung der zwei Geschlechter bei den Vögeln und Säugetieren erreicht. Wir dürfen diese uns vertrauten Verhältnisse jedoch nicht vorschnell verallgemeinern, sondern sollten uns der Vielfalt der Sexualerscheinungen bewußt bleiben.

Zwittertum und Getrenntgeschlechtlichkeit

Die Vielfalt der sexuellen Gestaltung des Tierkörpers entfaltet sich zwischen den beiden Polen des Zwittertums und der Getrenntgeschlechtlichkeit. Vergleichen wir, in welchen Tiergruppen beide Erscheinungsformen der Sexualität auftreten, so scheint ihr Vorkommen zunächst beinahe regellos über das Tierreich verteilt zu sein.

Zwittrige Arten, bei denen dasselbe Individuum Eizellen und Spermien erzeugt, finden wir regelmäßig bei den Rippenquallen, Strudelwürmern, Saugwürmern und Bandwürmern. Zu den zwittrigen Formen gehören die Regenwürmer und ihre Verwandten sowie die Blutegel und Pfeilwürmer. Unter den Weichtieren sind die Hinterkiemer und Lungenschnecken Zwitter, von den Chordatieren nur die Manteltiere.

Getrenntgeschlechtlichkeit ist typisch für die Hydromedusen, Scyphomedusen (Lappenquallen), Fadenwürmer, Schnurwürmer und Rädertierchen. Sie ist charakteristisch für alle Gruppen der Stachelhäuter, bei den Weichtieren für die Käferschnecken, Vorderkiemer, Muscheln und Tintenfische. Ihre höchste Ausbildungsform hat die Getrenntgeschlechtlichkeit aber bei den Gliederfüßern und Wirbeltieren erreicht.

Bei näherer Betrachtung ergeben sich einige allgemeine Regeln für das Vorkommen von Zwittertum und Getrenntgeschlechtlichkeit im Tierreich. Tiergruppen, in denen Zwittertum vorherrscht, sind im Rahmen des gesamten Tierreichs durchweg als rangniedere Gruppen einzustufen. Besonders hoch organisierte Tiergruppen sind in der Regel getrenntgeschlechtlich. Das gilt vor allem für die Tintenfische, Gliederfüßer und Wirbeltiere, bei denen nur in Ausnahmefällen Zwitter auftreten.

Auch bei zwittrigen Tieren kommen Unterschiede der Sexualgestaltung vor. Diese betreffen in der Regel die Ausbildung der Keimdrüsen und ihre Ausführgänge, können jedoch in selteneren Fällen auch den sonstigen Körperbau beeinflussen. Im allgemeinen werden im Körper eines Zwitters sowohl männliche wie weibliche Gonaden mit dem gesamten Komplex ihrer Leitungswege ausgebildet. In selteneren Fällen besitzen die Tiere Zwittergonaden, in denen sowohl Eizellen wie Spermien gebildet werden. Dies ist die Regel bei den Schneckengruppen der Hinterkiemer und Lungenschnecken. Unter den Wirbeltieren wurde Zwittrigkeit bei über 100 Arten der Fische beobachtet, die 15 Familien angehören.

Bei zwittrigen Tieren werden häufig die männlichen und weiblichen Keimzellen nicht zum gleichen Zeitpunkt gebildet. In vielen Fällen fungiert der Zwitter im ersten Lebensabschnitt als Männchen, im folgenden als Weibchen. Bei anderen Arten ist es umgekehrt. Die Umwandlung des männlichen in das weibliche oder des weiblichen in das männliche Stadium kann mit einem Gestalt- oder Färbungswandel des Tieres verbunden sein. Ein gut bekanntes Beispiel für Veränderungen der Körperfärbung bei der Geschlechtsumkehr liefert der an den Küsten des Mittelmeeres und des Nordatlantik vorkommende Meerjunker *(Coris julis)*. Dieser Lippfisch fungiert im ersten Lebensabschnitt als Weibchen, das ein relativ schlichtes Farbkleid trägt, und wandelt sich dann in ein Männchen um, dessen Prachtkleid durch ein orangefarbenes Längsband an den Körperseiten ausgezeichnet ist.

Ein eindrucksvolles Beispiel für einen Gestaltwandel der männlichen in die weibliche Sexualphase bietet die zwittrige Fliege *Termitoxenia*, die im tropischen Afrika und Asien im Inneren von Termitennestern lebt. Während die männliche Form einen kleinen Hinterleib mit schwacher Abdominalmuskulatur sowie eine zarte Cuticula besitzt, ist die viel größere weibliche Form durch ein mächtig aufgetriebenes und nach vorn unten abgebogenes Abdomen mit stark entwickelter Muskulatur sowie eine kräftige Cuticula ausgezeichnet. Wir haben somit bei *Termitoxenia* einen solchen Dimorphismus der männlichen und weiblichen Sexualphase desselben Individuums, wie er sonst in der Gestaltung von Männchen und Weibchen der wirklich getrenntgeschlechtlichen Tierarten kaum stärker ausgebildet ist.

Sexualgestaltung getrenntgeschlechtlicher Tiere

Männchen und Weibchen getrenntgeschlechtlicher Tiere sind in vielen Fällen äußerlich kaum zu unterscheiden. Ihre Unterschiede beschränken sich dann auf den Bau der primären Geschlechtsmerkmale, der Gonaden und ihrer Ausführgänge. Dies gilt etwa für die Nesseltiere, Meeresborstenwürmer und Stachelhäuter. Bei zahlreichen anderen Tierarten kommen jedoch neben den primären Sexualcharakteren bei beiden Geschlechtern Unterscheidungsmerkmale vor, die mit dem Geschlechtsapparat in keinem direkten anatomischen Zusammenhang stehen. Solche sekundären Geschlechtsmerkmale bewirken einen mehr oder weniger ausgeprägten Geschlechtsdimorphismus, der oft schon in einer unterschiedlichen Größe beider Geschlechter zum Ausdruck kommt.

Es ist bemerkenswert, daß vor allem bei den Männchen sekundäre Geschlechtscharaktere auftreten. Da diese bei verwandten Arten häufig sehr unterschiedlich ausgebildet sind, unterscheiden sich die Männchen viel stärker voneinander als ihre oft sehr ähnlich aussehenden Weibchen. In manchen Fällen sind nur die männlichen Tiere eindeutig voneinander zu unterscheiden.

Die außerordentlich vielgestaltigen sekundären Geschlechtsmerkmale können im Dienste recht unterschiedlicher Aufgaben stehen. Bei denen der Weibchen handelt es sich, falls solche überhaupt vorkommen, nur um Vorrichtungen zur Brutpflege. Diese können als Organe zur Nahrungsbeschaffung oder Ernährung der Jungtiere oder auch als eine Art Brutbehälter ausgebildet sein.

Sekundäre Geschlechtsmerkmale der Männchen können als Haft- und Greiforgane zur Bewältigung der Weibchen dienen. Andere stehen als Organe zum Auffinden der Weibchen im Dienste der sexuellen Annäherung. In vielen Fällen sind bei den Männchen Sexualmerkmale ausgebildet, die das Weibchen erregen und zur Begattung gefügig machen. Besondere Bedeutung haben unter ihnen ornamentale Merkmale der Gestalt und Färbung, die auf das Auge wirken. Schließlich besitzen bei manchen Tierarten die männlichen Tiere »sexuelle Waffen«, die beim »Kampf« um die Weibchen eingesetzt werden.

Zwergmännchen

Geringe Größenunterschiede der beiden Geschlechter kann man bei vielen Tierarten beobachten. In manchen Fällen sind die Weibchen größer, in anderen die Männchen. Wesentlich kleiner als ihre Weibchen sind die Männchen der Fadenwürmer, der Wasserflöhe und vieler Spinnenarten. Bei manchen Spinnen sind die Größenunterschiede so beträchtlich, daß man hier von Zwergmännchen sprechen kann. So soll bei manchen tropischen Spinnen das männliche Tier vom weiblichen um das Fünfhundert- bis Achthundertfache des Körpervolumens übertroffen werden.

Zwergmännchen sind in einer ganzen Reihe von Tiergruppen beobachtet worden. Außer bei Spinnen treten sie bei manchen Krebsen, Schnecken, Tintenfischen, Rädertierchen, Meeresringelwürmern und sogar in einem merkwürdigen Fall bei Fischen auf.

Unter den Mollusken zeichnet sich die Tintenfischfamilie der Argonautidae dadurch aus, daß ihre Männchen stets viel kleiner sind als die Weibchen. Die extremste Ausbildung dieses Geschlechtsdimorphismus finden wir bei dem Papierboot *Argonauta argo*. Die Weibchen dieses im Mittelmeer vorkommenden Tieres werden 20 bis 30 cm lang. Sie sitzen in einer papierdünnen Spiralschale, die von lappenartigen Verbreiterungen der Dorsalarme abgeschieden wird. Die zwerghaft kleinen Männchen, die keine Schale bilden, erreichen nur 1 cm Länge.

Noch viel extremer ist der Größenunterschied beider Geschlechter bei *Bonellia viridis*, einer zu den Igelwürmern (Echiurida) gehörenden Tierart, die im Mittelmeer, aber auch an den Küsten des Atlantischen, Pazifischen und Indischen Ozeans lebt. Das Weibchen von *Bonellia* besitzt einen walzenförmigen Körper von etwa 15 cm Länge, an dessen Vorderrumpf ein am Ende gegabelter Rüssel entspringt, der sich auf weit über 1 m Länge ausdehnen kann. Während das Weibchen bereits 1816 beschrieben wurde, hat der russische Zoologe Kowalewski das Männchen erst im Jahre 1868 entdeckt. Dies ist nicht verwunderlich, da diese männlichen Tiere Musterbeispiele für Zwergmännchen sind. Sie werden nur 1 bis 3 mm lang und ähneln mit ihrem reduzierten Körperbau eher einem winzigen Strudelwurm als dem mehrhundertfach längeren Weibchen. Die Körpervolumina beider Geschlechter unterscheiden sich demzufolge bei diesem merkwürdigen Tier um das Millionenfache.

Überaus eigenartig ist auch die Entwicklung und Lebensweise dieser Zwergmännchen. Wenn die nur kurze Zeit freischwimmende Larve von *Bonellia* bis zum 16. Tag nach dem Schlüpfen nicht auf ein weibliches Tier trifft, läßt sie sich auf den Meeresboden nieder und entwickelt sich selbst zu einem Weibchen. Stößt die Larve jedoch auf ein erwachsenes Weibchen, so setzt sie sich an dessen Rüssel fest und wird zu einem Zwergmännchen. 4 oder 5 Tage nach dem Festsetzen löst sich die Rüssellarve ab und wandert am Rüssel entlang in den Vorderdarm des Weibchens, in dem man bis zu 85 Zwergmännchen finden kann.

Experimentelle Untersuchungen legen die Vermutung nahe, daß vom weiblichen Rüssel Substanzen abgegeben werden, die eine Entwicklung der Larven in männlicher Richtung auslösen. Bei *Bonellia* haben wir somit nicht nur einen extremen Fall von Geschlechtsdimorphismus mit winzigen Zwergmännchen, sondern zugleich ein eindrucksvolles Beispiel für Geschlechtsbestimmung durch äußere Faktoren.

Es mag überraschen, daß es auch unter den Wirbeltieren eine Tiergruppe gibt, die Zwergmännchen besitzt. Allerdings werden auch die meisten Fachzoologen kaum jemals Gelegenheit haben, diese persönlich kennenzulernen, da es sich um Tiefseebewohner handelt. Bei den Anglerfischen der Tiefsee setzen sich die männlichen Larven frühzeitig an der Bauchseite des viel größeren Weibchens fest, wobei einige ihrer Organe verkümmern, während die Hoden sich stark entwickeln. Da zwischen den Blutkreisläufen beider Partner sich eine plazentaartige Verbindung entwickelt, lebt das Zwergmännchen als Parasit auf Kosten seines Weibchens. Im Grunde stellt es nur eine seltsame Art von Hoden dar, der ständig vom Weibchen mitgeführt wird. In seltenen Fällen wurden an der Bauchseite eines Weibchens sogar zwei oder drei festgewachsene Männchen gefunden. Einen solchen stark ausgeprägten Sexualdimorphismus der Körpergröße zeigt beispielsweise der Tiefseeangler *Ceratias holboelli*, dessen Weibchen über einen Meter lang wird, während das Zwergmännchen nur eine Länge von etwa 10 cm erreicht.

Haft- und Greiforgane zur Bewältigung der Weibchen

Zu den ursprünglichsten sekundären Geschlechtsunterschieden gehören ohne Zweifel Haft- und Greiforgane der Männchen, die ihnen das Festhalten der Weibchen bei der Begattung erleichtern. Sie sind vor allem bei Wirbellosen verbreitet und fehlen den höheren Wirbeltieren völlig.

Bei zahlreichen Insektengruppen sind Anhänge der letzten Körpersegmente der Männchen zu Haft- oder Greifapparaten geworden, die das Begattungsorgan umstellen und einen Zusammenhalt der Genitalregionen beider Geschlechtspartner gewährleisten. Wir finden sie in unterschiedlicher Komplikation bei Eintagsfliegen, Heuschrecken, Köcherfliegen, Hautflüglern, Schmetterlingen und Fliegen. Einen der kompliziertesten und größten Greifapparate besitzen die Männchen der Schnabelfliege *Panorpa*, deren Erscheinungsbild durch dieses sekundäre Geschlechtsmerkmal stark bestimmt wird.

Bei den Gliederfüßern verwenden natürlich die männlichen Tiere häufig ihre Extremitäten zum Festhalten der Weibchen. Wenn einzelne Beinpaare, die ja ohnehin zu Greiforganen geschaffen erscheinen, in Anpassung an die Klammerfunktion stärker ausgebildet sind, so werden sie zu sekundären Geschlechtsmerkmalen. Wir können solche Sonderbildungen bei vielen Krebstieren, aber auch bei manchen Milben beobachten. Unter den Insekten sind die verlängerten Vorderbeine der männlichen Eintagsfliegen erwähnenswert, mit denen sie im Fluge das Weibchen erhaschen, um die Paarung zu vollziehen.

Die Männchen der Käfer tragen nicht selten an den Vorderbeinen verbreiterte Fußglieder, die durch Hinzutreten besonderer Hafteinrichtungen den Zusammenhalt beider Geschlechtspartner bei der Paarung erleichtern. Dies kann man etwa bei Aaskäfern, Laufkäfern, vor allem aber bei Schwimmkäfern beobachten. Ihren Höhepunkt erreichen derartige Sonderbildungen beim Gelbrandkäfer. Beim Männchen sind hier die ersten drei Fußglieder der Vorderbeine um das Sechsfache verbreitert. Sie bilden eine Scheibe, die zahlreiche kleine und zwei große gestielte Haftnäpfe trägt. Wenn das Männchen diese Haftscheiben auf den Halsschild des Weibchens preßt, werden durch die Saugwirkung beide Körper auch im Wasser fest verklammert.

Zu Greiforganen im Dienste der Fortpflanzung sind auch die Antennen einiger Krebse und mancher Insekten geworden. Unter den Insekten besitzen die Männchen des zu den Collembolen gehörenden Kugelspringers *(Sminthurides)* Greifantennen, mit denen sie die normalen Fühler der Weibchen umschlingen, um sich dann tagelang von diesen umherschleppen zu lassen. Bei den als Parasiten auf Vögeln und Säugetieren lebenden Federlingen (Mallophagen) sind die Antennen der Männchen mancher Arten zu richtigen Greifzangen geworden, mit denen bei der Paarung Vorderbeine, Fühler und Kopfseiten des Weibchens fest umschlossen werden.

Den Höhepunkt der Umbildung männlicher Antennen in sexuelle Greiforgane finden wir in der Krebsgruppe der Kiemenfüße (Anostraca). Während die Weibchen der etwa 150 Kiemenfußarten zwei normale Antennenpaare besitzen, ist bei den Männchen nur die erste Antenne als normaler fadenförmiger Fühler ausgebildet. Die zweiten Antennen der Männchen sind in der Regel in artspezifisch sehr unterschiedlicher und oft bizarrer Weise zu Greiforganen umgebildet.

Bei Kiemenfußarten, deren Männchen keine Greifantennen besitzen, kann ein eigentümlicher Stirnfortsatz als neues Haftorgan auftreten. Bei den Männchen von *Dendrocephalus cervicornis* erhebt sich am Vorderende des Kopfes auf einem dreigliedrigen Stiel ein merkwürdig geweihartig verästelter, voluminöser Fortsatz, der dem Weibchen völlig fehlt.

Ein ganz ungewöhnliches Beispiel für geschlechtsspezifische Klammerorgane zeigen uns die zu den Schnabelfliegen gehörenden flugunfähigen Winterhafte (Boreidae). Während bei den Weibchen von *Boreus* die Vorderflügel zu kleinen schuppenförmigen Gebilden reduziert sind, stellen die der Männchen hakenförmige Klammerorgane dar, mit denen es das Weibchen ergreifen und bei der Kopulation dessen Vorderschenkel festhalten kann.

Unter den Wirbeltieren treten echte Haftorgane als sekundäre Geschlechtsmerkmale nur bei Froschlurchen auf. Da die Männchen der Frösche und Kröten bei der Paarung die Weibchen mit den Vorderbeinen umklammern, zeigen diese Strukturbildungen, die den langdauernden Umklammerungsprozeß erleichtern. So sind die männlichen Vorderextremitäten wesentlich kräftiger entwickelt als die weiblichen. Außerdem finden sich an den Vorderbeinen der Männchen kräftige Schwielen, deren rauhe Oberfläche fest in die Haut des Weibchens eingedrückt wird.

Organe zum Aufsuchen der Weibchen

Voraussetzung für eine erfolgreiche Paarung ist das Zueinanderfinden der Geschlechter. Da die Weibchen in der Regel von den Männchen aktiv aufgesucht werden, ist es nicht verwunderlich, daß deren Fernsinnesorgane des Geruchs- und Gesichtssinns besonders leistungsfähig sein müssen. In vielen Fällen sind sie beim Männchen stärker als beim Weibchen ausgebildet und werden so zu sekundären Geschlechtsmerkmalen, die vor allem bei den Gliederfüßern das Erscheinungsbild der Tiere beeinflussen können.

Die Geruchsorgane liegen bei den Krebsen auf den Antennen. Da diese in den Dienst des sexuellen Spürsinns getreten sind, überrascht es nicht, daß bei verschiedenen Krebsgruppen Männchen und Weibchen sich in der Gestaltung ihrer Antennen unterscheiden. Besonders ausgeprägt ist ein solcher Geschlechtsdimorphismus bei den im Sand- oder Schlickboden des Meeres lebenden kleinen Cumaceen. Während die erste Antenne in beiden Geschlechtern gleich gestaltet ist, weist die zweite beträchtliche Unterschiede auf. Bei den Weibchen stellt sie nur einen kleinen Anhang des Kopfes dar. Die Männchen der Cumaceen besitzen demgegenüber zweite Antennen von beträchtlicher Länge, die über das Hinterende des Körpers hinausragen können.

Auch bei den Insekten tragen die Fühler Geruchsorgane, die für das Auffinden der Weibchen von Bedeutung sind. So haben bei vielen Insektenarten die Antennen der Männchen eine viel größere Oberfläche als jene der Weibchen. Bei den Käfern kann dies in sehr unterschiedlicher Weise zum Ausdruck kommen. Schon als Kinder haben wir die beiden Geschlechter des Maikäfers daran unterschieden, daß beim Männchen die Blätter des Fühlerfächers viel länger als beim Weibchen sind.

Eine Vergrößerung der Fühleroberfläche kann aber auch durch eine Verlängerung der Antennen erreicht werden, wie man sie bei Bockkäfern beobachten kann. Bei unserem mitteleuropäischen Zimmermannsbock *Acanthocinus aedilis* erreichen die Fühler des Weibchens die doppelte Körperlänge, während sie beim Männchen fünfmal so lang wie der Körper werden können. Noch extremer ist der Längenunterschied der Antennen bei manchen tropischen Käfern. So erreichen bei dem auf Neuguinea lebenden Breitrüßler *Xenocerus barbicornis* die Fühler des Männchens ebenfalls die fünffache Körperlänge, während jene des Weibchens nur halb so lang wie der Körper werden.

Einen stark ausgeprägten Geschlechtsdimorphismus der Antennen finden wir auch bei manchen solitären Bienen und Blattwespen, vor allem aber bei den spinner- und spannerartigen Schmetterlingen. Bei ihnen zeichnen sich die männlichen Fühler dadurch aus, daß ihre einzelnen Glieder lange Seitenäste besitzen, während diese bei den weiblichen Fühlern entweder viel kürzer sind oder völlig fehlen.

Ein eindrucksvolles Beispiel für diesen funktionsbedingten Geschlechtsunterschied der Fühler können wir im Frühjahr in unseren Buchenwäldern beobachten. Wenn im April oder Mai die Männchen des Nagelflecks *(Aglia tau)* in raschem Zickzackflug durch den Wald flattern, suchen sie mit ihren stark gefiederten Antennen nach den Lockstoffen, die von den an Baumstämmen sitzenden Weibchen ausgeschieden werden.

Bei Insekten, die sich beim Aufsuchen des Geschlechtspartners mehr optisch orientieren, können auch die Augen starke Geschlechtsunterschiede aufweisen. So hat bei unserer Honigbiene der Drohn mächtige Komplexaugen mit 8000 und mehr Ommatidien, die sich in der Scheitelmitte berühren. Die Augen der Königin sind hingegen viel kleiner und besitzen höchstens halb so viel Ommatidien.

Noch stärkere Ausmaße erreichen die Sexualunterschiede der männlichen und weiblichen Augen bei vielen Zweiflüglern. Während es sich bei den Bremsen (Tabanidae) überwiegend um Größenunterschiede handelt, haben sich die großen Augen der Männchen bei manchen Arten der Waffenfliegen (Stratiomyidae), Haarmücken (Bibionidae), Kriebelmücken (Simuliidae) und Schwebfliegen (Syrphidae) zu Doppelaugen entwickelt, bei denen der dorsale Abschnitt eine andere Struktur als der ventrale besitzt. Die Augen der weiblichen Fliegen entsprechen allein den kleineren, unteren Augenabschnitten der Männchen. Einen ähnlichen, stark ausgeprägten Augendimorphismus, wie ihn die erwähnten Zweiflüglerfamilien zeigen, kann man bei den Eintagsfliegen (Ephemeroptera) beobachten.

Geschlechtsunterschiede der Organe für das Aufsuchen der Weibchen finden wir nicht nur bei den Sinnesorganen. Sie können auch die Fortbewegungsorgane betreffen, die das Männchen zum Weibchen hinbringen. Bei vielen Krebstieren ist der Bewegungsapparat der Männchen stärker ausgebildet. Bei dem schon erwähnten Winterhaft *Boreus*, dessen beide Geschlechter flugunfähig sind, besitzen die Beine der Männchen kräftigere Hüftglieder, die ihnen das aktive Aufsuchen der im Moos versteckt lebenden Weibchen erleichtern. Vor allem aber lassen sich bei vielen Insekten Unterschiede in der Flügelausstattung beider Geschlechter beobachten.

Wenn bei Insekten eine Rückbildung oder ein völliger Verlust der Flügel vorliegt, so betrifft dies in den meisten Fällen die Weibchen. So besitzen zahlreiche spinner- und spannerartige Schmetterlinge flügellose Weibchen, während die Männchen normale Flugfähigkeit aufweisen. Bei Gespenstheuschrecken (Phasmida) sind nur die Männchen durch volle Ausbildung der häutigen Hinterflügel zum Fliegen befähigt. Ähnlich ist es bei den Schildläusen (Coccina), wo den flugfähigen Männchen völlig flügellose Weibchen gegenüberstehen. Ein weiteres Beispiel für Geschlechtsunterschiede der Flügelausstattung stellen schließlich in unserer heimischen Fauna die Leuchtkäfer dar. Es sind allein die flugfähigen Männchen, die uns in warmen Sommernächten als umherfliegende Lichtpunkte erfreuen und fesseln, während die völlig flügellosen Weibchen als »Glühwürmchen« im Grase sitzen.

Nur bei wenigen Insektenarten besitzen die Männchen weniger gut entwickelte Flügel als die Weibchen. Dies gilt etwa für einige Steinfliegen (Plecoptera). In jedem Fall kommt aber der Geschlechtsdimorphismus der Flügelausbildung nicht durch eine Steigerung der Organisation des flugfähigen Geschlechts, sondern durch Reduktionserscheinungen bei den flugunfähigen Tieren zustande.

Ornamentale Geschlechtsmerkmale

Zahlreiche sekundäre Geschlechtsunterschiede der Männchen dienen dazu, die Weibchen zu erregen und für die Begattung gefügig zu machen. Die Vielfalt dieser Merkmale können wir nach den Sinnesorganen gruppieren, auf die sie einwirken. So wirken die Sekrete männlicher Duftdrüsen auf das Geruchsorgan des Weibchens, die Laute erzeugenden Organe auf das Gehörorgan sowie Merkmale der Körperform und Färbung des Männchens auf den optischen Sinn der Weibchen. Wir wollen hier die ornamentalen Geschlechtsmerkmale der Körperplastik und Körperfärbung näher betrachten, die für die optische Erscheinung der Tiere von großer Bedeutung sind und seit langem die Aufmerksamkeit der Beobachter erregten.

Großer Pappelbock *(Saperda carcharias)*. Die für die Gestalt der Bockkäfer so charakteristischen Fühler zeigen bei manchen Arten in beiden Geschlechtern extreme Größenunterschiede.

Färbungsunterschiede der Geschlechter

Unterschiede der Körperfärbung beider Geschlechter gehören ohne Zweifel zu den auffälligsten sekundären Geschlechtsmerkmalen. Im einfachsten Fall wird das Aussehen der Tiere durch die Färbung der Keimdrüsen unmittelbar bestimmt. Wenn die Ovarien eines Tieres durch massenhafte Einlagerung von Dotter in die Eizellen einen bestimmten Farbton erhalten und die Ovarien in einem durchscheinenden Körper liegen, so kann die Ovarienfarbe das Aussehen des Weibchens bestimmen. So sind die weiblichen Individuen vieler Korallen durch ihre leuchtend roten Ovarien leicht von den männlichen Tieren zu unterscheiden, die weißliche Hoden besitzen. Ähnliche Farbunterschiede kann man bei manchen Meeresringelwürmern (Polychaeta) beobachten, deren Weibchen durch die Ovarien grünlich, grau oder bräunlich gefärbt sind, während die Männchen infolge der Hodenfärbung eine weißliche, gelbliche oder rötliche Körperfärbung zeigen können.

Bei manchen niederen Wirbellosen kann auch durch andere Organe ein Farbdimorphismus der Geschlechter bedingt sein. So kann man bei einigen Medusen männliche und weibliche Tiere an der Farbe ihres Mundstiels und der Tentakelbasis unterscheiden. Farbunterschiede zeigen die Geschlechter mancher Seesterne und Schlangensterne sowie einiger Arten der Krebstiere.

Nicht selten kommt sexueller Färbungsdimorphismus bei Spinnen vor. Auffällige Beispiele aus unserer heimischen Spinnenfauna liefern die grüne Huschspinne *Micromata rosea*, die Röhrenspinne *Eresus cinnaberinus* sowie die Springspinnen *Philaeus chrysops* und *Evarche arcuata*. Während bei *Micromata rosea* das Weibchen am ganzen Körper grün gefärbt ist, besitzt das Männchen einen gelben Hinterkörper mit einem karminroten, mittleren Längsstreifen. Das Männchen von *Philaeus chrysops* ist aufgrund seiner Färbung sicherlich unsere schönste Springspinne. Es besitzt einen schwarzen Vorderkörper sowie einen leuchtend roten Hinterkörper mit schwarzem, lanzettförmigem Fleck in der Rückenmitte. Das Weibchen dieser Art ist demgegenüber unscheinbar braun. Ähnliche Farbunterschiede zeigt die Röhrenspinne *Eresus cinnaberinus*. Während das Weibchen dieser bei uns überaus seltenen Art einfarbig schwarz behaart ist, kann man das Männchen als farbenprächtigste Spinne der heimischen Fauna bezeichnen. Sein schwarzer Vorderkörper ist mit schwarzen sowie auch weißen und roten Haaren bedeckt. Der feuerrote Hinterkörper ist auf der Rückenseite mit vier großen schwarzen Punkten gezeichnet. Die dunklen Beine sind weiß geringelt und teilweise mit roten Haaren besetzt.

Ihren Höhepunkt erreichen unter den Wirbellosen die Geschlechtsunterschiede der Färbung bei den Insektenordnungen der Libellen und Schmetterlinge. Bei den Libellen unterscheiden sich die beiden Geschlechter meist in der Färbung des langgestreckten Hinterkörpers. Er ist bei den Männchen der *Aeschna*-Arten meist blau gefleckt, bei den Weibchen gelb oder grün gefleckt. Bei Männchen der Heidelibellen *(Sympetrum)* kann der Hinterkörper rot, jener der Weibchen gelblich sein. Die Blauflügel-Prachtlibelle *(Calopteryx virgo)* besitzt nur im männlichen Geschlecht erzblau oder erzgrün schillernde Flügel, während jene der Weibchen braun sind. Bei der gebänderten Prachtlibelle *(Calopteryx splendens)* zeigen die Flügel der alten Männchen eine breite blau oder grün schillernde Binde, die den durchsichtigen weiblichen Flügeln fehlt.

Viel stärker als bei den Libellen ist der Farbenunterschied der Geschlechter bei zahlreichen Schmetterlingsarten ausgebildet. Er betrifft hier vor allem die Flügelfärbung und ist insbesondere bei Tagfaltern zu beobachten.

In unserer heimischen Schmetterlingsfauna zeigen manche Bläulinge (Lycaenidae) einen Farbdimorphismus mit blauen Männchen und braunen Weibchen. Das Männchen zeichnet sich bei unserem hübschen Aurorafalter *(Anthocaris cardamines)* durch orangefarbene Flügelflecke, beim Schillerfalter *(Apatura iris)* durch den prachtvollen blauen Schiller der Flügeloberseite aus.

Sexuelle Farbunterschiede zeigen viele tropische Papilioniden, deren Männchen im Gegensatz zu den Weibchen leuchtende rote, blaue oder grüne Farbfelder auf den Flügeln besitzen. Den Höhepunkt des Farbdimorphismus zeigen in dieser Verwandtschaftsgruppe jedoch die indoaustralischen Ornithopteren, deren überaus farbenprächtige Männchen mit ihren grün oder golden schillernden Flügeln einen starken Kontrast zu den braunen Weibchen bilden. Andere Beispiele für solchen Sexualdimorphismus bieten viele Weißlinge (Pieridae), deren Männchen mit ihren gelben oder roten Schmuckfarben so gar nicht zum deutschen Namen der Schmetterlingsfamilie passen.

Ein überaus eindrucksvolles Beispiel für Farbunterschiede beider Geschlechter finden wir schließlich bei den tropischen Tagfaltern der Gattung *Morpho*, deren Männchen ohne Zweifel zu den farbenprächtigsten Geschöpfen der Erde gehören. Naturforscher, die das Glück hatten, den Flug dieser Falter im Glanz der Tropensonne zu beobachten, schildern das Farbenspiel der Tiere bei wechselnder Beleuchtung mit eindrucksvollen Worten als

»ein völliges Verschwinden, dann ein gelbes und violettes Aufleuchten und schließlich ein Erstrahlen in tiefstem Azurblau, das wieder jäh in einem matten Perlmutterglanz ersterben kann.« Ihre meist gelbbraun bis schwarzbraun gefärbten Weibchen machen demgegenüber einen unscheinbaren Eindruck.

Unter den Wirbeltieren zeigen viele Arten einen stark ausgeprägten Färbungsdimorphismus der Männchen und Weibchen.

Da dieser bei den verschiedenen Verwandtschaftsgruppen in unterschiedlichem Maße von den Aktivitätsphasen der Keimdrüsen abhängen kann, ist das volle Ausmaß der Sexualunterschiede vielfach nur zur Paarungszeit ersichtlich.

Bei vielen Knochenfischen zeichnen sich die Männchen durch farbenprächtige Hochzeitskleider vor den Weibchen aus. Ein eindrucksvolles Beispiel hierfür liefert unter unseren heimischen Fischen der dreistachelige Stichling *(Gasterosteus aculeatus)*. Dessen Männchen unterscheidet sich durch ein prächtiges Hochzeitskleid mit blaugrünem Rücken, roter Kehle und silberblauer Iris von den grau bis olivgrün gefärbten Weibchen. Beim Bitterling *(Rhodeus sericeus)* ist das Männchen zur Laichzeit prächtig bunt und schillert in allen Regenbogenfarben. Jeder Aquarianer kennt den Farbdimorphismus der Geschlechter bei solch beliebten Zierfischarten wie dem Guppy *(Poecilia reticulata)* oder dem Zwergfadenfisch *(Colisa lalia)* und anderen Labyrinthfischen. Unter den Meeresfischen tragen die Männchen vieler Lippfische (Labridae), der farbenprächtigen Papageifische (Scaridae) oder mancher Meergrundeln (Gobiidae) ein andersfarbiges Kleid als die Weibchen.

Ein lebhaft gefärbtes Hochzeitskleid können wir auch bei den Männchen unserer Molche beobachten. Das Männchen des Bergmolchs *(Triturus alpestris)* zeigt dann eine schwarz-gelb gebänderte Rückenleiste, die in starkem Kontrast zu den hellblau bis graublau gefärbten Körperseiten und dem leuchtenden Orangerot des Bauches steht. Beim Kammolch *(Triturus cristatus)* wird der Schwanz des Männchens an den Seiten von einem perlmuttweißlichen Farbstreifen, beim Teichmolch *(Triturus vulgaris)* die Schwanzunterseite von einer orangefarbig gesäumten Zebrastreifung geziert. Unter unseren Froschlurchen zeigt der Moorfrosch *(Rana arvalis)* einen Farbdimorphismus der Geschlechter, da das Männchen zur Paarungszeit eine mehr oder weniger ausgeprägte himmelblaue bis violette Färbung annimmt.

Nicht selten kommen Farbunterschiede der Männchen und Weibchen auch bei Reptilien vor. So legt das Männchen der Zauneidechse *(Lacerta agilis)* im Frühjahr ein intensiv grünes Kleid an, während das Weibchen überwiegend braun bis grau gefärbt ist. Manche Eidechsenmännchen schmücken sich zur Paarungszeit mit leuchtender Kehlfärbung, die sonst braunen männlichen Steppenagamen *(Agama sanguinolenta)* bekommen außer einer schwarzblauen Kehle eine intensiv dunkelviolette Flanken- und Bauchfärbung.

So wie die Schmetterlinge unter den Insekten zeigen die Vögel unter den Wirbeltieren einen Höhepunkt des Färbungsdimorphismus der Männchen und Weibchen. Nicht wenige eindrucksvolle Beispiele hierfür finden wir schon bei unseren einheimischen Singvögeln. Denken wir nur an die prachtvolle Färbung der Männchen von Dompfaff, Hausrotschwanz, Buchfink, Pirol oder Blaukehlchen, die in starkem Kontrast zu der unauffälligeren Farbe der Weibchen steht.

Viel stärkere Farbkontraste kann man bei zahlreichen Tropenvögeln beobachten. Für nahezu ein Jahrhundert hat man die Geschlechter des von den Molukken bis Nordaustralien vorkommenden prächtigen Edelpapageis *(Eclectus roratus)* für zwei verschiedene Arten gehalten, da das Weibchen rot, das Männchen hingegen überwiegend lebhaft grün gefärbt ist. Bei der Orangetaube *(Chrysoenas victor)* der Fidschiinseln ist der Tauber bis auf den grünlichen Kopf und die Schwingen prachtvoll goldorange, das Weibchen hingegen unscheinbar grün. Die Männchen der südamerikanischen Schmuckvogelgattung *Cotinga* zeichnen sich durch ein glänzendes Blau vor ihren braunen Weibchen aus. Auch beim südamerikanischen Türkisnaschvogel *(Cyanerpes cyaneus)* ist das Männchen ultramarineblau, das Weibchen aber grün gefärbt. Die Männchen der amerikanischen Tangarengattung *Piranga* fallen durch lebhafte Rotfärbung auf, während die Weibchen grün und gelb sind.

Sexueller Farbdimorphismus betrifft nicht nur einzelne Arten der Vögel. Es können ganze Familien sich durch ein Prachtgefieder der Männchen vor dem schmucklosen Federkleid der Weibchen auszeichnen. Das betrifft die Enten, Fasanen, Pfauen, Kolibris und Nektarvögel. Den glanzvollen Höhepunkt des Farbdimor-

Beim Edelpapagei *(Lorius roratus)* sind beide Geschlechter so unterschiedlich gefärbt, daß man sie lange für verschiedene Arten hielt. Während das Männchen grün ist, zeigt das Weibchen eine überwiegend rote und blaue Färbung.

Bei den Winkerkrabben *(Uca)* besitzt das Männchen als ornamentales Geschlechtsmerkmal eine extrem vergrößerte Schere, die den ganzen Körper an Größe übertrifft und meist auffällig gefärbt ist.

Das Männchen des im tropischen Amerika lebenden Herkuleskäfers *(Dynastes hercules)* besitzt als Geschlechtsmerkmal am Kopf und Halsschild jeweils ein langes, nach vorn gerichtetes Horn. Beide Hörner des bis zu 17 cm langen Käfers können zangenartig gegeneinander bewegt werden.

phismus zeigen schließlich die Paradiesvögel, bei denen zur Farbenpracht des männlichen Hochzeitskleides ein großer Formenreichtum an Zierfedern kommt.

Bei den Säugetieren sind Färbungsunterschiede der Männchen und Weibchen seltener. Solche Kontraste wie zwischen den roten Männchen des Roten Riesenkänguruhs *(Macropus rufus)* und seinem meist blaugrauen Weibchen sind eine Ausnahme. Häufiger unterscheiden sich die beiden Geschlechter durch Abstufungen der Farbgebung, gelegentlich auch durch eine abweichend gefärbte Zeichnung des Fells.

Formunterschiede als ornamentale Geschlechtsmerkmale
Ornamentale Geschlechtsunterschiede betreffen nicht nur die Färbung, sondern auch die Gestalt des Körpers. Es kann sich dabei um einfache Größenunterschiede einzelner Organe handeln, wie wir sie in extremer Weise bei der Winkerkrabbe *(Uca)* sehen. Deren Männchen besitzt eine extrem vergrößerte Schere, die den Körper des Tieres an Größe übertrifft und überdies meist eine lebhafte Färbung zeigt.

Manche Schmetterlinge haben im männlichen Geschlecht eine andere Flügelform als im weiblichen, wobei die Flügel der Männchen oft schlanker und länger sind. Bei Knochenfischen besitzen die Männchen nicht selten vergrößerte oder in Zipfel ausgezogene Flossen, wie wir sie bei vielen Zierfischen finden. Bekannte Beispiele hierfür sind die Makropoden *(Macropodus opercularis)*, der Kampffisch *(Betta splendens)* oder der Breitflossenkärpfling *(Poecilia latipinna)*.

Die Männchen der Käfer besitzen nicht selten mehr oder weniger lange und vielfach abenteuerliche Körperauswüchse, die ihren Weibchen fehlen. Das gilt für viele Blatthornkäfer, unter denen unser einheimischer Nashornkäfer *(Oryctes nasicornis)* noch ein relativ bescheidenes Beispiel dieses Sexualdimorphismus darstellt. Bei zahlreichen tropischen Vertretern der Scarabaeiden erreichen die Hornbildungen oder bizarren Auswüchse des Kopfes und Brustschildes zum Teil beträchtliche Größe, wie beim Herkuleskäfer *(Dynastes hercules)*, Atlaskäfer *(Chalcosoma atlas)* oder dem Elefantenkäfer *(Megasoma elephas)*, die zu den größten Käferarten gehören. Die Formenvielfalt dieser Fortsätze erscheint unerschöpflich. Sie können in Einzahl oder Mehrzahl vorhanden sein, sind gerade oder gebogen, zugespitzt oder blattartig verbreitert und in manchen Fällen auch geweihartig verzweigt.

Einen plastischen Schmuck der Männchen in Form bizarrer Körperauswüchse finden wir auch bei vielen Wirbeltieren. So wächst bei manchen im Wasser lebenden Molchen zur Fortpflanzungszeit im Rücken eine flossenförmige Hautfalte aus, die bei unserem Kammolch *(Triturus*

Das Männchen des ostafrikanischen Dreihornchamäleons *(Chamaeleo jacksoni)* bekommt durch drei große geringelte Hörner des Kopfes ein bizarres Aussehen.

Das Männchen des Prachtfregattvogels *(Fregata magnificens)* entwickelt zur Zeit der Werbung einen prächtig roten, aufblasbaren Kehlsack, den es bei der Balz benutzt.

cristatus) oder dem vorderasiatischen Bandmolch *(Triturus vittatus)* die Form eines hohen, gezackten Kammes annimmt.

Die Männchen vieler Leguane und Agamen zeichnen sich vor ihren Weibchen durch Hautauswüchse, Falten oder Kämme aus. Ein abenteuerliches Aussehen bekommen die Männchen mancher Chamäleons durch lange, hornartige Auswüchse des Kopfes, die bei den verschiedenen Arten in unterschiedlicher Zahl und Anordnung vorkommen. So trägt das männliche Tier des in Ostafrika vorkommenden Dreihornchamäleons *(Chamaeleo jacksoni)* drei große geringelte Hörner, die Kopflänge erreichen.

Auch zahlreiche Vogelmännchen besitzen als ornamentale Geschlechtsmerkmale charakteristische Hautauswüchse des Kopfes oder Halses in Form von Höckern, Warzen, Kämmen oder Hautlappen, die vielfach lebhaft gefärbt und oft schwellbar sind. Das gilt vor allem für die Hühnervögel, aber auch Vertreter anderer Gruppen. Besonders merkwürdig muten uns die Hautauswüchse mancher Schmuckvögel (Cotingidae) an. Bei dem mittelamerikanischen Hämmerling *(Procnias tricarunculata)* entspringen von den Schnabelwinkeln und an der Stirn je ein langer, dünner Hautzapfen. Das Männchen des südamerikanischen Schirmvogels *(Cephalopterus ornatus)* trägt gar einen von der Kehle herabhängenden befiederten Hautsack, der bei der Balz aufgebläht wird und durch die abstehenden Federn wie ein großer Tannenzapfen aussieht. Dieser Kehlzapfen kann sich bis auf über 30 cm Länge ausdehnen und dem nur einen halben Meter großen Vogel so ein sonderbares Aussehen verleihen.

Auch bei einigen Säugetieren gibt es vergleichbare Bildungen. Wir finden sie bei zwei Robbenarten. Das Männchen der im Nordatlantik lebenden Klappmütze *(Cystophora cristata)* besitzt eine aufblasbare Rüsselnase. Wenn die Bullen in der Paarungszeit unter Gebrüll ihre Rüsselnasen durch Luftaufnahme aufblähen, tritt die Nasenscheidewand als imposante, 25 cm lange und 20 cm hohe Blase hervor. Sie sitzt wie eine aufgeblähte Mütze dem Vorderkopf auf und bildet durch ihre blutrote Färbung einen auffälligen Kontrast zu dem schwarzen Gesicht und der grauschwarz gefleckten Körperfarbe.

Die in Form, Größe, Windung und Orientierung außerordentlich unterschiedlichen Hörner der Hornträger (Bovidae), die als Kampforgane der Männchen dienen, tragen in maßgeblicher Weise zum artspezifischen Erscheinungsbild der Tiere bei. 1 Giraffengazelle *(Litocranius walleri)*, 2 Weithorngazelle *(Gazella granti robertsi)*, 3 Lamagazelle *(Ammodorcas clarkei)*, 4 Rappenantilope *(Hippotragus niger)*, 5 Kudu *(Tragelaphus strepsiceros)*, 6 Springbock *(Antidorcas marsupialis)*, 7 Südafrika-Spießbock *(Oryx gazella gazella)*, 8 Pamir-Wildschaf *(Ovis ammon polii)*, 9 Schraubenziege *(Capra falconeri)*, 10 Weißschwanzgnu *(Connochaetes gnou)*.

Bei den riesigen See-Elefanten *(Mirounga leonina)* des Südpazifik besitzt das Männchen eine rüsselförmige Nasenverlängerung, die bei Erregung auf das Doppelte verlängert werden kann.

Auch die Männchen des im Südpazifik lebenden riesigen See-Elefanten *(Mirounga leonina)* besitzen eine rüsselförmige, muskulöse Nasenverlängerung von etwa 40 cm Länge, die bei Erregung des Tieres auf das Doppelte verlängert werden kann.

Plastische Schaumerkmale werden bei den Männchen der Vögel und Säugetiere nicht nur durch Auswüchse des Körpers, sondern vor allem auch von Sonderbildungen des Gefieders oder des Haarkleides gebildet, die den Weibchen fehlen.

Wenn bei den Vögeln der Geschlechtsdimorphismus stärker als bei anderen Tiergruppen ausgebildet ist, so beruht dies nicht nur auf den weit verbreiteten Färbungsunterschieden beider Geschlechter, sondern ebenso auf einer außerordentlichen Plastizität des Federkleides. Die Männchen vieler Vogelarten können sich gegenüber ihren Weibchen durch zum Teil extreme Verlängerung von Federn der verschiedensten Körperregionen, aber auch durch die Ausbildung vielfältiger Formen von Schmuckfedern unterscheiden.

Wir finden am Kopf und in der Halsregion von Vogelmännchen mannigfaltige Formen des Federschmucks. Bekannte Beispiele hierfür sind die kronenförmige Haube des Pfaues oder prächtige Federkragen, wie sie Diamantfasan *(Crysolophus amherstiae)* und Goldfasan *(Crysolophus pictus)* tragen. In vielen Fällen sind die Schwanzfedern zu langen Körperanhängen ausgezogen, wie wir es wiederum bei Fasanenhähnen, aber auch vielen anderen Vögeln finden. Die Schwanzfedern der Vogelmännchen können aber auch durch Umgestaltung der Federfahnen bizarre Schmuckfedern bilden.

Den Höhepunkt der Umbildung des Schwanzes zu einem prächtigen Schauorgan finden wir ohne Zweifel beim Männchen des zu den Sperlingsvögeln gehörenden australischen Prachtleierschwanzes *(Menura novaehollandiae)*. Der sehr lange Schwanz dieses Vogels wird von 16 unterschiedlich gestalteten Schmuckfedern gebildet. 12 von ihnen besitzen keine zusammenhängende Fahne, da die Federstrahlen weit auseinanderstehen. Die beiden mittleren Schwanzfedern besitzen sehr schmale Federfahnen, die beiden äußeren eine sehr breite innere und eine sehr schmale äußere Fahne. Diese äußeren Federn waren es übrigens, die dem Vogel seinen Namen gaben, da sie S-förmig gekrümmt und mit den anderen Schwanzfedern leierartig angeordnet sind.

Bei dem Wappenvogel Guatemalas, dem prächtigen Quetzal *(Pharomachrus mocinno)* sind außer der halbkugelförmigen Federhaube des Kopfes auch die Deckfedern der Flügel und des Schwanzes zu goldgrünen Schmuckfedern verlängert, wobei die mittleren Schwanzdeckfedern 80 cm Länge erreichen können. Zu noch prachtvolleren Schauorganen sind die Deckfedern des Schwanzes beim männlichen Pfau geworden, wo sie die zum Pfauenrad aufstellbare Schleppe bilden.

Den Höhepunkt an Vielfalt und Schönheit männlicher Schaumerkmale durch Ausbildung von Schmuckfedern finden wir ohne Zweifel bei den Paradiesvögeln. Die Schmuckfedern treten an den verschiedensten Körperteilen auf, häufig an mehreren gleichzeitig. Wir finden sie am Kopf auf der Stirn, dem Scheitel, an den Gesichtsseiten oder an der Schnabelwurzel. Sie können am Hals, an den Rumpfseiten oder am Schwanz vorkommen. Die Form der einzelnen Schmuckfedern ist bei den verschiednen Arten sehr unterschiedlich. Im einfachsten Fall sind sie nur verlängert oder ihre Fahnen aufgelockert und zerschlissen. In anderen Fällen ist die Fahne auf das Ende eines sonst nackten Schaftes beschränkt, der drahtförmig oder verbreitert sein kann.

Am eigenartigsten sind die Schmuckfedern bei dem Wimpelträger *(Pteridophora alberti)* gestaltet. Die Männchen dieses Paradiesvogels besitzen nur zwei Schmuck-

Das prachtvolle Männchen des Goldfasans *(Chrysolophus pictus)* bietet neben dem schlicht gefärbten Weibchen ein eindrucksvolles Beispiel für Geschlechtsdimorphismus.

federn, jeweils eine an jeder Seite des Kopfes. Diese Federn sind extrem verlängert und erreichen mit 40 cm Länge das Doppelte der Körperlänge des Vogels. Ihre Form ist nicht weniger merkwürdig, da an der nach innen gerichteten Seite des drahtartigen Federschaftes die Fahne völlig fehlt, während sie auf der Außenseite in zahlreiche Plättchen aufgelöst ist.

Bei den Säugetieren können plastische Schaumerkmale der Männchen durch Verlängerung des Haarkleides bestimmter Körperregionen gebildet werden. Hierzu gehören die Mähnen an Kopf und Hals des Löwen oder am Rücken der männlichen Mähnenrobbe *(Otaria byronia)* sowie der Schultermantel des männlichen Mantelpavians *(Papio hamadryas)*.

Bei den Affen können die männlichen Tiere durch eine Bartbildung ausgezeichnet sein, wie wir sie beim Orang-Utan und manchen Breitnasenaffen beobachten können. Den Höhepunkt solcher Bartbildungen zeigen alte Männchen des Kaiserschnurrbarttamarins *(Saguinus imperator)*, die einen phantastisch entwickelten weißen Schnurrbart besitzen.

Eine seltsame Form sexueller Schaumerkmale haben ranghohe Säugetiergruppen mit der eigenartigen Lage der Hoden außerhalb des Körpers entwickelt. Beim Vergleich der Wirbeltiertypen unterschiedlicher Organisationshöhe kann man feststellen, daß vom Lanzettfischchen *(Branchiostoma lanceolatum)* über urtümliche Fische, Amphibien und Reptilien bis zu den niederen Säugetieren eine zunehmende Verlagerung der männlichen Keimdrüsen an das hintere Körperende erfolgt ist. Bei den höher differenzierten Säugetiergruppen der Raubtiere, Unpaarhufer, Paarhufer und Affen sind die Hoden in einen besonderen Hodensack außerhalb der Leibeshöhle verlagert worden, wobei der Höhepunkt dieser Entwicklung bei den Paarhufern erreicht wurde.

Im Rahmen der Gestaltbildung der ranghohen Säugetiere hat dieser rätselhafte Hodenabstieg offensichtlich eine Bedeutung als sexuelles Schaumerkmal der männlichen Tiere bekommen. Diese Deutung wird dadurch unterstrichen, daß eine extreme Ausbildung des Hodensacks vor allem bei solchen Säugetieren auftritt, deren Sexualpol auch durch andere ornamentale Merkmale ausgezeichnet ist, wie durch anale Spiegelfärbung, Schwanzfärbung, Haarwirbelbildung oder auch die mit Haarlosigkeit verbundene grelle Färbung des Analgebietes bei Affen.

Für die Entwicklung der Gesamtgestalt der Säugetiere ist bezeichnend, daß die Säugetiere, deren Sexualpol zum Schauorgan gestaltet ist, oft zugleich eine stark ausgeprägte ornamentale Gestaltung des Kopfpols zeigen. Diese kann sich in auffälliger Färbung, Zeichnung, Musterbildung oder Haartracht des Kopfes sowie im Vorhandensein eines Gehörns oder Geweihs äußern.

Kampforgane der Männchen

Betrachten wir das gesamte Tierreich, so spielen unter den sekundären Geschlechtsmerkmalen der Männchen besondere Organe für den Kampf um die Weibchen oder um Reviere eine vergleichsweise geringe Rolle. Bei niederen Wirbellosen kommen sie überhaupt nicht vor. Kämpfe der Männchen, die solche Organe erfordern würden, kann man erst bei Spinnen, Krebsen und Insekten sowie den Wirbeltieren beobachten, jenen Tiergruppen also, die über eine hoch entwickelte psychische Leistungsfähigkeit verfügen.

Der »Kampf« der Männchen um ein Weibchen erfolgt in vielen Fällen nur in Form einer Art Wettbewerb, indem sie mit ihren ornamentalen männlichen Sexualmerkmalen die Nebenbuhler auszustechen und die Partnerin paarungswilliger zu machen versuchen. Bei jenen Tierarten jedoch, die den Kampf im echten Sinne unter Einsatz der Körperkräfte führen, um den Nebenbuhler zu verdrängen oder zu vernichten, kann man vielfach die Ausbildung besonderer Kampforgane beobachten, die oft eindrucksvolle Komponenten der Tiergestalt darstellen.

Eine unserer häufigsten Spinnen, die Baldachinspinne *(Linyphia triangularis)* zeigt einen deutlich ausgeprägten Sexualdimorphismus im Bau der Cheliceren. Die stark vergrößerten Cheliceren der Männchen dienen als Kampforgane, mit denen sie untereinander um günstige Plätze in den Netzen der Weibchen kämpfen. Bei den höheren Krebsen sind es vor allem Krabben, die sich mit ihren oft besonders stark entwickelten Scheren bekämpfen.

Unter den Insekten bekämpfen sich die Männchen der Keulhornblattwespen *(Cimbex)* und mancher solitärer Bienen *(Andrena)* mit ihren stark verlängerten Mandibeln. Vor allem aber sind die Kämpfe der Hirschkäfermännchen bekannt, deren extrem vergrößerte und verzweigte Oberkiefer zu Kampforganen wurden, die so stark ausgeprägte Gestaltsunterschiede beider Geschlechter zur Folge hatten.

Beim Warzenschwein *(Phacochoerus aethiopicus)* können die oberen Eckzähne des Keilers sich zu gewaltigen Waffen entwickeln.

Von den Vögeln haben nur die Männchen einiger Gattungen der Hühnervögel sexuelle Waffen in Form der an den Hinterextremitäten sitzenden Sporen ausgebildet. Diese Kampforgane sind vom Hahn unseres Haushuhns allgemein bekannt. Wir finden sie jedoch auch beim Pfau *(Pavo cristatus)*, Jagdfasan *(Phasianus colchicus)* und einigen anderen Fasanen.

Bei jenen Säugetieren, deren Gebiß beim Männchen stärker als beim Weibchen ausgebildet ist, haben wir es offensichtlich auch mit Kampforganen zu tun. Das gilt für die stärkere Bezahnung der männlichen Ohrenrobben ebenso wie für die vergrößerten Eckzähne der Pavian- und Menschenaffenmännchen sowie die zu Stoßzähnen gewordenen Schneidezähne der Elefanten.

In der Familie der Schweine kann man sehr eindrucksvoll beobachten, wie die Vergrößerung der Eckzähne bei den männlichen Tieren zur Ausbildung auffälliger Geschlechtsmerkmale führte. Beim Keiler unseres Wildschweins *(Sus scrofa)* stellen sie als Hauer gefährliche Waffen dar, die in ihrer Wirksamkeit von den gewaltig entwickelten Eckzähnen des afrikanischen Warzenschweins *(Phacochoerus aethiopicus)* noch weit übertroffen werden. Beim männlichen Hirscheber *(Babyrousa babyrussa)* von Celebes ist die Verlängerung der Eckzähne ins Absonderliche übertrieben. Die bis 31 cm langen oberen Eckzähne können die Rüsseldecke des Tieres durchdringen und sich bei älteren Keilern so stark krümmen, daß ihre Spitzen manchmal in den Oberkiefer einwachsen. Ob diese seltsamen »Waffen« noch ihren ursprünglichen Zweck erfüllen oder hauptsächlich als sexuelles Gestaltsmerkmal dienen, weiß man nicht.

Beim Männchen des Narwals *(Monodon monoceros)* ist der linke von zwei im Oberkiefer vorhandenen Zähnen zu einem 2 bis 3 Meter langen, gewundenen Stoßzahn geworden, der dem Tier die eigenartigste Sexualgestalt unter den Säugetieren verleiht. Die Absonderlichkeit dieses wohl als Kampforgan dienenden Zahns hat die Phantasie der Menschen seit dem Altertum angeregt. Er gab Anlaß für die Sage vom »Einhorn« und wurde im Mittelalter wegen der ihm zugesprochenen magischen Kräfte buchstäblich mit Gold aufgewogen.

Den Höhepunkt der Entwicklung männlicher Kampforgane stellen ohne Zweifel die Stirnwaffen der Paarhufer dar. Wir finden sie bei den Giraffen (Giraffidae) in Form von fellüberzogenen Knochenzapfen, bei den Gabelhornträgern (Antilocapridae) als Knochenzapfen, die von gegabelten Hornscheiden umgeben sind, bei den Hornträgern (Bovidae) als Knochenzapfen mit einspitzigen Hornscheiden und bei den Hirschen (Cervidae) als mehr oder weniger gegabeltes Geweih aus nacktem Knochen, das jährlich abgeworfen und neugebildet wird. In jedem Fall handelt es sich bei diesen Stirnwaffen um Neuerwerbungen, die im Bauplan der übrigen Säugetiere nicht vorhanden sind.

Urtümliche Hirscharten zeigen uns in eindrucksvoller Weise, daß in der Evolution der männlichen Kampforgane die zunächst als Waffen dienenden vergrößerten Eckzähne offenbar durch die neuerworbenen Stirnwaffen verdrängt wurden. So besitzen die asiatischen Moschustiere *(Moschus moschiferus)* und das Chinesische Wasserreh *(Hydropotes inermis)* im männlichen Geschlecht hauerartige obere Eckzähne von 6 oder 7 cm Länge, die bei den Rivalenkämpfen tiefe Wunden reißen können. Geweihe sind bei diesen Hirschen nicht vorhanden.

Die Böcke des in den Bergen Südchinas lebenden Muntjaks *(Muntiacus muntjak)* besitzen außer einem kleinen, einfachen Geweih von 6 cm noch verlängerte obere Eckzähne, die allerdings nur noch 2 cm lang werden. Diese sehr urtümliche Hirschart vereinigt gewissermaßen zwei Stilformen der männlichen Kampforgane, einen älteren Typ der stärkeren Bezahnung und als einen moderneren die Stirnwaffenbildung. Bei allen anderen Hirscharten fehlen verlängerte Eckzähne, dafür ist das Geweih stärker entwickelt.

Die Hirschgeweihe sind mehr oder weniger verzweigte Knochenstangen, die zylindrischen Fortsätzen des Stirnbeins, den Rosenstöcken, aufsitzen. Sie stellen bei vielen Arten einen überaus imposanten, dekorativen Stirnschmuck dar, der die Hirsche in vielen Ländern zum begehrtesten Jagdwild machte. Die Größe und Form der Geweihe ist bei den verschiedenen Hirscharten sehr unterschiedlich. Während bei dem zierlichen Muntjak das einfache Geweih nur 6 cm über die relativ langen Rosenstöcke hinausragt, können bei großen Elchbullen *(Alces alces)* die schaufelförmigen Geweihe eine Spannweite von nahezu 3 m erreichen. Beim ausgestorbenen Riesenhirsch *(Megalocerus giganteus)* der Eiszeit wurden sie noch größer.

Mit Ausnahme des Moschustiers und Wasserrehs besitzen alle männlichen Hirsche ein Geweih. Diese Hirschgeweihe werden in der Regel jährlich abgeworfen und dann innerhalb weniger Monate im Rahmen intensiver Wachstumsprozesse neu gebildet.

Anders ist es bei den Stirnwaffen der Hornträger (Bovidae), zu denen neben den Ziegen, Schafen, Gemsen, Moschusochsen und Rindern die früher als »Antilopen« zusammengefaßten Arten gehören. Deren Hörner werden nicht abgeworfen. Die beiden im Horn liegenden Hornknochen entstehen während der Entwicklung des Tieres als selbständige Knochen in der tieferen Hautschicht der Stirn, verbinden sich nach der Geburt mit dem Stirnbein und wachsen dann zapfenförmig aus. Die Haut über dem Hornknochen verhornt von der Basis her und wird zu der hohlkegelförmigen Hornscheide, die sich mit dem Knochenwachstum verlängert und nicht mehr abgeworfen zu werden braucht.

Die Form der Hörner hat sich während des geologisch kurzen Zeitraumes von fünfundzwanzig Millionen Jahren in der heute 124 Arten umfassenden Gruppe der Hornträger zu außerordentlicher Mannigfaltigkeit entwickelt. Größe, Form, Windung und Orientierung der Hörner sind bei den verschiedenen Arten so unterschiedlich gestaltet, daß es dem Kenner nicht schwer fällt, nur am Horn die Artzugehörigkeit der Tiere zu erkennen.

Während die Hörnchen des nur hasengroßen Blauduckers *(Cephalophus monticola)* wenige Zentimeter lang werden, erreichen die lanzenförmigen Hörner der hirschgroßen Oryxantilope *(Oryx gazella)* mehr als Meterlänge. Die Mannigfaltigkeit der Form und Windung der Gehörne reicht von der sanften Wellenform der Gazellenhörner bis zur herrlichen Schraubenform der Hörner des großen Kudu *(Tragelaphus strepsiceros)*, die entlang der großen Windungen 150 cm Länge erreichen. Sie umfaßt solch extreme Hornformen wie die kleinen hakenförmigen Krucken der Gemse *(Rupicapra rupicapra)* oder die imposanten, wuchtigen Gehörnschnecken der Widder des Wildschafs *(Ovis ammon)*.

Auch die Stellung der Hörner ist bei den verschiedenen Arten recht unterschiedlich. Sie können nahezu senkrecht auf dem Schädel stehen, nach hinten oder auch nach vorn gebogen und bei wieder anderen Arten weit ausladend nach den Seiten gerichtet sein. In jedem Fall verleihen sie dem Kopf des Tieres ein unverwechselbares und oft außerordentlich imposantes Aussehen.

Im Gegensatz zu den Hirschen besitzen unter den Hornträgern bei vielen Arten nicht nur die Männchen, sondern auch die Weibchen Stirnwaffen. Die Hörner der Weibchen sind jedoch in der Regel schwächer ausgebildet als jene der männlichen Tiere. So erreichen bei den Böcken des europäischen Steinbocks *(Capra ibex)* die halbkreisförmig nach hinten auswachsenden, gewaltigen Hörner im Extrem eine Länge von 140 cm, während die der weiblichen Tiere kaum 40 cm lang werden. Beim Wildschaf, der Stammform unseres Hausschafes, sind die Größenunterschiede noch extremer. Die schneckenförmig gekrümmten Hörner der Widder messen entlang der Krümmung 50 bis 190 cm, während die der Weibchen säbelförmig sind und nur 10 bis 30 cm lang werden oder ganz fehlen.

Zu den eindrucksvollsten Gestalten der Vogelwelt gehören die in Form und Färbung außerordentlich mannigfaltigen Männchen der Paradiesvögel (Paradiseinae). Die für den Formenreichtum und die Schönheit der männlichen Prachtkleider verantwortlichen Schmuckfedern können bei den verschiedenen Arten an den verschiedensten Körperteilen ausgebildet werden. 1 Roter Paradiesvogel *(Paradisaea rubra)*, 2 Kragenhopf *(Lophorina superba)*, 3 Königsparadiesvogel *(Cicinnurus regius)*, 4 Schwarzkehl-Paradieselster *(Astrapia nigra)*, 5 Wimpelträger *(Pteridophora alberti)*, 6 Carola-Strahlenparadiesvogel *(Parotia carolae)*, 7 Wallace-Paradiesvogel *(Semioptera wallacei)*, 8 Fadenhopf *(Seleucides melanoleuca)*.

Männlicher Rothirsch *(Cervus elaphus)*.
Das Geweih der Hirsche stellt eine im Bauplan der übrigen Säugetiere nicht vorhandene Neuerwerbung dar, die zugleich den Höhepunkt der Entwicklung männlicher Kampforgane bildet.

Das Vorkommen von Hörnern bei weiblichen Tieren kann als ein bemerkenswertes Prinzip der Gestaltbildung bei diesen hochentwickelten Säugetieren gedeutet werden. Wir haben die Ausbildung von Stirnwaffen bei den Hirschen als eine ranghöhere Form des Gestaltsunterschieds beider Geschlechter kennengelernt, da mit der Entwicklung eines Geweihs die stärkere Bezahnung der Männchen zurückgebildet wurde. Sie ist zugleich ein Ausdruck für die hohe Bedeutung des Gesichtssinns für das Verhalten dieser Tiere. Bei den Hornträgern ist die mit der Ausbildung der Geschlechtergestalt erreichte Wandlung des Säugetierkörpers jedoch noch nicht abgeschlossen. Merkmale, die wie die Ausbildung von Stirnwaffen ursprünglich für die Gestaltung des männlichen Geschlechts bestimmend waren, sind in zunächst schwächerer Form auf die Weibchen übertragen worden. Der Besitz von Hörnern ist so bei vielen Arten der Antilopen, bei Ziegen, Schafen, Gemsen und Rindern auch zu einem charakteristischen Merkmal der Weibchen geworden. Unter den Hirschen ist etwas Vergleichbares nur beim Rentier zu beobachten, das in beiden Geschlechtern ein Geweih besitzt.

Die Umwandlung eines ursprünglichen Sexualmerkmals in ein Artmerkmal ist mit einer bemerkenswerten Umstellung des Hormonhaushalts der Tiere verbunden. Wenn Stirnwaffen nur bei den Männchen auftreten und damit reine Geschlechtscharaktere darstellen, sind sie in ihrer Ausbildung von den männlichen Geschlechtshormonen abhängig. Bei frühzeitiger Kastration entwickeln die Tiere keine Stirnwaffen. Stellen diese hingegen Artmerkmale dar, so sind sie von der Wirkung der Geschlechtshormone unabhängig.

Mit den Hornträgern erreichen die Paarhufer eine neue Stufe der Gestaltbildung. Der bei den Hirschen so charakteristische Gestaltunterschied beider Geschlechter ist einer sekundären Gleichförmigkeit gewichen. Männliche und weibliche Tiere sind einander wieder ähnlicher geworden. Durch die Erhebung der Stirnwaffen zum Artmerkmal haben beide Geschlechter der Hornträger eine so hoch entwickelte Gestaltung erreicht, daß wir sie zu den eindrucksvollsten Erscheinungen des Tierreichs rechnen müssen. Sie gehören zu den Tieren, die unser ästhetisches Schönheitsempfinden in besonderem Maße ansprechen.

Vom Wechsel der tierischen Erscheinung

Wenn wir von einer bestimmten Tierart sprechen, so haben wir in der Regel jenes Bild vor uns, wie es das erwachsene, geschlechtsreife Tier darbietet. Die tierische Erscheinung ist jedoch wandelbar. Das kann die Aufeinanderfolge der Generationen, den Entwicklungszyklus des Individuums, aber auch unterschiedliche Phasen im Leben des erwachsenen Tieres betreffen.

Aufeinanderfolgende Generationen unterscheiden sich bei Tierarten mit Generationswechsel in extremen Fällen selbst im Bauplan des Körpers, wie wir es bei den Hydrozoen und Scyphozoen gesehen haben. Unterschiede des Erscheinungsbildes kommen aber auch in der Generationsfolge solcher Tiere vor, die keinen Generationswechsel zeigen. Wenn eine Art im Jahr mehrere Generationen erzeugt, können in Abhängigkeit von der Jahreszeit unterschiedliche Saisonformen auftreten, die in unseren Breiten als Frühjahrs- und Herbstform, in den Tropen als Regen- und Trockenzeitform bezeichnet werden.

Wir hatten gesehen, daß der komplizierte Entwicklungsweg von der befruchteten Eizelle zur Reifegestalt des Tieres oft über eine charakteristische Jugendgestalt führt. Weniger auffällig sind meist jene Veränderungen, die im weiteren Verlauf des Lebenszyklus mit den Alterserscheinungen verknüpft sind. Ein bekanntes Beispiel ist das Ergrauen oder der Ausfall der Haare bei Säugetieren.

Auch das erwachsene Tier kann in Abhängigkeit von der Jahreszeit oder der sexuellen Aktivität sein Aussehen verändern. Der Wechsel von Winter- und Sommerfell beim Hermelin oder Schneehasen, jährliche Neubildung des Geweihs der Hirsche und die Ausbildung des Hochzeitskleides vieler Vögel sind bekannte Beispiele hierfür.

Eine der faszinierendsten Veränderungen des Aussehens stellt der physiologische Farbwechsel dar, zu dem viele Tiere befähigt sind. Die unter dem Einfluß exogener oder endogener Reize erfolgende, kurzzeitige Änderung der Färbung bewirkt in manchen Fällen einen Sichtschutz durch Anpassung an die Umgebung. Häufiger dient sie jedoch als Signal für Artgenossen und andere Tiere. Eine Signalwirkung kann bei leuchtenden Tieren auch durch An- und Abschalten ihrer Leuchtorgane ausgeübt werden.

In außerordentlich vielgestaltiger Weise ist schließlich das Aussehen der Tiere durch aktive Veränderung der Körperform wandelbar. Die Fülle der dabei auftretenden Erscheinungen reicht von dem mit der Fortbewegung verbundenen Formwandel des Tierkörpers über Balzhandlungen und Imponiergehabe bis zur Mimik höherer Säugetiere.

Saisonformen

Die Gestalt eines Tieres wird durch seine Erbanlagen bestimmt. Da jedoch in der Regel nicht einzelne Merkmale vererbt werden, sondern die Fähigkeit, unter bestimmten äußeren Bedingungen in ganz bestimmter Weise zu reagieren, sind an der Formung der tierischen Erscheinung letztlich zwei Kräfte beteiligt. Der Genotyp als Gesamtheit der Erbanlagen und die während der Entwicklung wirksamen Umweltfaktoren entscheiden gemeinsam darüber, welche individuelle Ausprägung die artspezifische tierische Gestalt erfährt. Ernährung, Temperatur, Licht oder Tageslänge können so auf das Erscheinungsbild, den Phänotyp eines Tieres Einfluß gewinnen.

Diese Umweltfaktoren unterliegen jahreszeitlichen Schwankungen. Wenn nun eine Tierart im Laufe des Jahres mehrere Generationen erzeugt, können diese sich in Abhängigkeit von der Jahreszeit in ihrem Aussehen unterscheiden. Das Auftreten solcher »Saisonformen« ist bei verschiedenen Tiergruppen beobachtet worden. Sie veranschaulichen uns eine Plastizität der tierischen Erscheinung, die als nichterbliche Modifikation des artspezifischen Erscheinungsbildes betrachtet werden muß.

Manche Arten unserer einheimischen Wasserflöhe (Cladocera) zeigen im Ablauf des Jahres in den aufeinanderfolgenden Generationen einen eindrucksvollen Wandel ihrer Körperform. Dieser wird in zweifacher Hinsicht von den jahreszeitlichen Schwankungen der Umweltverhältnisse beeinflußt. Wasserflöhe zeichnen sich durch einen gesetzmäßigen Wechsel der Vermehrungsweise aus. Solange gute Lebensbedingungen herrschen, vermehren sie sich nur parthenogenetisch aus unbefruchteten Eiern. Bei zeitweiliger Verschlechterung der Umweltsituation werden Männchen und Weibchen erzeugt und befruchtete Dauereier gebildet, aus denen bei Verbesserung der Lebensbedingungen wieder Weibchen schlüpfen, die sich nur parthenogenetisch vermehren.

In engem Zusammenhang mit diesem Generationswechsel steht die als »Zyklomorphose« bezeichnete zyklische Veränderung des Aussehens der parthenogenetischen Generationen. Mit Beginn des Sommers kann man eine von Generation zu Generation zunehmende Verlängerung des Körpers, des Kopffortsatzes und Schwanzstachels der Wasserflöhe sowie eine Vergrößerung ihrer Ruderantennen beobachten, die zum Herbst hin wieder abklingt.

Diese Zyklomorphose wird mit der steigenden Wassertemperatur in Zusammenhang gebracht. Nach einer viel diskutierten, aber noch umstrittenen »Schwebetheorie« soll die Verlängerung der Körperfortsätze dazu dienen, den Tieren durch Vergrößerung der Körperoberfläche ein Schweben im Wasser zu ermöglichen, wenn mit steigender Temperatur die Viskosität und Tragfähigkeit des Wassers abnimmt. Ähnliche Erscheinungen sind auch bei manchen Rädertierchen (Rotatoria) zu beobachten.

Wenn eine Tierart im Verlaufe des Jahres zwei unterschiedlich aussehende Generationen hervorbringt, sprechen wir von Saisondimorphismus. Die bekanntesten Beispiele für diesen Gestaltwandel finden wir bei den Schmetterlingen. So ist bei unserem heimischen Landkärtchen *(Araschnia levana)* die Frühjahrsgeneration gelbrot, die Sommergeneration aber wesentlich dunkler gefärbt.

Experimentelle Untersuchungen haben gezeigt, daß für diesen Wechsel der Färbung nicht die Temperaturverhältnisse, sondern die Lichtbedingungen der verschiedenen Jahreszeiten verantwortlich sind. Wenn die Raupen bei Kurztagsverhältnissen heranwachsen, entsteht die Frühjahrsform, im Langtag hingegen die Sommerform.

Bei tropischen Schmetterlingen können sich die Trockenzeitformen deutlich von den Regenzeitformen unterscheiden. Ein solcher Saisondimorphismus ist außer in einigen afrikanischen Gebieten vor allem in Indien sehr häufig. Viele Schmetterlingsarten bilden hier Regenzeitformen aus, die größer, bunter und satter gefärbt sind als die zugehörigen Trockenzeitformen.

Saisontrachten und Hochzeitskleider

Nicht nur das Aussehen aufeinanderfolgender Generationen einer Tierart kann in Abhängigkeit von der Jahreszeit unterschiedlich sein, sondern auch die Erscheinung desselben erwachsenen Tieres. Wir sprechen in solchen Fällen von »Saisontrachten«. Beispiele aus der Insektenwelt finden wir bei einigen unserer einheimischen Schildwanzen. So sind die Grünen Stinkwanzen *(Palomena prasina)* im Frühjahr und Sommer leuchtend grün gefärbt, während die überwinternden Tiere im Herbst eine braune Färbung annehmen.

Genauer untersucht wurde der jahreszeitliche Farbwechsel bei der hübschen Kohlwanze *Eurydema oleracea*. Während die Tiere vor der Überwinterung eine helle Unterseite besitzen, ist diese nach dem Winter schwarz gefärbt. Auf der Rückenseite der Kohlwanzen ist die Zeichnung des Schildchens und der Vorderflügel im Sommer und Herbst weißgelb oder orange, im Frühjahr hingegen rot. Diese hellen Flecke der Oberseite werden zugleich nach der Überwinterung durch vermehrte Einlagerung von dunklem Pigment zunehmend eingeschränkt.

Saisontrachten kann man auch bei manchen Schmetterlingsraupen beobachten, die im Sommer grün gefärbt sind und sich im Herbst braun verfärben.

Viel bekannter als diese Beispiele der Insektenwelt sind die bei manchen nordischen Säugetieren und Vögeln vorkommenden Saisontrachten. Schneehase *(Lepus timidus)*, Eisfuchs *(Alopex lagopus)*, aber auch unser Hermelin *(Mustela erminea)* legen sich mit dem herbstlichen Haarwechsel ein weißes Winterfell zu, das dann im Frühjahr gegen ein braunes Sommerkleid eingetauscht wird. Auch die Schneehühner *(Lagopus)* zeigen einen entsprechenden jahreszeitlichen Farbwechsel ihres Gefieders.

Wir hatten bereits bei der Betrachtung der ornamentalen Geschlechtsmerkmale gesehen, daß die Ausbildung der Prachtkleider vieler Wirbeltiermännchen von den Aktivitätsphasen der Hoden abhängt und ihr volles Ausmaß zur Paarungszeit erreicht. In diesen Fällen können wir die Hochzeitskleider mit vollem Recht auch als Saisontrachten bezeichnen. Das gilt für die Farbenpracht vieler Fischmännchen zur Laichzeit ebenso wie für das Paarungskleid unserer Molche, den jahreszeitlichen Farbwechsel von Eidechsenmännchen oder die männlichen Prachtkleider vieler Vögel.

Bei den Vögeln kann es in Verbindung mit der periodischen Erneuerung des Gefieders, der Mauser, zur Entstehung unterschiedlicher Kleider kommen. Dies ist der Fall, wenn die bei der Mauser neugebildeten Federn in Form, Färbung oder Zeichnung von den vorhergehenden abweichen. Neben dem bei der Entwicklung des Vogels auftretenden Wechsel von Dunenkleid, Jugendkleid und

Hermelin *(Mustela erminea)* im Sommerkleid.
Hermelin *(Mustela erminea)* im Winterkleid.

Alterskleid zeigen auch erwachsene Vögel häufig einen Wechsel zwischen einem schlichten Ruhekleid und dem prächtigen Brutkleid.

Prachtkleider können bei beiden Geschlechtern der Vögel vorkommen, werden aber oft nur von einem Geschlecht, meist den Männchen, angelegt. Während bei Straußen, Fasanen, Hühnern und manchen Webervögeln das männliche Prachtkleid ein Ruhekleid darstellt, legen andere Vogelarten es nur zur Balz- und Brutzeit an.

Bei unseren heimischen Arten der Schwimmenten tragen die Erpel fast dreiviertel Jahr ihr buntes Prachtgefieder. Nur in den Sommermonaten legen sie ein unscheinbares Kleid an, das dem der Weibchen ähnelt. Die Männchen der Kampfläufer *(Machetes pugnax)* erhalten ihre überaus variablen und farbenprächtigen Halskragen bei der Frühjahrsmauser. Sie behalten diese nur für die Zeit der Brut. Die von der Damenmode einst so begehrten langen, weißen Schmuckfedern des Seidenreihers *(Egretta garzetta)* zieren nur das Brutkleid der Altvögel. Auch das wunderbare Prachtgefieder der Paradiesvogelmännchen mit seinem faszinierenden Formen- und Farbenreichtum wird nur für die wenigen Monate der Fortpflanzungszeit voll ausgebildet.

Eine Veränderung der Farbpracht kann bei manchen Vogelarten auch ohne Federwechsel zustande kommen, wenn durch Abnutzung der äußersten Federränder anders gefärbte innere Teile der Federfahnen sichtbar werden. So wird beim Männchen unseres Gartenrotschwanzes *(Phoenicurus phoenicurus)* das bunte Prachtkleid erst im Frühjahr sichtbar, wenn die weißgrauen Federsäume abgenutzt sind, die im Winterhalbjahr das Schwarz und Rostrot der Unterseite des Vogels mehr oder weniger verdecken. Ähnliches kann man beim Männchen des Bluthänflings *(Carduelis cannabina)* beobachten.

Ein eindrucksvolles Merkmal einer Saisontracht stellen schließlich auch die Geweihe der Hirsche dar, da diese jährlich abgeworfen und neu gebildet werden.

Farbwechsel

Änderungen des Farbkleides einer Tierart können nicht nur in aufeinanderfolgenden Generationen oder beim gleichen Tier in Abhängigkeit vom Jahreszeitenwechsel auftreten. Viel häufiger sind schnelle Änderungen der Tierfärbung, die im Zeitraum von Sekunden, Minuten oder allenfalls Stunden ablaufen. Solch ein »physiologischer Farbwechsel« ist bei verschiedensten Tiergruppen beobachtet worden, insbesondere bei vielen Arten der Tintenfische, Krebse und manchen Insekten, unter Wirbeltieren bei Fischen, Amphibien und einigen Reptilien.

Der faszinierende Vorgang des schnellen Farbwechsels mancher Tiere hat natürlich seit dem Altertum das Interesse vieler aufmerksamer Naturbeobachter und Naturforscher erregt. So hat uns Aristoteles, der Vater der wissenschaftlichen Tierkunde, den ersten schriftlichen Bericht über den Farbwechsel der Tintenfische überliefert. Die Genauigkeit seiner Beobachtungen wurde nach über 2000 Jahren von dem Leiter des Londoner Aquariums Henry Lee in einem amüsanten Buch mit dem Titel »Octopus oder der Teufelsfisch in Dichtung und Wahrheit« gerühmt, das 1875 erschien. Lee beobachtete selbst den auffälligen Farbwechsel der Tintenfische bei der Paarung, verzichtete aber auf dessen genaue Besprechung mit der vergnüglichen Bemerkung, einem für die Öffentlichkeit bestimmten Werke stehe es nicht wohl an, auf allzu große Einzelheiten des Sexuallebens von Octopus einzugehen.

Aristoteles hatte auch den Farbwechsel des Chamäleons gekannt, der bei vielen anderen Autoren des Altertums wie Theophrastos, Plutarch, Antigonus, Seneca oder Plinius ebenfalls Erwähnung fand. Freilich wurden die von diesen und zahlreichen späteren Autoren geäußerten Meinungen über Ursachen und Funktionen des Farbwechsels der Tiere erst im 19. Jahrhundert auf eine solidere wissenschaftliche Basis gestellt. Grundlegend waren damals die »Untersuchungen über den Farbwechsel des afrikanischen Chamäleons«, die der Wiener Physiologe Ernst Brücke im Jahre 1852 veröffentlichte. Seither sind mehrere tausend wissenschaftliche Veröffentlichungen zum Farbwechsel der Tiere erschienen, der dennoch bis heute für den Beobachter nichts von seiner Faszination verloren hat.

Wir brauchen nicht Afrika oder das Mittelmeer aufzusuchen, um Tiere mit ausgeprägtem physiologischem Farbwechsel zu finden. Der aufmerksame Naturfreund kann auch in unserer heimischen Tierwelt entsprechende Beobachtungen machen. So kann man feststellen, daß die in unseren Gewässern häufigen Ellritzen *(Phoxinus phoxinus)*, die wir als Kinder so gerne gefangen haben, über hellem Untergrund hell, über dunklem aber dunkel gefärbt sind. Die Fischchen verfügen offenbar über die Fähigkeit, sich der Farbe des Untergrundes anzupassen und damit eine Schutzfärbung anzunehmen.

In noch eindrucksvollerer Weise ist dies bei der Scholle *(Pleuronectes platessa)* zu beobachten, die man als wahren Anpassungskünstler bezeichnen kann. Schollen passen sich nicht nur in Farbe und Helligkeit, sondern auch in der Musterung dem Untergrund, auf dem sie liegen, so genau an, daß man die Fische meist erst beim Aufscheuchen wahrnimmt. So zeigen sie auf einheitlich hellem Sandboden eine gleichförmige Färbung, auf Kiesboden mit fleckenhafter Verteilung von Licht und Schatten hingegen eine ähnliche Fleckenzeichnung. Im Experiment passen sich Schollen sogar einem schwarzweißen Schachbrettmuster des Untergrundes an.

Es ist ein naheliegender Gedanke, daß die Farbanpassung an den Untergrund durch die Gesichtswahrnehmung des Fisches vermittelt wird. Durch ein einfaches Experiment kann diese Vermutung bestätigt werden. Wenn man einer gefangenen Ellritze die Augen vorübergehend durch eine undurchsichtige Ruß-Vaseline-Mischung verklebt, färbt sie sich dunkel und kann sich dem Untergrund nicht mehr anpassen. Bei Entfernung der Augenmaske erwirbt sie wieder die Fähigkeit der Farbanpassung.

Träger des physiologischen Farbwechsels sind bei den Fischen wie auch bei allen anderen Tiergruppen in der Haut oder Unterhaut liegende Zellen, die Farbstoffkörnchen enthalten und demzufolge als »Chromatophoren« bezeichnet werden. Diese verfügen über die bemerkenswerte Fähigkeit, die Lage und Verteilung ihrer Pigmente zu verändern und so die Körperfärbung des Tieres zu beeinflussen. Wenn sich in den sternförmig verästelten Farbstoffzellen der Fischhaut das Pigment über die ganze Zelle ausbreitet, nimmt der Fisch eine dunkle Körperfarbe an. Bei Zusammenballung des Farbstoffs im Zentrum der Chromatophore werden die winzigen schwarzen Pünktchen dem Auge unsichtbar, und der Fisch erscheint hell gefärbt.

Je nach der Farbe der in den Chromatophoren enthaltenen Pigmente unterscheidet man schwarze Melanophoren, rote Erythrophoren und gelbe Xanthophoren sowie schillernde oder reflektierende Iridophoren, die Guaninplättchen enthalten. Im Zusammenspiel mehrerer Chromatophorentypen können durch Ausbreitung oder Ballung ihrer Pigmente die vielfältigsten Farbänderungen zustande kommen. Ein gut untersuchtes Beispiel hierfür bietet unser Laubfrosch *(Hyla arborea)*.

Laubfrösche zeigen eine deutliche Anpassung ihrer Körperfarbe an die Umgebung. Im Laubwerk sind sie normalerweise auf der Rückenseite intensiv grün gefärbt und damit kaum sichtbar. Auf Baumrinde nehmen sie demgegenüber eine graubraune und in einem nur mit Steinen bestückten Terrarium eine mehr graue Farbe an. Ihr Farbwechsel dient freilich nicht immer zur Ausbildung einer Schutzfärbung, denn Laubfrösche wechseln auch in Abhängigkeit von der Witterung, Beleuchtung oder Stimmung vielfältig ihre Körperfarbe. So hellt sich unter dem Einfluß der Mittagssonne die Haut stark auf und kann dann eine schmutzig-weiße Gelbfärbung annehmen. Ebenso wie grelles Licht führt auch hohe Temperatur oder Trockenheit zum Hellerwerden des Tieres, Kälte und Feuchtigkeit hingegen zum Dunklerwerden. Beim plötzlichen Erschrecken können in der Haut des Frosches graue, braune oder schwarze Töne auftreten.

Mikroskopische Untersuchungen der Haut belehren uns über die zellulären Grundlagen dieser vielfältigen Farbänderungen. In der Haut des Laubfrosches finden wir drei Schichten Chromatophoren. Unmittelbar unter der Oberhaut liegen gelbe Xanthophoren, darunter eine Schicht Guaninplättchen enthaltende Iridophoren. Beide werden von Melanophoren unterlagert, deren Zellfortsätze die darüberliegenden Iridophoren und Xanthophoren korbartig umschließen.

Wenn die Melaninkörnchen sich aus den Cytoplasmafortsätzen zurückgezogen und in der Nähe des Zellkerns zusammengeballt haben, erscheint die Haut des Laubfroschs grün bis gelbgrün. Dies ist darauf zurückzuführen, daß sich durch Lichtstreuung an den Guaninplättchen vor dem dunklen Hintergrund der Melanophoren eine Blaufärbung ergibt, die mit dem vorgeschalteten Gelbfilter der Xanthophoren die Grünfärbung der Froschhaut bewirkt. Eine Wanderung der schwarzbraunen Melaninkörner in die Zellfortsätze der Melanophoren führt zu einer Verdunkelung und Braunfärbung der Haut. Findet man aber ausnahmsweise einen blauen Laubfrosch, so ist dies auf einen Mangel an gelben Pigmenten zurückzuführen. Die Iridocyten bewirken dann vor der Schicht der dunklen Melanophoren eine Blaufärbung der Haut.

Unter den Reptilien zeigen uns die afrikanischen Chamäleons (Chamaeleonidae) in eindrucksvoller Weise, daß der Farbwechsel nicht nur einer Anpassung an die Umgebung, sondern auch dem Ausdruck des Stimmungswechsels der Tiere dient. Ihr sprichwörtlich gewordener Farbwechsel kann zwar zu einer oft verblüffenden Ähnlichkeit mit der Umgebung führen, der Reichtum schnell wechselnder Varianten ihrer Körperfärbung gibt jedoch vor allem auch vom Wechsel der Erregung Kunde. Die Zeichnung und Färbung eines Chamäleons ist anders, wenn es geärgert wird oder einen Gegner angreift, als wenn es sich unterlegen fühlt oder nicht gesund ist. Bemerkenswert ist überdies, daß Chamäleons ihre Körperfärbung in Abhängigkeit von der Tageszeit ändern. Während am Tage kräftigere Färbung vorherrscht, werden die Tiere in der Nacht heller. Im übrigen ist das Farbwechselvermögen der Chamäleons artspezifisch

Der sprichwörtlich gewordene Farbwechsel der Chamäleons war bereits Aristoteles und anderen Autoren des Altertums bekannt. Die 70 baumbewohnenden Arten der in Afrika, Madagaskar und Südwestasien vorkommenden Gattung *Chamaeleo* zeichnen sich außerdem durch merkwürdige, voneinander unabhängig bewegliche Augen, die wie Greifzangen beweglichen Füße und einen Greifschwanz aus.

Rechte Seite:
Der südamerikanische Rotaugen-Laubfrosch *(Agalychnis callidryas)* ist ein nachtaktives Tier, das zu den Greiffröschen gehört.

unterschiedlich ausgebildet. So fehlen manchen Arten die grünen Farbtöne, anderen hingegen Rottöne.

Einen ausgeprägten Farbwechsel zeigen unter den Reptilien auch die amerikanischen Leguane der Gattung *Anolis*, deren Körperfärbung ebenfalls vom Erregungszustand, der Temperatur und den Beleuchtungsverhältnissen beeinflußt wird.

Der mit den Anolis verwandte Brasilianische Leguan *(Enyalius catenatus)* wird in seiner Heimat wegen seines Farbwechsels auch als »Brasilianisches Chamäleon« bezeichnet, obwohl er einer ganz anderen Verwandtschaftsgruppe angehört als die afrikanischen eigentlichen Chamäleons. Während seine Körperfärbung in der Ruhe dunkelbraun ist, nimmt er in der Erregung eine grüne Farbe an.

Die Steuerung des Farbwechsels erfolgt bei den bisher besprochenen Tiergruppen in unterschiedlicher Weise. So haben die Chromatophoren der Knochenfische in der Regel eine doppelte Innervierung durch Nervenfasern, die entweder eine Zusammenballung oder eine Ausbreitung der Pigmentkörnchen in der Zelle bewirken. Viele Fischchromatophoren reagieren außer auf direkte nervöse Reize auch auf Hormone aus der Nebenniere oder der Hypophyse. Die Melanophoren der Amphibien werden nur hormonell gesteuert. Beim Farbwechsel der Reptilien liegen recht unterschiedliche Verhältnisse vor. Während die Farbzellen des Chamäleons von Nerven kontrolliert werden und bei den Anolis eine rein hormonelle Regulation vorliegt, sind bei der Krötenechse *Phrynosoma* beide Prinzipien nebeneinander wirksam.

Die Steuerung der Chromatophorenfunktion ist nicht nur bei Wirbeltieren, sondern auch bei Wirbellosen untersucht worden. So wissen wir, daß der vielfach untersuchte Farbwechsel der Krebse, auf den hier nicht näher eingegangen wurde, durch das Nervensystem nicht direkt reguliert wird. Für die Steuerung der Pigmentausbreitung in den Chromatophoren der Krebse sind vielmehr Neurohormone verantwortlich, die von neurosekretorischen Zellen des Zentralnervensystems produziert werden.

Unter den Wirbellosen zeigen die Tintenfische ohne Zweifel die höchstentwickelte Form des Farbwechsels. So kann man den im Mittelmeer, Atlantik und der Nordsee vorkommenden Kraken *(Octopus vulgaris)* sowie den im gleichen Gebiet lebenden gemeinen Tintenfisch *(Sepia officinalis)* hinsichtlich der Schnelligkeit des Farbwechsels und der Vielfalt dabei ausgebildeter Farbmuster als wahre Verwandlungskünstler bezeichnen. Man dürfte in der Annahme nicht fehlgehen, daß der in der Stammesgeschichte erfolgte Verlust der den Tintenfisch schützenden Schale durch den Erwerb des Farbwechsels als neue schützende Einrichtung kompensiert wurde.

Geduldige Beobachtungen des achtarmigen Kraken haben gezeigt, daß diese hochentwickelten Weichtiere ihre große Wandlungsfähigkeit der Färbung und Musterung zur Warnung und Abschreckung von Feinden, aber auch bei der Balz einsetzen. Die Gesamtfärbung des *Octopus* schwankt von tiefem Schokoladenbraunrot über verschiedene Brauntöne, die mit Gelb oder Grün durchsetzt sein können, bis zu Aschgrau. Während ein durch allgemeine Fleckung charakterisiertes Muster in der Ruhe

Tintenfische der Gattung *Sepia* zeichnen sich durch ihre Fähigkeit zu einem eindrucksvollen, schnellen Farbwechsel aus. Das Bild zeigt die auf dem Großen Barriereriff lebende *Sepia latimanus*.

sowie beim Schwimmen und Kriechen für mehrere Tage behalten wird, werden vom Tier auf bestimmte Reize hin in Sekundenschnelle die verschiedensten »akuten« Muster ausgebildet. Der Krake kann so beispielsweise das Aussehen von steinigem Untergrund, Seegras oder Schwämmen annehmen. Diese und eine Vielzahl anderer Färbungstypen, deren Gesamtrepertoire bis heute noch kaum erfaßt ist, bleiben meist nur kürzere Zeit erhalten.

Eindrucksvoll ist auch das schnell wechselnde Farbenspiel des gemeinen Tintenfischs *(Sepia officinalis)*. Beim ungestörten Schwimmen zeigt *Sepia* auf der Rückenseite eine mehr oder weniger ausgeprägte Querstreifung aus braunen und helleren Bändern, während der Flossensaum hellbraun gefleckt und die Unterseite weiß ist. Diese Bänderung kann einen gewissen Sichtschutz gewähren, da sie für den Betrachter eine Auflösung der Körperform bewirkt. Ihre tarnende Wirkung kommt vor allem zur Geltung, wenn der Tintenfisch sich in einem Gewirr von Tangen aufhält. Schwimmt das Tier hingegen im seichten Küstengewässer über sandigen oder steinigen Untergrund, so verliert es sein Streifenmuster und gleicht die Körperfärbung mehr dem Untergrund an.

Die Ruhemuster der Körperfärbung können beim Erschrecken des Tieres sehr schnell einem Schreckmuster weichen, bei dem auf der Rückenseite zwei große, symmetrisch gelegene schwarzbraune Flecke erscheinen. Besonders ausgeprägt ist das Farbenspiel der Sepien in der Paarungszeit. Beim Balzkleid des *Sepia*-Männchens wird die Querstreifung des Ruhemusters zu einem sehr deutlichen, scharf gezeichneten Zebramuster aus schwarzen und weißen Streifen ausgeprägt. Im Balzkleid des Weibchens wechseln dunkelbraune und schmutzigweiße Bänder ab.

Der Farbwechsel der Tintenfische wird in ähnlicher Weise wie jener der Wirbeltiere durch das Zusammenwirken mehrerer Chromatophorentypen verursacht, die rotbraun bis schwarz oder orangegelb bis rot gefärbte Pigmente enthalten. Unter ihnen liegt eine Schicht Iridophoren, die durch Lichtbrechung blaue oder grüne Farbtöne, durch Reflexion Weiß erzeugen.

Der Mechanismus der Pigmentausbreitung oder -ballung ist bei den Tintenfischen allerdings von jenem der übrigen Tiere völlig verschieden, da ihre Chromatophoren ganz anders gestaltet sind. An der eigentlichen Farbzelle setzt ein Kranz radiär verlaufender Muskelfasern an, deren Kontraktion von besonderen Nervenfasern gesteuert wird. Durch das Wechselspiel der Kontraktion oder Erschlaffung dieser Radiärmuskeln kann die Gestalt der Pigmentzelle und damit der Ausbreitungsgrad ihrer Farbkörnchen verändert werden. Es können so Wellen der Erregung über den Körper der Tintenfische laufen, die in Abhängigkeit von den bewirkten Gestaltveränderungen der Chromatophoren zur Aufhellung oder Verdunkelung der Farbtöne führen.

Gestaltwandel durch Bewegung

Zu den auffälligsten Eigenschaften der Tiere, die sie von den Pflanzen unterscheiden, gehört für den unbefangenen Beobachter ihre Fähigkeit, Bewegungen auszuführen. Bei den vielfältigen Auswirkungen, die das Bewegungsvermögen auf die Gestalt der Tiere hat, kann es sich um eine Verformung oder Verlagerung von Körperteilen ohne Ortsveränderung des ganzen Tieres oder um einen Gestaltwandel in Verbindung mit der Fortbewegung handeln.

Das Ausmaß der Gestaltveränderung durch Muskelbewegung wird natürlich in starkem Maße dadurch bestimmt, ob das Tier ein festes Außenskelett wie die Gliederfüßer, ein Innenskelett wie die Wirbeltiere oder gar kein Skelett besitzt. Es überrascht deshalb nicht, daß der skelettlose Krake *(Octopus vulgaris)*, den wir bereits als einen Verwandlungskünstler des Farbwechsels kennengelernt hatten, auch über eine extreme Wandlungsfähigkeit seiner Körpergestalt verfügt.

Die überaus beweglichen acht Arme des Kraken können beim Schwimmen gerade vorgestreckt oder auch zurückgerollt werden, sie können mit ihren Spitzen vorsichtig den Untergrund erforschen, als stelzenartige Beine verwendet, unter den Körper eingekrümmt oder als Schutz über den Kopf zurückgebogen werden. Zwischen den ausgebreiteten Armen kann sich durch Muskelspannung eine straffe Schwimmhaut ausbilden. Auch die unabhängig beweglichen Saugnäpfe der Arme haben einen Einfluß auf die Erscheinung des Tieres. Sie können unter den Armen verborgen und unsichtbar sein oder in der Verteidigungshaltung aufgerichtet und vorgezeigt werden. Den Kopf mit den großen, eindrucksvollen Augen kann der *Octopus* flach in den Körper einziehen, etwas über den Körper erheben oder auch stark aufrichten. Es gibt wohl kein anderes höheres Tier, das sich in dieser Wandlungsfähigkeit mit dem Kraken messen könnte.

Auch festsitzende Tiere wie Polypen, Seerosen, Moostierchen oder vielborstige Röhrenwürmer können ihre Körpergestalt stark verändern. Zu welch extremem Gestaltwandel unser Süßwasserpolyp *(Hydra)* befähigt ist, hat bereits vor 250 Jahren der alte Trembley beobachtet und in unübertroffener Naturtreue in seinem Werk über die *Hydra* ausgebildet. Süßwasserpolypen können ihren 1 bis 2 cm langen Körper sowohl zu einem beinahe formlosen Klümpchen kontrahieren als auch im ausgestreckten Zustand die Fangtentakel zu sehr langen, extrem dünnen Fäden verlängern, die bei manchen Formen bis zu 25 cm Länge erreichen.

Viel augenfälliger als bei der zarten, kleinen *Hydra* ist der Gestaltwandel bei den massigen Seerosen und Seenelken. Koloniebildende Polypen der Hydraverwandtschaft (Hydroidea) und der Korallentiere (Anthozoa) zeigen zwar eine konstante Form der Kolonie, können aber die Gestalt des Einzelpolypen durch Ausstülpung oder Einziehen der Tentakelkrone ändern. Dasselbe gilt für die koloniebildenden Moostierchen (Bryozoa). Auch die zu den vielborstigen Meeresringelwürmern (Polychaeta) gehörenden Röhrenwürmer (Familien Sabellidae und Serpulidae) besitzen prächtig bunte Tentakelkronen, die sie bei Störung blitzschnell in die Wohnröhre zurückziehen.

Die vielfältigen Formen der Fortbewegung durch Muskeltätigkeit führen in der Regel zu rhythmischen Formänderungen des Tierkörpers. Ausmaß und Art dieses Gestaltwandels werden durch mannigfache Faktoren bestimmt und tragen wesentlich zum charakteristischen Erscheinungsbild der Tierarten bei. Zu welchen Fortbewegungsarten ein Tier befähigt ist, wird natürlich zunächst durch seinen Bauplan bestimmt. Dabei spielt das Fehlen oder Vorhandensein von äußeren oder inneren Skeletten eine wesentliche Rolle. Es entscheidet, in welcher Weise das Schwimmen, Kriechen, Laufen, Springen, Hangeln, Gleiten oder Fliegen bei der Fortbewegung im Wasser, auf dem Boden oder in der Luft ausgeführt werden kann.

Skelettlose Tiere wie Medusen, die wurmartigen Formen der Wirbellosen oder viele Weichtiere benötigen außer der vorwärts bewegenden Muskelkraft entgegengerichtete Kräfte, denn Muskeln können nicht durch Nachlassen ihrer Kontraktion von allein in den Ausgangszustand zurückkehren. So wird bei der Schwimmbewegung der Medusen die durch Kontraktion der Ringmuskeln verengte Öffnung der Medusenglocke durch das elastische Gallertgewebe des Schirms wieder erweitert. Im Gegeneinanderwirken beider Kräfte ergibt sich ein rhythmisches Pulsieren der Glocke, das die Meduse nach dem Rückstoßprinzip sanft durch das Meer treibt und so beim Betrachter erst den Eindruck vermittelt, daß es sich bei diesen uns fremdartig anmutenden Organismen, die unser ästhetisches Empfinden oft in starkem Maße ansprechen, tatsächlich um Tiere handelt.

Der Gestaltwandel eines kriechenden Regenwurms erfolgt nach einem anderen Prinzip. Antagonistisch wirkende Ring- und Längsmuskeln des Hautmuskelschlauchs ermöglichen eine Verlängerung oder Verkürzung des Körpers, wobei die Muskelkräfte von dem hydrostatischen Polster der Leibeshöhlenflüssigkeit übertragen werden. Durch Kontraktion der Ringmuskeln wird der dünner werdende Körper nach vorn geschoben. Wenn der Wurm sich mit den Borsten des Vorderkörpers am Boden festhakt, führt die Kontraktion der Längsmuskeln zum Nachziehen des Hinterkörpers. In ähnlicher Weise werden Fortbewegung und Gestaltwandel auch bei vielen anderen Wirbellosen ohne starres Skelett durch das Zusammenwirken von Muskeln mit einem hydrostatischen Flüssigkeitspolster bewirkt.

Zu einem eigentümlichen Gestaltwandel führt die egelartige Fortbewegung. Während sich der Blutegel mit dem hinteren Saugnapf anheftet, führt die Kontraktion der Ringmuskulatur zu einer starken Streckung des Körpers. Nachdem das Tier dann seinen vorderen Saugnapf angeheftet und den hinteren gelöst hat, wird dieser durch Kontraktion der Längsmuskeln und eine starke Krümmung des Körpers unmittelbar hinter dem vorderen Saugnapf wieder befestigt. Eine ähnliche schrittweise Fortbewegung mit entsprechendem Gestaltwandel ist auch für die Schmetterlingsraupen der Spanner charakteristisch.

Mit dem stammesgeschichtlichen Erwerb eines festen Skeletts und gegliederter Extremitäten hat sich den Gliederfüßern und Wirbeltieren ein umfangreiches Repertoire unterschiedlicher Fortbewegungsweisen im Wasser, auf dem Boden und schließlich auch in der Luft erschlossen. Hier kann nur auf einige allgemeine Gesichtspunkte hingewiesen werden, die sich daraus für den Gestaltwandel dieser Tiere ergeben haben.

Bereits bei manchen freilebenden Meeresringelwürmern, wie etwa unseren heimischen *Nereis*-Arten, kann man eine schreitende Fortbewegung mittels ihrer füßchenartigen Parapodien beobachten. Während die Würmer beim langsamen Kriechen den Vortrieb allein durch das Vor- und Zurückschlagen ihrer Parapodien erzeugen, wird dieser Vortriebsschlag zur Beschleunigung der Fortbewegung durch seitliche Körperschlängelung verstärkt. Eine Zunahme der Schwingungsamplitude dieser Wellenbewegung des Körpers führt schließlich zum Schwimmen des Tieres.

Bei den Gliederfüßern beschränkt sich der bei der Fortbewegung auftretende Gestaltwandel weitgehend auf eine Stellungsänderung und Bewegung der Extremitäten. Wenn unter den Hundertfüßern (Chilopoda) die langgestreckten Skolopender beim schnellen Laufen dennoch wellenförmige Rumpfbewegungen zeigen, so liefern diese jedoch keinen direkten Beitrag zur Fortbewegung.

Anders liegen die Verhältnisse bei den niederen Wirbeltieren. Die ursprüngliche Schwimmbewegung der Fische ist dadurch gekennzeichnet, daß es durch abwechselnde Kontraktion der Muskelsegmente beider Rumpfseiten zu einer Schlängelung des Körpers kommt. Der Vortrieb der Fische wird durch diese Schwingungen des Körpers bewirkt, wobei als Hauptantriebsorgan der Schwanz dient. Wir können solch einen Gestaltwandel besonders gut beim Aal beobachten, dessen langer Flossensaum die Bewegungen des Körpers passiv mitmacht.

Von der reinen Körperschlängelung lassen sich zwei Spezialisierungen der Schwimmbewegung ableiten. So ist bei manchen Fischen die Wellenbewegung auf ein unpaares Flossenband konzentriert, das über die Unterseite des Körpers zieht und durch Vereinigung der After- und Schwanzflosse gebildet wird. Bei den meisten Fischen wird jedoch die Antriebskraft weitgehend vom seitwärts schlagenden Schwanz mit der Schwanzflosse geliefert, während der Rumpf sich wesentlich starrer verhält.

Mit der stammesgeschichtlichen Umwandlung der paarigen Fischflossen zu den Laufextremitäten der Landwirbeltiere setzte eine Entwicklung ein, die vor allem bei den Säugetieren zu einem großen Reichtum an Fortbewegungsformen führte. Der damit verbundene Gestaltwandel des kriechenden, laufenden, springenden, kletternden, hangelnden, aber auch des schwimmenden oder gar fliegenden Tieres wurde neben der Körperform und Färbung zu einem wichtigen Kennzeichen der jeweiligen Tierart.

Bei solch ursprünglich gebauten Amphibien und Reptilien wie Salamandern oder Eidechsen mit ihren seitwärts gerichteten Gliedmaßen kann man beobachten, daß bei dieser Beinstellung die Vorwärtsbewegung noch durch seitliche Schlängelbewegung des Körpers unterstützt wird. Ihr beim langsamen Kriechen noch am Boden schleifender Körper wird bei schneller Fortbewegung vom Untergrund abgehoben. Bei den Schlangen, der Blindschleiche und manchen anderen Reptilien ist mit der Rückbildung der Extremitäten die Schlängelung wieder zur Hauptfortbewegungsform geworden.

Durch Verlagerung der Gliedmaßen als stützende Säulen unter den Rumpf ist es für die Säugetiere möglich, sich ohne schlängelnde Bewegung der Körperachse von der Stelle zu bewegen. Ihr Körperstamm ist starrer geworden, und der Gestaltwandel der Tiere bei der Fortbewegung wird mehr durch die Gliedmaßen bestimmt. Die Extremitäten schwingen in Kopf-Schwanz-Richtung und ermöglichen dem Tier eine um so größere Geschwindigkeit, je länger sie sind und je größer die eingesetzte Muskelkraft ist.

Eine Schilderung der Vielfalt an Fortbewegungsformen, die wir bei Säugetieren beobachten können, übersteigt den Rahmen dieses Buches. Sie umfaßt nicht nur die Fortbewegung der typischen Landsäuger, sondern auch jene von Säugetieren, die sekundär wiederum das Wasser oder den Luftraum erobert haben.

Rhythmus, Geschwindigkeit und Form der Gliedmaßenbewegung sowie der damit verbundene Gestaltwandel

Der Anblick einer Schule springender Tümmler *(Tursiops truncatus)* gehört zu den eindrucksvollsten Erlebnissen einer Seereise.

Die im Sprung aufgenommene Schwarzfersenantilope *(Aepyceros melampus)* vermittelt einen Eindruck von dem prachtvollen Anblick eines flüchtenden Rudels. Einzelne Sprünge der Tiere können 3 Meter Höhe und 10 Meter Weite erreichen.

gehören für uns nicht nur zum charakteristischen Erscheinungsbild eines Säugetieres, sondern sie sprechen auch unser ästhetisches und emotionales Verhältnis zum Tier an. Denken wir nur an die Geschmeidigkeit, mit der sich eine Katze an ihre Beute anschleicht, an den prachtvollen Anblick eines flüchtenden Gazellenrudels, das gemütliche Hoppeln eines ungestörten Hasen oder an die geballte Kraft, die im Beutesprung eines Löwen zum Ausdruck kommt.

Kaum eine andere tierische Leistung hat den Menschen von jeher so fasziniert wie das Flugvermögen. Fliegende Tiere haben allein die Insekten und Wirbeltiere hervorgebracht. Bei aller Vielfalt der von ihnen entwickelten Flugorgane zeichnen diese sich doch durch die allen gemeinsame Notwendigkeit zur Entwicklung mehr oder weniger großer Tragflächen aus. Da diese meist während der Ruhe eingeschlagen oder eingefaltet sind und erst für den Flug ausgebreitet werden, ergibt sich in der Regel beim Übergang zur fliegenden Fortbewegung ein überaus charakteristischer Gestaltwandel.

Die Insekten haben als einzige Gruppe der Wirbellosen die Luft als Lebensraum erobert. Als Flügel dienen ihnen flächenhafte Hautduplikaturen des zweiten und dritten Brustsegments. Diese Flügel können zwei Arten von Bewegungen ausführen, nämlich die eigentlichen Flugbewegungen und jene, die beim Zurücklegen und Ausbreiten in die Flugstellung entstehen.

Flugbewegungen haben auf die Gestalt des Insektenrumpfes kaum einen Einfluß. Da die Schlagfrequenz bei vielen Arten sehr hoch ist, kann man die Flügel der fliegenden Insekten oft kaum wahrnehmen. Wenn demgegenüber die Schmetterlinge nur wenige Flügelschläge in der Sekunde machen, so führt dies zu jenem anmutig flatternden Flug, der uns die Schmetterlinge neben ihrer schönen Färbung so liebenswert macht.

Da die meisten Insekten ihre Flügel in der Ruhe flach, horizontal oder dachförmig über den Hinterkörper zurücklegen, hat der Übergang in die Flugstellung eine auffällige Veränderung der Tiergestalt zur Folge. Eine besondere Ruhehaltung finden wir bei den Tagfaltern, die ihre Flügel steil nach oben schlagen, so daß in der Ruhe die Flügelunterseite zu sehen ist.

Unter den Wirbeltieren finden wir erste Ansätze eines Flugvermögens in Form des Gleitflugs bei manchen Fischen, Amphibien, Reptilien und Säugetieren. Als Tragflächen dienen ihnen die Brustflossen, große Schwimmhäute an den Extremitäten oder seitliche Hautfalten des Körpers, die beim Gleitflug ausgebreitet werden. Während hierdurch meist nur eine geringe Veränderung der Körperform bewirkt wird, ist dies beim echten Flug der Vögel und Fledertiere anders.

Die charakteristische Gestalt der Fledermäuse und Flughunde mit ihren großen Flughäuten kommt überhaupt erst beim Flug zum Ausdruck. Zum Wesen der Fledertiererscheinung trägt neben der Gestalt des Tieres auch die unstet flatternde Art der Flugbewegungen bei.

Am vollendetsten sind ohne Zweifel die Vögel der fliegenden Lebensweise angepaßt. Von den in dieser Hinsicht bedeutungsvollen anatomischen Besonderheiten interessiert uns in diesem Zusammenhang allein der Flügel und sein Einfluß auf die Erscheinung des Vogels.

Die Form und Größe des Vogelflügels hängen stark von der Flugtechnik der Vogelart ab. Langsame Segler wie der Kondor *(Vultur gryphus)*, die für ihren Flug die Thermik ausnützen, besitzen große und sehr breite Tragflächen. Schnelle Langstreckensegler zeichnen sich durch schmale und lange Flügel aus, wie wir sie bei den Albatrossen (Diomedea) finden. Unsere heimischen Singvögel, die sich vor allem durch einen Flatterflug fortbewegen, haben in der Regel mittlere Körpergröße und relativ kurze, breite Flügel.

Der Übergang von der Ruhe zum Flug hat eine starke Veränderung der Vogelgestalt zur Folge. Form und Stellung der Flügel, des Schwanzes, des Halses und der Beine geben dem Flugbild ein so charakteristisches Ge-

Der ins Wasser springende Leopardfrosch *(Rana pipiens)* demonstriert einen mit der Bewegung verbundenen, auffälligen Gestaltwandel des sonst kompakten Körpers.

Fliegende Blaumeise *(Parus caeruleus)*.
Die mit dem Übergang von der Ruhe zum Flug verbundene starke Veränderung der Gestalt läßt erst die hochgradige Anpassung des Vogelkörpers an das Flugvermögen erkennen.

prägе, daß man viele Vogelarten schon daran erkennen kann. Durch unterschiedliche Streckung oder Beugung der Flügel bei den Flugmanövern kann das Flugbild allerdings auch verändert werden.

Ausdrucksverhalten

Wenn wir von »niederen« oder »höheren« Tieren sprechen, so wird damit nicht nur ein Unterschied in der Komplexität des Körperbaus und der Organfunktionen zum Ausdruck gebracht. Grundsätzliche Verschiedenheiten bestehen auch in den Sozialbeziehungen der Tiere. Eine Meduse verbringt ihr Leben im Grunde losgelöst von den Artgenossen in weitgehender Einsamkeit. Selbst wenn die Medusen vom Winde zu großen Schwärmen zusammengetrieben werden, kann man diese nicht mit einer lärmenden Kolonie brütender Vögel oder einer Elefantenherde vergleichen. Während jede Meduse im Grunde ein dumpfes, isoliertes Leben für sich führt, bestehen in den Gemeinschaften der Vögel und Säugetiere zwischen den einzelnen Tieren vielfältige soziale Beziehungen.

Höhere Tiere verfügen über die Möglichkeit, durch eine aktive Veränderung ihres Erscheinungsbildes den Artgenossen, in selteneren Fällen auch Angehörigen anderer Tierarten Informationen über ihre momentane Stimmung und beabsichtigte Handlungen zukommen zu lassen. Der biologische Sinn dieser Mitteilung besteht in der Beeinflussung der Stimmungslage oder der Auslösung von Reaktionen des anderen Tieres mit dem Ziel einer zweckmäßigen Steuerung ihres Zusammenlebens.

Ein solches »Ausdrucksverhalten« kann sich in einer aktiven Veränderung der Gestalt durch Änderung der Haltung oder Kontur des Körpers, im Wechsel der Körperfärbung oder auch in bestimmten Bewegungsreaktionen äußern. Je nach dem Inhalt und Zweck dieser Verhaltensweisen können wir Balzhandlungen, Droh- und Beschwichtigungsgebärden oder auch ein Bettelverhalten der Jungtiere unterscheiden. Sofern es sich um Ausdrucksbewegungen des Körpers handelt, sprechen wir von »Gestik«. Ausdrucksbewegungen des Gesichts, die wir freilich nur bei höheren Wirbeltieren finden, werden als »Mimik« bezeichnet.

Voraussetzung für das Auftreten von Ausdrucksverhalten ist der Besitz eines leistungsfähigen Nervensystems und hochentwickelter Sinnesorgane. Das Tier muß als Sender von Ausdrucksinformationen zu einer fein abgestimmten Steuerung seiner Verhaltensweisen befähigt sein. Als Empfänger dieser Nachrichten muß es über ein leistungsfähiges visuelles System verfügen, um den Erscheinungswandel des anderen Tieres überhaupt wahrnehmen zu können. Es überrascht somit nicht, daß wir ein entsprechendes Ausdrucksverhalten nur bei den hochentwickelten Tiergruppen der Tintenfische, Gliederfüßer und vor allem der Wirbeltiere finden.

Wir sollten uns jedoch die gesteigerten Formen der sozialen Beziehungen bei diesen Tieren nicht nur als eine reine Folge der höheren Organisation des Nervensystems und der Sinnesorgane vorstellen. Die Sozialbeziehungen sind zugleich ein wesentlicher Bestandteil höherer Organisation des Tieres und ein Ausdruck seines psychischen Innenlebens. Im Anblick eines höheren Tieres kommt seine augenblickliche innere Stimmung und die von ihm beabsichtigte Handlungsweise zum Ausdruck. Das Tier tritt seinem Gegenüber damit nicht nur als Objekt der Wahrnehmung, sondern als ein subjektiv empfindendes und handelndes Wesen entgegen.

Es überrascht nicht, daß sich unter den Weichtieren allein die Kopffüßer (Cephalopoda) durch ein hochentwickeltes Ausdrucksverhalten auszeichnen. Sie verfügen ja über einen Gesichtssinn, der in seiner Leistungsfähigkeit nur mit jenem der Wirbeltiere verglichen werden kann.

Wir hatten bereits den achtarmigen Kraken *(Octopus vulgaris)* als einen wahren Verwandlungskünstler der Körperform und Färbung kennengelernt. Es ergeben sich damit für *Octopus* vielfältige Möglichkeiten, diese Verwandlungsfähigkeit seines Erscheinungsbildes als Ausdrucksverhalten bei der Balz oder auch zur Abschreckung von Feinden anzusehen. Beim gemeinen Tintenfisch *(Sepia officinalis)* gibt vor allem der schnelle Wechsel der Körperfärbung mit ihren vielfältigen Färbungsmustern Auskunft über die jeweilige Stimmungslage des Tieres. Die intensive Querstreifung der Balzfärbung des Männchens löst beim Sepia-Weibchen Begattungsbereitschaft aus und kann bei anderen Männchen ein entsprechendes »Imponierverhalten« veranlassen.

Unter den Gliederfüßern sind bei Spinnen und Krebsen zahlreiche Fälle von Balz-, Droh- und Kampfverhalten beschrieben worden, bei denen die optische Wirkung der Körperhaltung oder Körperbewegung eine wesentliche Rolle spielt. So wurde für mehrere Arten der Springspinnen (Salticidae) und Wolfspinnen (Lycosidae) nachgewiesen, daß deren Männchen vor dem Weibchen richtige Tänze aufführen, bis diese mittanzen. Eine besondere Rolle spielen dabei Winkbewegungen der Vorderbeine und Taster. Experimentelle Befunde deuten darauf hin, daß die mit ausgezeichnetem Sehvermögen ausgestatteten Springspinnen sich bei der Balz nur durch optische Signale verständigen. Bei ihren Tänzen führen die oft auffälligen Farbmuster des Körpers, an denen sich die Tiere offenbar erkennen, zu einem charakteristischen Wechsel von Bewegungen und Farben.

Auch beim Ausdrucksverhalten der Zehnfußkrebse (Decapoda) spielt das zu Scheren umgebildete erste Beinpaar eine wichtige Rolle. Durch Vorstrecken und Spreizen der Scherenbeine wird beim »Drohen« der Krebse Kampfbereitschaft angezeigt, während eingeschlagene Scheren eine Demuthaltung signalisieren.

Besondere Aufmerksamkeit hat seit langem das eigenartige Balzverhalten der Winkerkrabben *(Uca)* erregt, die in der Gezeitenzone oder im Mangrovegebiet der warmen Meere leben. Die Männchen dieser Krebse besitzen auf der einen Körperseite eine gewaltig vergrößerte Schere, mit der sie bei der Balz charakteristische Winkbewegungen ausführen. In einem Zeitraum von etwa zwei Sekunden wird dabei die zunächst waagerecht auf dem Boden liegende Winkschere angehoben, mit der Spitze nach oben gedreht, bei manchen Arten überdies noch nach außen geschwenkt und schließlich wieder in die Ausgangslage zurückgeführt. Infolge der beträchtlichen Größe der Schere ergibt sich dabei ein rhythmischer Gestaltwandel, der sich um so schneller wiederholt, je erregter das Männchen ist.

Trotz des überaus großen Artenreichtums der Insekten sind bei ihnen nur relativ wenige Fälle von Ausdrucksverhalten genauer bekannt. Innerartliches Kampf- und Territorialverhalten ist recht selten. Daß dabei auch ein Gestaltwandel des Insekts eine Rolle spielen kann, demonstrieren beispielsweise die Weibchen der Grabwespe *Podalonia valida*. Bei der Verteidigung ihres Nistplatzes zeigen sie ein charakteristisches Revieranzeigeverhalten mit angehobenem Hinterkörper und gespreizten, vibrierenden Flügeln. Das aggressive Verhalten der Apfelfliege *(Rhagoletis pomonella)* ist durch Flügel-Winken und Schlagen mit den angehobenen Vorderbeinen charakterisiert.

Wir wissen, daß beim Paarungsverhalten der Libellen und Feldheuschrecken optische Informationen über den Partner eine wichtige Rolle spielen. Dasselbe wurde durch Attrappenversuche für das Balzverhalten mehrerer Schmetterlingsarten nachgewiesen. Umfangreiche Experimente mit unserem Samtfalter *(Hipparchia semele)* und Kaisermantel *(Argynnis paphia)* sowie den tropischen Schmetterlingen *Heliconius erato* und *Hypolimnas misippus* zeigten, daß für die Auslösung der Balz von Schmetterlingsmännchen die Flugbewegungen der Weibchen wichtig sind. Das richtige Ansprechen von Artgenossen als Geschlechtspartner wird durch die richtige Größe des gesehenen Partners und wohl in den meisten Fällen durch die Hauptfarben des Weibchenflügels garantiert.

Bei den Wirbeltieren haben vor allem lichtaktive Fische, Reptilien, Vögel und Säugetiere vielfältige Ausdrucksformen des Gestaltwandels, der Bewegung und der Körperfärbung entwickelt und in den Dienst einer optischen Kommunikation gestellt. Dabei bleibt die Möglichkeit zum schnellen Färbungswechsel auf die niederen wasserlebenden Formen sowie manche Amphibien und Reptilien beschränkt.

Knochenfische können beim Territorial-, Kampf- und Balzverhalten neben charakteristischen Bewegungen und Schwimmformen einen Gestaltwandel durch Spreizen oder Zusammenlegen der Flossen, Abspreizen der Kiemen-

Im Gesicht des Schimpansen können wir eine vielfältige Mimik beobachten. Diese läßt im Gegensatz zu dem starren Gesichtsausdruck eines Fisches oder Amphibiums weitgehende Schlüsse auf die Stimmungslage und die psychische Leistungsfähigkeit des Tieres zu.

deckel oder Öffnen des Mauls zeigen. Viele Arten verfügen auch über die Fähigkeit, durch schnelle Veränderung ihres Farbmusters ihre jeweilige Stimmungslage zum Ausdruck zu bringen. Besondere Aufmerksamkeit haben in dieser Hinsicht die Verhaltensforscher den Buntbarschen (Cichlidae) gewidmet, deren Verhaltensrepertoire Gegenstand grundlegender Untersuchungen war.

Unter den Reptilien haben vor allem die Echsen stark entwickelte motorische Bewegungsmuster in den Dienst der innerartlichen Verständigung gestellt. Deren Wirkung kann durch charakteristische Körperstellungen oder besondere Strukturen der Körperoberfläche noch verstärkt sein. Daneben dienen spezifische Farbmuster und bei manchen Arten, vor allem den afrikanischen Chamäleons, ein stark ausgeprägter Farbwechsel der optischen Kommunikation.

Vögel und Säugetiere verfügen nicht über das Ausdrucksmittel des schnellen physiologischen Farbwechsels. Sie haben jedoch ihre typischen Hautorgane, Federn und Haare, ebenfalls in den Dienst der Verständigung gestellt. Primär dienen Gefieder und Pelz als Wärmeschutz, wobei durch feine Hautmuskeln ein Aufrichten der Federn oder Haare und damit eine Wärmeregulation möglich wird. Das so erzeugte Sträuben von Gefieder oder Pelz kann eine augenfällige Veränderung der Kontur, Form oder scheinbaren Größe des Tierkörpers zur Folge haben und stellt damit eine wichtige Komponente des Ausdrucksverhaltens dar. Besonders wirksam wird es, wenn einzelne Hautbezirke sich durch besondere Form, Länge oder Färbung der Federn und Haare auszeichnen.

Zu welch eindrucksvollen Veränderungen des Erscheinungsbildes einer Vogelart das Balzverhalten führen kann, haben wir am Beispiel der Pfauenbalz gesehen. Nicht weniger beeindruckend ist die Balz vieler Paradiesvögel, des Auerhahns *(Tetrao urogallus)* oder jene des Beifußhahns *(Centrocercus urophasianus)*, die zu den erregendsten Schauspielen der Vogelwelt gehört. T. M. Crowe beschreibt sie mit folgenden Worten: »Wenn der Hahn die langen spitzen Schwanzfedern fächerförmig aufstellt, schwellen gleichzeitig große Luftsäcke unterhalb des starren, weißen Halses an, und die Brustfedern beginnen zu rascheln. Der Hahn stößt dabei blubbernde Laute aus. Auf dem Höhepunkt des Balzrituals zeigt sich ein leuchtend gelber Nackenfleck, anschließend entweicht mit weithin hörbarem Knall die Luft aus den Hautsäcken.«

Es ist nicht möglich, den großen Reichtum des Gestaltwandels beim Ausdrucksverhalten der zahlreichen Vogelordnungen hier auch nur anzudeuten. Über welch vielfältige Ausdrucksmöglichkeiten selbst unsere an sich einförmigen Singvögel verfügen, geht aus einer von Tembrock vorgelegten Aufzählung von zwölf wichtigen Elementen hervor, die für die optische Signalübertragung bei ihnen Bedeutung haben. Es sind dies Anheben und Senken des Schnabels, Nestbaubewegungen, Flügelzittern, Federsträuben, Vorwärtsdrohen, Kopfhoch-Drohen, Bettelhaltung, seitliche Asymmetrie, Schreiten, Schwanzbewegungen sowie ein- oder beiderseitiges Flügelanheben.

Bei den Säugetieren hat die Bedeutung der visuellen Informationsübermittlung offensichtlich im Verlauf ihrer Stammesgeschichte stark an Bedeutung gewonnen. Welchen Reichtum die Gebärdensprache des Körpers bei den Raubtieren erreicht hat, können wir in eindrucksvoller Weise am Verhalten der Katze oder des Hundes beobachten.

Die höheren Säugetiere haben darüber hinaus mit der Möglichkeit zur mimischen Veränderung des Gesichtsausdrucks ein Verständigungsmittel erworben, das unter den Wirbeltieren einzigartig ist. Grundlage dieser Mimik, die wir bei den hunde- und katzenartigen Raubtieren, manchen Huftieren, vor allem aber bei vielen Affen beobachten können, ist die hohe Leistungsfähigkeit der

Kopfmuskeln. Bei den niederen Wirbeltieren stehen diese Muskeln so ausschließlich im Dienst der Ernährung und Atmung, daß uns das Gesicht der Fische und Amphibien wie eine unveränderliche starre Maske erscheint. Vergleichen wir damit den stark wechselnden Ausdruck eines Raubtiergesichts in der Ruhe, bei lauernder Spannung, beim drohenden Fauchen oder Knurren und beim Fletschen der Zähne, so ahnen wir, welch hohe Stufe die psychische Leistungsfähigkeit der Säugetiere in der Evolution erreicht hat.

Im Gesicht der Affen, vor allem beim Schimpansen, können wir einen Formenreichtum der Gesichtsmotorik beobachten, die zum unmittelbaren Vergleich mit dem Menschen herausfordert. Die auffällige Ähnlichkeit mancher Ausdrucksformen des Schimpansen mit unserer Mimik darf freilich nicht zu dem Schluß führen, daß in jedem Fall gleiche Stimmungen und Motivationen zugrunde liegen. Ein wirkliches Verständnis des Gesichtsausdrucks eines Tieres erfordert in jedem Fall eine eingehende und vorurteilsfreie Beobachtung des Verhaltens.

Das Tier in der künstlerischen Gestaltung

Tierdarstellungen gehören zu den häufigsten Motiven der bildenden und angewandten Kunst. Die ältesten Zeugnisse einer künstlerischen Beschäftigung mit dem Tier stammen aus der jüngsten Altsteinzeit. Seit diesem Zeitraum waren über Jahrzehntausende bis zur Gegenwart die Künstler immer wieder bemüht, das Wesen der Tiergestalten in Kunstwerken der verschiedensten Art zu erfassen.

Die Art und Weise der Tierdarstellungen und die Auswahl der behandelten Tiere erlauben Rückschlüsse auf das wechselnde Verhältnis des Menschen zum Tier, auf dessen Bedeutung für das Leben des Menschen und seine Stellung im jeweiligen Kulturkreis. Es macht einen Unterschied, ob das Tier als Jagdobjekt, als domestiziertes Arbeitstier, als Spielgefährte des Menschen oder einfach als ästhetisch fesselndes Anschauungsobjekt aus der Natur oder dem Tierpark dargestellt wird. Neben der Wiedergabe von Tieren als Naturobjekte in der Umwelt des Menschen haben zahllose Tierdarstellungen früherer Zeiten symbolhafte Bedeutung im Sinne magisch-kultischer oder religiöser Vorstellungen gehabt.

Tierdarstellungen finden wir in allen Kunstgattungen, in der Malerei und Graphik ebenso wie in der Plastik und Architektur, der Ornamentik, dem Kunsthandwerk und der Gebrauchsgraphik. In technischer Hinsicht reicht die Darstellungsweise der Tiere von einer akribisch genauen, naturalistischen Wiedergabe aller Details bis zur betonten Stilisierung und Beschränkung auf die wesentlichsten Formen und Eigenheiten des jeweiligen Tieres. Bei dieser Erfassung des Wesentlichen einer tierischen Erscheinung zeigt die Arbeitsweise des Künstlers unverkennbare Ähnlichkeit mit jener des Zoologen, der die charakteristischen Merkmale einer Tierart zu erfassen versucht. Schließlich sei darauf hingewiesen, daß tierische Materialien auch selbst vielfach Mittel ästhetischer Gestaltung in der Kunst, der Mode und beim Schmuck waren und zum Teil auch heute noch sind.

Claudia List hat kürzlich in eindrucksvoller Weise den Wandel geschildert, den künstlerische Tierdarstellungen in tausend Generationen der Menschheitsgeschichte seit der Zeit jungpaläolithischer Höhlenmalereien erfahren haben. Wir können hier nur in aphorismenhafter Kürze einige Stationen dieses von der Faszination der tierreichen Erscheinung bestimmten Weges andeuten.

Prähistorische Tierdarstellungen

Tierdarstellungen gehören zu den ältesten Kunstleistungen des Menschen. Die frühesten Werke stammen aus der jüngeren Altsteinzeit Europas vor über 30 000 Jahren. Ihre höchste Blüte erreichte die Eiszeitkunst jedoch erst im Magdalénien vor 14 000 bis 19 000 Jahren. Wir finden aus jenen Zeiträumen Tierdarstellungen in Werken der Kleinkunst, auf Reliefs, in Plastiken sowie in Gravierungen und Malereien auf Felswänden.

Die Häufigkeit der Tierdarstellungen, die jene des Menschen bei weitem übertraf, zeigt uns, welch große Rolle die Tiere im Leben des Eiszeitmenschen spielten. Sie standen im Mittelpunkt seines Denkens und Handelns, da die Jagd wichtigste Grundlage der menschlichen Existenz war. Tiere lieferten dem Menschen der Altsteinzeit Nahrung und Kleidung. Sie dienten aber auch als Lieferanten von Rohmaterial für die Herstellung von Werkzeugen, Wohnstätten, Schmuck und Kunstwerken.

Es ist somit nicht verwunderlich, daß der Eiszeitmensch in seinen Kunstwerken vor allem Jagdtiere zu gestalten versuchte. Zu den immer wieder dargestellten Säugetierarten gehörten Wildpferd, Wisent, Ur, Mammut, Ren, Hirsch und Steinbock. Seltener fanden sich Darstellungen des Braunbären, Höhlenlöwen und Wollhaarnashorns. Sehr selten dienten auch Moschusochse, Gemse, Ziege, Saiga-Antilope, Wildesel, Hyäne, Wolf, Fuchs, Vielfraß, Wildschwein, Hase oder Seehund als Motive der künstlerischen Gestaltung. Nur wenige Werke der Plastik und Felsbildkunst zeigen Fische, Vögel oder Schlangen, die in der Kleinkunst etwas häufiger auftauchen. Große Ausnahmen bilden Darstellungen von Insekten, wie etwa eine kleine Käferplastik aus Gagat oder die Gravierung einer Heuschrecke.

Es ist viel darüber gestritten worden, welche Bedeutung die Tierdarstellungen der Eiszeitmenschen für ihre Schöpfer gehabt haben. Sicherlich versuchten die Künstler mit ihren Werken einem wesentlichen Teil ihres Weltbildes Gestalt zu verleihen, in dem das Tier eine zentrale Rolle einnahm. Wenn auch eine Reihe jungpaläolithischer Kunstwerke die Vermutung einer Jagd- oder Fruchtbarkeitsmagie nahelegen, so ist doch sicherlich mit magischen oder kultischen Vorstellungen die Motivation des Eiszeitkünstlers nicht vollständig erfaßt.

Die großartigen Malereien in den Höhlen Südfrankreichs und Nordspaniens, aber auch viele Werke der

Das Fresko im Grab des Noblen Sen-Nedjem in Theben läßt die große Bedeutung ahnen, die Tiere im Leben und der Kunst der Ägypter hatten. Es zeigt neben der realistischen Darstellung eines Reihers den schakalköpfigen Totengott Anubis als Vertreter der Tiergottheiten und läßt die Herkunft mancher Hieroglyphen aus Tierbildern erkennen.

Kleinkunst und Plastik lassen vermuten, daß oft die Freude am Schönen die Hand des Künstlers geführt hat. Sie dokumentieren, daß der Eiszeitmensch von der einzigartigen Tierwelt seines Lebensraumes fasziniert war und über eine hervorragende Kenntnis der dargestellten Jagdtiere verfügte. Daß es sich aber bei der Eiszeitkunst nicht einfach um die Befriedigung eines ästhetischen Bedürfnisses gehandelt haben kann, geht schon daraus hervor, daß die Felsmalereien im tiefsten, dunklen Inneren der Höhlen angebracht wurden.

Wenn von prähistorischen Felsbildern die Rede ist, so denkt man zunächst meist an die eiszeitlichen Höhlenbilder des frankokantabrischen Raums in Südwesteuropa, wie etwa die berühmten polychromen Tiermalereien in den Höhlen von Altamira oder Lascaux. Felsbilder wurden jedoch auch in anderen Gebieten Europas und in Sibirien gefunden.

Besonders reich an Felsbildern ist Afrika, wo sie in allen Großräumen des Kontinents nachweisbar sind. Hier sei nur auf die Tierdarstellungen in den Bergländern der Sahara hingewiesen, die aus drei Zeiträumen stammen. Die Felsbilder aus der früheren Jägerzeit vor 7 bis 8 Jahrtausenden stellen eine Tierwelt dar, die in ihrem Vorkommen heute auf die Tropen beschränkt ist. Elefanten, Nashörner, Flußpferde, Büffel oder Krokodile wurden neben anderen Tierarten in eindrucksvoller Weise lebendig charakterisiert. Während in dieser frühen Zeit keine Haustiere dargestellt wurden, stellen in der folgenden Hirtenperiode Rinder und in der vor etwa 3500 Jahren beginnenden Spätzeit Pferde die Hauptmotive von Tierdarstellungen der Felsbilder dar.

Das Tier in der ägyptischen Kunst

In der ägyptischen Kunst nimmt die Darstellung der Tiere einen ebenso großen Raum ein wie jene des Menschen, ein deutlicher Hinweis auf ihre Bedeutung im menschlichen Leben. Welche zentrale Rolle Tiere im Leben der Ägypter spielten, geht aber auch daraus hervor, daß in der ägyptischen Religion heilige Tiere und Gottheiten in Tiergestalt verehrt wurden. Menschliche Verhältnisse erhielten aus dem Verständnis der Tiere ihre besondere Prägung. Selbst in der Ägyptischen Schrift waren Tierdarstellungen von großer Bedeutung. Unter 25 Klassen der Hieroglyphen umfaßten 7 die Tierbilder zahlreicher Arten oder Teile von Tieren. Vor allem die Schriftdenkmäler des Alten Reichs (2635–2155 v. u. Z.) zeigen Hieroglyphen von hervorragender Schönheit, in denen die charakteristische Gestalt der dargestellten Tierarten mit bewundernswerter Treffsicherheit erfaßt und dargestellt wurde.

Die ägyptische Kunst hat uns eine überwältigende Fülle vollkommenster Tierdarstellungen hinterlassen. In der Erfassung des Wesentlichen einer Tiergestalt und ihrer überzeugenden Wiedergabe schließen sie an die besten Leistungen der paläolithischen Kunst an. Das gilt in vollem Maße schon für jene ersten Tierplastiken, die in der Frühzeit Ägyptens vor nahezu 5000 Jahren gestaltet wurden. Die lebensechten Darstellungen eines Pavians aus Alabaster, eines Granitlöwen oder eines Löwenkopfes aus den Berliner Museen legen davon ein beredtes Zeugnis ab.

Aus jener frühen Zeit der ersten Dynastie (2955–2780 v. u. Z.) stammen auch jene prunkvollen Schminkpaletten mit Tierdarstellungen, die als Weihgeschenke Tempeln gestiftet wurden. Auf rauten- oder schildförmigen Schieferplatten oder auch solchen mit tierförmigen Umrissen enthalten sie neben Darstellungen von Fabelwesen in realistischer Formgebung Reliefs von Jagdtieren wie Antilopen, Löwen, Panthern, Giraffen oder Hasen, aber auch solche von Stieren, Schafen, Eseln, Hunden oder Vögeln.

Wenn auch Tierdarstellungen in großer Fülle aus allen Perioden der ägyptischen Geschichte nachweisbar sind, so kann man doch ohne Zweifel das Alte Reich als goldenes Zeitalter der Tierdarstellung bezeichnen. In den Gräbern und Heiligtümern wurde uns ein großer Reichtum an überaus lebendigen Tierdarstellungen in Reliefs und Malereien überliefert. Sie zeigen eine Vielzahl an Säugetier- und Vogelarten, berücksichtigen sowohl Jagdtiere wie Haustiere und bilden neben Alttieren auch Jungtiere ab. Neben Haustierszenen mit ganzen Herden von Säugern und Geflügel beeindrucken uns lebendig gestaltete Jagdszenen, sei es eine Vogeljagd im Papyrusdickicht, die Jagd auf Nilpferde oder der Fischfang auf dem Nil. Wildtiere und Haustiere werden treffsicher beobachtet und wiedergegeben.

In jüngeren Kunstwerken erfuhr die Vielfalt der abgebildeten Tierarten dadurch eine Bereicherung, daß bei der Darstellung von Beutezügen der Herrscher exotische Tiere besondere Beachtung fanden. Für die Spätzeit der ägyptischen Geschichte ist bezeichnend, daß eine veränderte religiöse Einstellung des Menschen zum Tier zu einer Renaissance der Tierdarstellung führte und sich auch auf die künstlerische Darstellung auswirkte. Tiere erhielten Friedhöfe, wurden mumifiziert und denkmalhaft in vielen Freiplastiken gestaltet, unter denen vor allem eindrucksvolle Katzendarstellungen auffallen.

Die Tierdarstellungen der Ägypter sind nicht nur von kunsthistorischer Bedeutung, sondern verdienen auch das besondere Interesse der Zoologen. Aufgrund ihrer realistischen Darstellungstreue erlauben sie eine eindeutige Bestimmung der dargestellten Arten. In manchen Fällen werden damit Rückschlüsse auf Veränderungen der Fauna Ägyptens möglich, die sich in den letzten 5 Jahrtausenden vollzogen haben. Der berühmte Gänsefries aus dem 4700 Jahre alten Grabmal des Baumeisters Nefermaat in Mêdum enthält die hervorragende Darstellung zweier Rothalsgänse *(Branta ruficollis)*. Diese Vogelart muß damals bis nach Ägypten gewandert sein, während sie heute aus ihrem Brutgebiet in den nordasiatischen Tundren zur Überwinterung an das Südufer des Kaspischen Meeres sowie an den Unterlauf von Euphrat und Tigris zieht. Bemerkenswert ist auch, daß die Vielzahl naturalistisch dargestellter Haustiere sichere Rückschlüsse auf die Geschichte der Haustierrassen erlaubt.

Tiere in der Kunst der Antike

Eine erste Blüte erfuhren Tierdarstellungen im Gebiet des Ägäischen Meeres während der Bronzezeit mit der kretisch-mykenischen Kunst. Da das Leben auf Kreta in der minoischen Zeit vom Stierkult beherrscht war, wurde der Stier in mannigfacher Form und hoher Vollendung dargestellt. Daneben beschäftigten sich Tierdarstellungen der Kreter mit einem zweiten Hauptthema, der Fauna des Meeres. Die Keramikgefäße der spätminoischen Zeit um die Mitte des 2. Jahrtausends v. u. Z. wurden mit Bildern von Delphinen, Octopoden, Purpurschnecken, Seesternen oder *Nautilus*-Darstellungen geschmückt. Dieser »Meeresstil« des Dekors erfuhr dann im 14. Jahrhundert v. u. Z. eine zunehmende Ornamentalisierung.

Auf dem griechischen Festland wurde die mykenische Kunst der Bronzezeit in starkem Maße von der kretischen Kultur beeinflußt. So finden sich auch hier Stierdarstellungen auf Wandmalereien, getriebenen Goldbechern oder großbauchigen Keramikgefäßen. Das aus dem 14. Jahrhundert v. u. Z. stammende Löwentor der Burg von Mykene dokumentiert den Einzug orientalischer Tiere in die mykenische Kunst.

Von der anthropozentrisch orientierten Kunst der Griechen sind Tierdarstellungen vor allem in Verbindung mit dem Menschen geschaffen worden. Eine herausragende Rolle kommt dabei dem Pferd zu, das schon in der homerischen Tierwelt einen zentralen Platz einnahm.

Beim Übergang von der frühen geometrischen Epoche der dorisch-griechischen Kunst des 11. bis 8. Jahrhunderts v. u. Z. zur klassischen Kunst des 5. Jahrhunderts v. u. Z. läßt sich ein charakteristischer Formwandel der Tierdarstellungen beobachten. Während in der Vasenmalerei zunächst stilisierte Darstellungen von Kriegern mit Pferden und Kampfwagen dominierten, hielt mit dem orientalisierenden Stil des 7. Jahrhunderts v. u. Z. der Löwe und eine dämonisierende Auffassung der Tierwelt Einzug in die Vasenmalerei. Seit dem 6. Jahrhundert v. u. Z. setzte sich dann eine genauere Beobachtung charakteristischer Verhaltensweisen der Tiere durch, die ihren Niederschlag in lebensnaher Gestaltung von Tierdarstellungen fand. Neben eindrucksvollen Tierdekors schwarzfiguriger und rotfiguriger Vasen sind vor allem die zahlreichen Pferdedarstellungen des Parthenonfrieses zu nennen, die den Höhepunkt des Tierbildes der griechischen Klassik darstellen. Sie erfassen das Wesen des Pferdes in einer Ein-

Delphinfresko aus dem Gemach der Königin im Palast von Knossos. In der kretisch-minoischen Kunst des 2. Jahrtausends v. u. Z. spielten Tierdarstellungen aus der Fauna des Meeres eine wichtige Rolle.

dringlichkeit, wie wir sie zwei Jahrtausende später in den Schöpfungen Leonardo da Vincis finden.

Im Gegensatz zu den anthropozentrisch orientierten Kunstwerken der Griechen nehmen Tierdarstellungen in der Kunst der römischen Antike einen viel größeren und eigenständigeren Rahmen ein. Sie sind, wie es Toynbee in einer eindrucksvollen Monographie belegt hat, ein getreues Abbild der herausragenden Stellung, die Tiere auf vielen Gebieten des römischen Lebens einnahmen. Tiere dienten dem Personen- und Gütertransport, lieferten Nahrung, Kleidung und Schmuck, wurden in der Landwirtschaft beim Pflügen, Ernten und Mahlen eingesetzt oder auch als Haustiere gehalten. Tieropfer forderten die Kriege, religiöse Handlungen, die Jagd und nicht zuletzt in großem Umfang die Spiele der Römer. Andererseits wurden jedoch zahllose Tiere auch um ihrer selbst willen in Tierparks, Freigehegen, Vogelhäusern, Teichen und Wildreservaten gehalten.

Von der römischen Kunst wurden uns zahllose Tierdarstellungen von Land- und Meerestieren in Skulpturen, auf Reliefs, Malereien oder Mosaiken, in Form von Metall- oder Elfenbeinarbeiten sowie auf Gemmen und Münzen überliefert. Tiere wurden sowohl im Kontext menschlicher Tätigkeiten, wie bei der Jagd oder dem Tierfang, abgebildet, als auch um ihrer selbst willen ohne jedes Beiwerk dargestellt. Die vielfach mit großem Einfühlungsvermögen gestalteten Säugetiere, Vögel, Reptilien, Amphibien und Fische, aber gelegentlich auch Krebse und Mollusken dokumentieren nicht nur eine genaue Formenkenntnis der Künstler, sondern auch eine ausgesprochene Empfänglichkeit der Römer für die Schönheiten der Tiere und den Reiz der exotischen Tierwelt.

Von den zahlreichen römischen Tierdarstellungen seien hier nur die Wandmalereien und Mosaiken aus Pompeji sowie die großartigen Mosaiken der kaiserlichen Villa bei Piazza Armerina auf Sizilien erwähnt. Das berühmte Mosaik der Alexanderschlacht aus dem Hause des Fauns in Pompeji zeigt eine faszinierende Darstellung von Reitpferden. Andere pompejianische Mosaiken stellen Tiere ganz in den Mittelpunkt, wie etwa in einer lebendig dargestellten Uferszene mit Enten oder in einer Zusammenstellung überaus lebensnaher Bilder von Meerestieren des Golfs von Neapel.

Auf den 3500 Quadratmeter umfassenden großartigen Mosaiken der kaiserlichen Landvilla von Piazza Armerina nehmen Tierdarstellungen einen wesentlichen Platz ein. Diese sind nicht nur von kunsthistorischem Interesse, sondern geben uns auch vielfältige Aufschlüsse über Jagd und Tierfang der Römer im 3. und 4. Jahrhundert. Das Mosaik der »Kleinen Jagd« zeigt in fünf Bildern Szenen der Jagd auf einheimische Tiere Siziliens. Demgegenüber ist das riesenhafte Mosaik, das den Boden eines 64 Meter langen Korridors in ganzer Länge bedeckt, den Themen der Jagd, des Fanges, der Ein- und Ausschiffung sowie des Verladens und Anlandens von exotischen Wildtieren und Vögeln gewidmet, die für die Arenen und Tierparks der Römer benötigt wurden. Diese und zahlreiche weitere eindrucksvolle Tierdarstellungen des Hauses zeigen, daß der Villenbesitzer ein besonders enges Verhältnis zur Tierwelt gehabt haben muß.

Die Tierstilkunst der Skythen

Es gibt wenige Kulturen, die in ihrer bildenden Kunst darauf verzichtet haben, Tiere darzustellen. Einen besonderen Platz nimmt unter ihnen die Kunst der Steppenvölker Eurasiens aus dem ersten Jahrtausend v. u. Z. ein, für die der Begriff »Tierstil« geprägt wurde. Ihre Art der künstlerischen Gestaltung von Tiermotiven erreichte bei den Skythen einen Höhepunkt, der heute jeden Betrachter der Kunstwerke bezaubert.

Die Wurzeln des Tierstils lassen sich weit zurückverfolgen. Wir finden sie in den alten Kulturen des 2. und 3. Jahrtausends in Vorderasien und Zentralasien. Als im 1. Jahrtausend v. u. Z. die Steppenvölker Eurasiens zur Nomadenviehzucht übergingen, sahen sie im Tier noch mehr als zuvor ihren Lebensinhalt. Menschliche Probleme und Vorstellungen wurden künstlerisch in die Darstellung von Tiergestalten umgesetzt. Der Tierstil wurde zum Ausdruck einer theriomorphen Weltsicht der Steppennomaden.

Nach Europa wurde der Tierstil im frühen 1. Jahrtausend v. u. Z. gebracht, als die Skythen aus Asien in die südrussischen Steppen einwanderten. In ihren reich ausgestatteten Fürstengräbern des 7. und 5. Jahrhunderts v. u. Z. wurden einzigartige Zeugnisse einer hochentwickelten Metallkunst überliefert, die neben naturnahen und stilisierten Darstellungen von Tieren und Tierkämpfen auch Fabelwesen zeigen.

Die spannungsvoll gestalteten Tierdarstellungen der Skythen, die meist aus Gold gefertigt wurden, verbinden realistische Beobachtungstreue mit einem ausgeprägten ornamentalen Formgefühl. Bevorzugtes Motiv des skythischen Tierstils war ein liegender Hirsch mit ornamental stilisiertem Geweih. Daneben wurden Panther, Ziegen, Steinböcke, Eber, Raubvögel oder auch Fische gestaltet. Berühmt wurde der goldene Hirsch aus dem Kostromskaya-Kurgan im Kubangebiet, der einst als Zierbuckel eines Eisenschildes diente und zu den bekanntesten Funden der Archäologie zählt.

Der skythische Tierstil findet sich nicht nur in Metallgußarbeiten und Metallgravierungen, sondern auch in Holz- und Knochenschnitzereien sowie Leder- und Filzapplikationen. Neben Waffen wurden die Pferdegeschirre, Satteldecken und der Pferdekopfputz reich dekoriert.

Als die Sarmaten im 4. Jahrhundert nach Westen vorstießen und die Skythen aus dem Dongebiet verdrängten, machte sich in den Tierdarstellungen eine zunehmende Geometrisierung bemerkbar. Die Tierfiguren wurden mehr oder weniger aufgelöst und verschiedene Tierteile frei kombiniert dargestellt.

Das Tier in der Kunst Asiens

Tierdarstellungen haben in Asien seit Jahrtausenden einen hohen Stellenwert und in den großen Kulturkreisen des Kontinents eigenständige Entwicklungen erfahren. Hier können nur einige Wesenszüge der persischen, indischen und fernöstlichen Kunst herausgestellt werden.

Von der islamischen Kunst des Mittelalters wurde im persischen und indischen Raum eine hochstehende Buchmalerei entwickelt, die in ihren Miniaturen immer wieder auch Tiere abbildete. In Persien vereinte die sawafidische Miniaturmalerei des 16. Jahrhunderts in ihren Tierdarstellungen die unterschiedlichen älteren Stilrichtungen des östlichen und westlichen Persien mit Einflüs-

Kapitell mit der Darstellung von Elefanten am Tor des großen Stupa von Sanchi. Das aus dem 1. Jahrhundert v. u. Z. stammende Kunstwerk zeigt, daß der Elefant in der indischen Kunst lange vor ihrer klassischen Periode der Gupta-Zeit eine wichtige Rolle spielte.

sen der chinesischen Tuschmalerei. Auf den zahlreichen Miniaturen der Handschriften dieser Zeit wurden häufig Tiere der persischen Fauna in lebensnah erfaßten Bewegungen dargestellt.

In Indien spielten Tiere vor allem in der vom Hinduismus geprägten Kunst eine wichtige Rolle. So sind im reichen Skulpturenschmuck der Hindu-Tempel seit der klassischen Periode indischer Kunst, der Gupta-Zeit des 4. bis 6. Jahrhunderts, zahlreiche eindrucksvolle Tierdarstellungen überliefert.

Immer wieder wurden vor allem die für das Leben der Inder so wichtigen Elefanten abgebildet. Höhepunkt indischer Elefantendarstellungen ist der in faszinierender Naturtreue lebensgroß gestaltete Elefantenzug in dem aus der Felswand herausgeschlagenen riesenhaften Hochrelief der »Herabkunft des Ganges«, das im 7. Jahrhundert in der südindischen Stadt Mahabalipuram geschaffen wurde.

Am Hofe des Mogul-Kaisers Indiens begann sich im 16. Jahrhundert die Mogul-Malschule zu entwickeln, die unter dem Großmogul Akbar zur Blüte geführt wurde und neben Darstellungen anderer Tiere solche des Elefanten als typisch indisches Motiv aufnahm. Unter den Nachfolgern Akbars erfuhren Tierdarstellungen eine besondere Förderung. Die Künstler wurden von den Mogul-Kaisern ausdrücklich auf das Naturstudium hingewiesen. Mit dem Aufkommen der Porträtmalerei in den Miniaturen fertigten sie auch porträthafte Bilder ganz bestimmter Tiere an. Von Ustad Mansur, einem der führenden indischen Miniatur-Maler der Mogul-Malschule, sind aus dem ersten Viertel des 17. Jahrhunderts zahlreiche Tierdarstellungen erhalten, die in außerordentlich feiner Zeichnung mit großem Einfühlungsvermögen das Wesen der abgebildeten Tiere erfassen.

Angeregt durch die islamische Mogul-Malschule entwickelte sich im 17. und 18. Jahrhundert auch in den Residenzen der hinduistischen Herrscher und Feudalherren Indiens eine Miniaturmalerei, die in ihren Bildern nichtislamischer höfischer Kultur vielfach profane Tierdarstellungen im Rahmen von Jagdszenen, Reiterporträts und Tierkämpfen überlieferte.

In der Kunst Chinas spielen seit über drei Jahrtausenden Tierdarstellungen eine wesentliche Rolle. Bereits aus der ältesten chinesischen Dynastie, der von 1600 bis 1100 v. u. Z. reichenden Shang-Zeit, sind Marmorskulpturen von Tieren und tiergestaltige Bronzegefäße erhalten. Berühmt wurden die erst 1974 bei Xian entdeckten Grabbeigaben des 210 v. u. Z. gestorbenen ersten chinesischen Kaisers, die in Form einer riesigen Terrakotta-Armee neben tausenden Tonkriegern auch zahlreiche lebensgroße, natürlich gestaltete Pferdeplastiken umfaßt. Die Bedeutung von Tierdarstellungen in der chinesischen Grabplastik läßt sich seitdem durch zwei Jahrtausende verfolgen. Sie reicht über Grabbeigaben der Han-Dynastie (206 v. u. Z. – 220 u. Z.) und die hochentwickelte Tierplastik der Tang-Zeit (618–907) bis zu den monumentalen Steinskulpturen der Pferde, Kamele und Elefanten, von denen die Gräberstraße der Ming-Kaiser (1368–1644) flankiert wird.

Es war aber vor allem die Malerei, deren überaus eigenständige Entwicklung unser Bild von der chinesischen bildenden Kunst nachhaltig geprägt hat. Die auf jahrtausendealte Traditionen blickende Malkunst Chinas hat in der monochromen und polychromen Tuschmalerei ihren prägnantesten Ausdruck gefunden. Bereits in der Tang-Zeit wurden ihre konventionellen Themenkreise abgesteckt, die neben religiösen Themen und Landschaftsbildern zunächst vor allem Pferdedarstellungen umfaßten. Seit der Song-Zeit (960–1280) wurden in zunehmendem Maße Naturszenen geschaffen, unter denen Vogelbilder in Verbindung mit Pflanzendarstellungen bis heute einen bevorzugten Platz einnehmen. Daneben wurden Bilder von Haustieren, Kamelen, Tigern, Hirschen, Schildkröten, Fischen, Krebsen oder auch Insekten gemalt.

Für die Auswahl der in der chinesischen Malerei dargestellten Tiere waren zwei Prinzipien bestimmend. Ohne Zweifel forderte vor allem die äußere Erscheinung, der ästhetische Wert eines Tieres den Künstler zur Darstellung heraus. Daneben hatte die gemalte Tierwelt jedoch auch eine außerkünstlerische Bedeutung, sei es im praktischen Leben, in der Religion oder in der Mythologie. Ein wahres Verständnis der chinesischen Malerei erfordert damit auch eine Kenntnis des konventionellen Symbolsystems, in dem Tieren jeweils bestimmte symbolische Bedeutungen zugeordnet werden. Wenn uns Tierdarstellungen der Tuschmalerei vielfach emotionell stark ansprechen, so rührt dies nicht zuletzt auch daher, daß der chinesische Künstler eine Darstellung des Tieres in seiner natürlichen Umgebung anstrebt. Der von der

Affen am Toshogu-Schrein in Nikko. Die aus dem frühen 17. Jahrhundert stammende prunkvolle Darstellung dreier Japanmakaken, von denen sich einer die Augen, der zweite die Ohren und der dritte den Mund zuhält, soll eine wichtige Lehre der japanischen Mythologie symbolisieren. Diese fordert: »Böses nicht sehen, Böses nicht hören, Böses nicht sagen.«

chinesischen Malerei seit einem Jahrtausend bevorzugte Themenkomplex »Blume - Vogel« ist ein beredtes Beispiel hierfür. Vögel werden immer gemeinsam mit Pflanzen gemalt.

Ähnlich wie in China spielen auch in der Kunst Japans Tierdarstellungen eine große Rolle. Sie sind nicht nur Gegenstand der Malerei und des für Japan so charakteristischen Farbholzschnitts, sondern schmücken auch die verschiedenartigsten Gebrauchsgegenstände. Beim Vergleich chinesischer und japanischer Tierdarstellungen fällt allerdings vielfach ein wichtiger Unterschied auf. Während die der Chinesen einen mehr besinnlichen oder »lyrischen« Charakter zeigen, wirken japanische Tierbilder eher dynamisch auf den Betrachter.

Die mit dem Zen-Buddhismus verbundene monochrome Tuschmalerei der Japaner hat ihren Ursprung in der chinesischen Tuschmalerei. Sie wurde in der ersten Hälfte des 14. Jahrhunderts von dem Mönch Kaō begründet und übernahm mit den Methoden und ästhetischen Theorien der Chinesen auch deren Themen und Sujets. Unter ihrem Einfluß waren seit der Frühzeit der japanischen Tuschmalerei Themen des Genres »Blumen und Vögel« sehr beliebt. Diese Bilder waren wie die so wichtigen monochromen Landschaftsdarstellungen für die Japaner erhabene Objekte des ästhetischen Erlebens, in denen die Natur als Maß wahrer Schönheit empfunden wird.

Der japanische Farbholzschnitt geht auf die kalligraphische Tradition der Tuschmalerei zurück. Er entwickelte sich in der ersten Hälfte des 18. Jahrhunderts vom Schwarzdruck über kolorierte Drucke zum Vielfarbendruck, dessen Einführung Suzuki Harunabo zugesprochen wird. Herausragender Meister der Tierdarstellungen in Farbholzschnitten war Kitagawa Utamaro. Neben eindrucksvollen, überaus lebensnahen Vogelbildern schuf er auch Darstellungen von Reptilien, Fröschen, Insekten oder Muscheln. Von weiteren japanischen Künstlern, die Tiere darstellten, seien nur Kitao Masayoshi und Katsushika Hokusai erwähnt. Zu Hokusais Meisterwerken zählen die 15 Bände seiner Skizzenbücher »Manga«, in denen sich auch treffende Tierdarstellungen finden.

Das Tier in der europäischen Kunst

Die christliche Kunst des Mittelalters sprach Tierdarstellungen einen charakteristischen Symbolwert zu. So standen bestimmte Tiere für Gut oder Böse, Tugenden oder Laster, Christus und Maria, Teufel und Dämonen oder auch für die Sakramente. Da in der christlichen Tiersymbolik vor allem Hirsch, Lamm, Löwe, Adler, Pfau, Fisch, aber auch Fabeltiere wie Basilisk, Drache, Einhorn oder Phönix eine wichtige Rolle spielten, wurden sie häufig dargestellt.

Ihre Blütezeit erfuhr die christliche Tiersymbolik in der romanischen Kunst des 12. Jahrhunderts, die eine Fülle von Tierdarstellungen in der Architekturplastik, an Kultgeräten und in der Buchmalerei hervorbrachte. Im 13. Jahrhundert ging dann die Vorliebe für Tiere in der Kunst zurück. Nur in der Heraldik spielte der Symbolgehalt von Tierbildern weiterhin eine große Rolle.

Mit der Renaissance rückte wiederum der Mensch in den Mittelpunkt des künstlerischen Schaffens. Tierdarstellungen traten mit Ausnahme des Reitpferdes mehr in den Hintergrund. Die Hinwendung des Renaissance-Künstlers zur Natur brachte jedoch in der Darstellungsweise einen Umschwung, da die Erscheinung der Tiere nun mit großer Naturtreue erfaßt und wiedergegeben wurde. So finden wir in dem italienischen Meister Pisanello den ersten Vertreter einer modernen realistischen Tierdarstellung. Das genaue Studium der Natur führte zu den großartigen Pferdezeichnungen Leonardo da Vincis und zu Albrecht Dürers meisterhaftem Bild eines jungen Hasen.

In der Malerei des 16. und 17. Jahrhunderts boten mehrere Themenkomplexe dem Maler Gelegenheit zur künstlerischen Wiedergabe von Tieren. Neben Krippenbildern zeigten Szenen aus dem Landleben und der Jagd, Reiterbildnisse oder auch Landschaftsgemälde Tierdarstellungen. Ihren Höhepunkt erreichte diese Entwicklung in der flämischen und holländischen Tiermalerei des 17. Jahrhunderts, die das Tier ganz in den Mittelpunkt der Darstellung rückte.

Spannungsreich gestaltete Jagdstücke verdanken wir den Flamen Rubens, Snyders, Fyt und de Vos. Eindrucksvolle Reiterbildnisse malte Thomas de Keyser. Von großer Meisterschaft zeugen die Tierstücke des Holländers Paulus Potter, der vor allem Schafe, Ziegen, Rinder und Pferde malte, sowie die seines Landsmanns Melchior de Hondecoeter, dessen Hauptthema die Darstellung von Geflügelszenen war.

Dem Zeitgeschmack des 16. und 17. Jahrhunderts entsprechend trugen die Fürsten in ihren Kunstkammern und Schausammlungen kostbare Arbeiten des Kunsthandwerks und der Silberschmiede zusammen, unter denen sich zahlreiche kunstvolle Tierdarstellungen befinden. Diese wurden nicht selten unter Mitverwendung tierischer Materialien wie Straußeneiern, Molluskenschalen, Elfenbein oder Korallen hergestellt. Das Grüne Gewölbe in Dresden birgt eine Fülle von Schätzen dieser Art.

Mit dem 18. Jahrhundert begann eine Zeit, in der in zunehmendem Maße künstlerische Meisterschaft der Tierdarstellung mit genauer Naturbeobachtung verknüpft wurde. Namen wie Maria Sibylla Merian, Rösel von Rosenhof oder Johann Rudolf Schellenberg belegen, daß die Grenzen zwischen künstlerischer und wissenschaftlich-zoologischer Tätigkeit fließend wurden. Viele dieser Künstler, die sich vor allem auch als Buchillustratoren verdient machten, wandten ihre besondere Aufmerksamkeit erstmals auch wirbellosen Tiergruppen zu.

Einen hervorragenden Platz nehmen unter den Tierdarstellungen des 18. Jahrhunderts die Meißner Porzellanskulpturen Johann Joachim Kändlers ein. Er hatte im Auftrag Augusts des Starken eine umfangreiche Serie von Porzellantieren gestaltet, die vor allem zahlreiche Vogelarten, aber auch eine Reihe von Säugetieren darstellen. Diese Tierplastiken zeugen nicht nur von höchsten künstlerischen und technischen Fähigkeiten Kändlers und seiner handwerklichen Helfer, sondern auch von einem tiefgehenden Naturstudium des Künstlers.

Der Wechsel der Stilrichtungen im 18., 19. und 20. Jahrhundert wirkte sich naturgemäß auch auf die künstlerische Darstellung der Tiere aus. Während die Künstler des Klassizismus an solchen kaum interessiert waren, schufen Gericault und Delacroix als Vertreter der französischen Romantik sehr dynamische Tierbilder. Der Bildhauer Barye kündigte mit seinen leidenschaftlich bewegten Tierdarstellungen eine neue Ära der Tierplastik

Die Bronzepferde von San Marco in Venedig zeigen uns, daß die Darstellung des Pferdes seit der Antike als kunstwürdiges Thema betrachtet wurde.

an. Von einer realistischen Erfassung der Natur zeugen die Tierbilder Courbets und von Rayskis.

Während die Impressionisten das Tier als flüchtige, farbige Erscheinung wiedergaben, waren die Expressionisten bemüht, auch in Tierdarstellungen seelische Erlebniswerte zum Ausdruck zu bringen. Franz Marc machte in diesem Sinne das Tier zum Hauptgegenstand seiner Kunst. Es wurde ihm in seiner Ursprünglichkeit zum Gleichnis des Lebens und der Sehnsucht nach Menschlichkeit. Unter Verzicht auf naturalistische Details und unter Einsatz verfremdender Gestaltungsmittel gestaltete er seine stark emotional betonten Tierbilder.

Besondere Erwähnung verdienen die Tiermotive des Jugendstils, der bei seiner Vorliebe für organische Formen zwar vor allem pflanzliche Motive gestaltete, aber auch den großen Formenreichtum der Tierwelt erschlossen hat und sich nicht auf die Darstellung von Säugetieren oder Vögeln beschränkte. Der polnische Kunsthistoriker Mieczysław Wallis schildert uns eindrucksvoll, welche Beweggründe für die Auswahl dieses oder jenes Tieres durch die Jugendstilkünstler verantwortlich waren:

»Sie liebten Schwäne und Flamingos wegen ihrer biegsamen wellenförmigen Hälse, Schlangen wegen ihres langen sich windenden Körpers, Kraniche und Ibisse wegen ihrer schmächtigen Silhouetten, Fasane und Pfauen wegen der schillernden Farben ihrer Federn, Schmetterlinge wegen der kunstvollen Zeichnung und der delikaten Farben ihrer Flügel und Fledermäuse und Eulen, Marabus und Pelikane, Eidechsen und Salamander, Krebse und Krabben, Kraken und Seepferdchen wegen ihrer sonderbaren Formen. Sie liebten besonders jene Tiere, die bisher nicht als dekorative Motive verwendet worden waren. Und schließlich hatten sie eine besondere Vorliebe für Seesterne und Medusen ... Zwei Vögel erfreuten sich im Jugendstil besonderer Gunst: der Pfau und der Schwan. In keiner anderen Stilrichtung tauchten diese beiden Vögel so häufig wie im Jugendstil auf . . . Die Welt der Insekten repräsentieren in der Fauna des Jugendstils Schmetterlinge, Käfer und Grashüpfer. Bevorzugtes Motiv des Jugendstils ist hier jedoch die schnelle, sich über dem Wasser wiegende Libelle.«

Es ist bemerkenswert, daß die Künstler des Jugendstils bei ihrer Suche nach neuen, von der Kunst bisher nicht genutzten Motiven auch niedere Wirbellose wie Nesseltiere oder Stachelhäuter und mikroskopisch kleine Organismen wie Radiolarien in die dekorative Kunst und Grafik einführten. Mit der Schönheit und dem unerschöpflichen Formenreichtum dieser Mikrowelt wurden die Künstler durch den großen Zoologen Ernst Haeckel vertraut gemacht, der zu diesem Zweck 1899 bis 1904 sein großes Tafelwerk »Die Kunstformen der Natur« veröffentlichte. Im Vorwort schrieb Haeckel: »Die moderne bildende Kunst und das mächtig emporgeblühte Kunstgewerbe werden in diesen wahren Kunstformen der Natur eine reiche Fülle neuer und schöner Motive finden.« Diese Voraussage erfüllte sich bald.

Von den Künstlern des 20. Jahrhunderts seien noch August Gaul, Heinrich Drake und Renée Sintentis erwähnt, die hervorragende Tierplastiken schufen. Aufgrund sorgfältiger Naturbeobachtung verstanden sie es, Tiergestalten lebensnahe zu charakterisieren, wobei Renée Sintentis eine besondere Vorliebe für Jungtiere zeigte.

Tiere auf Briefmarken

Die künstlerische Darstellung der Tiere erreicht nirgendwo eine solche Breitenwirkung wie in der Kleingraphik der Briefmarke. Tiere gehören zu den häufigsten Markenmotiven, und Tiermotivsammlungen erfreuen sich bei den Philatelisten besonderer Beliebtheit. Die Gründe hierfür sind leicht einzusehen. Der große Reichtum an Formen und Farben im Tierreich und die Schönheit vieler Tierarten waren sicherlich ein wesentlicher Anlaß für Postverwaltungen und Sammler, sich diesen Motiven zuzuwenden. Tierdarstellungen auf Briefmarken können darüber hinaus mannigfachen Zwecken dienen.

Viele Ausgaben von Tiermarken bringen eine repräsentative Auswahl charakteristischer Vertreter der Fauna eines Landes. In manchen Fällen fanden einzelne Arten gewissermaßen als Firmenschild eines Staates Verwendung, so beispielsweise schon im Jahre 1851 bei den ersten Tiermarken. Kanada brachte damals Briefmarken mit dem Bild des kanadischen Bibers und die Vereinigten Staaten von Amerika solche mit dem Weißkopfseeadler, dem Wappenvogel der USA, heraus. Zahlreiche Briefmarken mit Abbildungen geschützter Arten werben für den Naturschutz, Sonderausgaben für zoologische Gärten, Tierausstellungen oder Reitsportveranstaltungen. Viele Markenserien stellen Haustiere, jagdbare und anderweitig nutzbare Tiere oder auch Schädlinge dar. In anderen Fällen werden Tierarten bestimmter Lebensräume abgebildet.

Es überrascht nicht, daß man für die Darstellung auf Briefmarken in den meisten Fällen solche Tiergruppen auswählte, die sich auch sonst allgemeiner Beliebtheit erfreuen, so neben Vögeln, Säugetieren und Fischen vor allem Schmetterlinge. Seltener sind Abbildungen von Reptilien, Mollusken oder Käfern. Die meisten Tiergruppen der Wirbellosen treten als Markenmotive stark in den Hintergrund, wenn auch gelegentlich Stachelhäuter, Nesseltiere oder Krebse dargestellt wurden.

In der Art der künstlerischen Gestaltung weisen die Tiermarken eine große Vielfalt auf. Während in den meisten Fällen die Tiergestalt in ihrer Gesamtheit abgebildet wird, gibt es nicht wenige Säugetierdarstellungen, bei denen der Künstler sich auf die Wiedergabe des Kopfes beschränkt hat, der ja bei ranghohen Säugetieren die Besonderheiten der Arten in eindrucksvoller Weise zum Ausdruck bringt. Neben naturalistischen Tierzeichnungen, auf denen oft der charakteristische Lebensraum mit angedeutet ist, finden sich von der Farbphotographie bis zur stilisierten Wiedergabe des tierischen Erscheinungsbildes die unterschiedlichsten Darstellungsformen. Nicht wenige Tiermarken können als graphische Meisterleistungen bezeichnet werden.

Markenausgaben und Tiermotive verdienen nicht nur als ästhetisch ansprechende Kleingraphiken Beachtung, sondern haben ohne Zweifel auch einen bemerkenswerten Bildungswert. Sie wecken das Interesse an den abgebildeten Tierarten und werben in weiten Kreisen für den Naturschutzgedanken. Tierbriefmarken vermitteln vielen Menschen einen Eindruck von der Formen- und Farbenvielfalt des Tierreichs und von der Schönheit vieler Tiergestalten. Nicht wenige Sammler haben beim Aufbau ihrer Motivsammlung den Weg zur wissenschaftlichen Beschäftigung mit der Tierwelt gefunden.

Das Tier in der Buchillustration

Es ist nicht möglich, das Aussehen eines Tieres durch Worte hinreichend zu beschreiben. Mit einer Beschreibung können wir nur einzelne Aspekte der tierischen Erscheinung herausgreifen, wie etwa Symmetrieverhältnisse, Körperproportionen oder die Färbung des Tieres. Für eine ganzheitliche Erfassung der Tiergestalt sind Abbildungen unabdingbar. Dies erklärt den großen Reichtum an Illustrationen, den wir in Tierbüchern, aber auch in der systematischen Literatur der Zoologen finden. Natürlich spielt daneben in vielen Fällen auch die Freude an dem unerschöpflichen Formen- und Farbenreichtum der Tierwelt eine wichtige Rolle für die oft überreiche Ausstattung der Bücher mit Abbildungen.

Die Geschichte der zoologischen Buchillustration ist ein fesselndes Kapitel der menschlichen Kulturgeschichte. Sie wurde in meisterhafter Weise von Claus Nissen dargestellt, der in seinen Werken dem Liebhaber schöner Tierbücher eine Fülle von Anregungen bietet.

Wir können annehmen, daß die Anfänge der zoologischen Textillustration in die Zeit des Hellenismus zurückreichen, obwohl keine illustrierten Papyrusrollen aus jener Zeit überliefert sind. Bei Aristoteles finden sich Hinweise auf Abbildungen, die möglicherweise in seinem verlorengegangenen Werk »Anatomiai« enthalten waren. Die Kopien solcher griechisch-hellenistischer Tierbilder sind wohl in byzantinischen Handschriften des 6. bis 10. Jahrhunderts erhalten.

Im Mittelalter trat für über ein Jahrtausend das Interesse an der Erforschung der Natur völlig in den Hintergrund. Dies änderte sich erst im 13. Jahrhundert, als man bei dem Bemühen um eine Aneignung und Weiterentwicklung des antiken Erbes auch die aristotelischen Schriften zur Zoologie wiederentdeckte. Die Abbildungen der illustrierten »Bestiarien« jener Zeit lassen freilich erkennen, daß sie nicht nach der Natur gestaltet wurden, sondern ohne innere Anteilnahme am Tier nach Vorlagen entstanden sind. Demgegenüber sind die detailreichen Vogelbilder in dem für die Zoologiegeschichte so bedeutsamen »Falkenbuch« des Kaisers Friedrich II. von Hohenstaufen kaum denkbar, ohne eigene Beobachtungen gemacht zu haben..

Die Hinwendung zur eigenen Beobachtung und naturgetreuen Wiedergabe der Tiere begann mit der Renaissance. Während die künstlerische Tierdarstellung in der Malerei bereits im 15. und zu Beginn des 16. Jahrhunderts mit den Tierbildern von Pisanello und Dürer einen unbestrittenen Höhepunkt erreichte, waren ihr in der Buchillustration noch enge technische Grenzen gesetzt. Wir finden zwar in den Bordüren von Stundenbüchern der niederländisch-flämischen Buchmalerei des 15. Jahrhunderts meisterhafte, lebenswahre Tierdarstellungen. In den gedruckten Büchern waren jedoch die Gestaltungsmöglichkeiten durch die Eigenart des verwendeten Holzschnitts begrenzt.

Die große Zeit der Tierillustrationen auf Holzschnitten begann in den Jahren von 1546 bis 1560 mit den Tierbüchern von Herr, Belon, Rondelet, Salviani und vor allem Gessner. Diese »Väter der Zoologie« erkannten erstmals den Wert exakter Abbildungen für Tierbeschreibungen. Das berühmte Tierbuch des schweizerischen Naturforschers Konrad Gessner, von dem 1551 bis 1558 die ersten vier Bände unter dem Titel »Historia animalium« erschienen, während ein fünfter erst 1587 nach Gessners Tod veröffentlicht wurde, förderte nachhaltig die Entwicklung der Zoologie. Seine Tierabbildungen haben die zoologischen Vorstellungen vieler Generationen geprägt. Separate Drucke der Tierbilder von Herr, Gessner und Belon entsprachen einem Bedürfnis weiter Kreise der Bevölkerung, die »ihr kurtzweil und ergötzlichkeyt in anschawung mancherley wunderbarlicher gestalten vielfältiger thier« (Herr) gefunden hatten.

Nach einem Jahrhundert der Vorherrschaft des Holzschnitts setzte sich im 17. Jahrhundert der Kupferstich als Reproduktionsmittel in den Tierbüchern durch. Die Tierillustrationen gewannen an Genauigkeit. Das Erscheinungsbild des Tieres, seine äußeren Merkmale, die Oberflächenstruktur und Farbgebung konnten nun viel naturnäher dargestellt werden. Die bald in großer Zahl herausgegebenen illustrierten Tierbücher wetteiferten in der Qualität ihrer colorierten Kupferstiche. Höhepunkte der Tierbuchkunst waren die um 1700 erschienenen Schmetterlingsbücher Maria Sibylla Merians, die 1746 bis 1761 herausgegebenen »Insekten-Belustigungen« des Nürnbergers Rösel von Rosenhof oder das 1758 erschienene Prachtwerk des Kopenhagener Hofkupferstechers Franz Michael Regenfuss über »Auserlesene Schnecken, Muscheln und andere Schaltiere«. Die wenigen von diesen Werken erhaltenen Exemplare zählen heute zu den bibliophilen Kostbarkeiten der Bibliotheken.

Abbildung einer Seite des 1705 erschienenen Tafelwerks »Metamorphosis Insectorum Surinamensium« von Maria Sibylla Merian, das einen Höhepunkt der Tierbuchkunst darstellt.

Eine besondere Erwähnung verdient die im Geiste der französischen Aufklärung entstandene geistvolle Naturgeschichte Buffons, die 1766 bis 1784 erschien. Diese zur Weltliteratur gerechnete »Histoire naturelle, générale et particulière« enthält in 36 Bänden nicht weniger als 1055 Tafeln mit Wirbeltierabbildungen, die von den bedeutendsten französischen Tiermalern geschaffen waren. Welche Bedeutung Buffons Naturgeschichte, von der zahlreiche Nachauflagen und Übersetzungen erschienen, für die Verbreitung der Tierkenntnis hatte, geht daraus hervor, daß sie neben der Encyclopädie von Bayle das zweithäufigste Werk in französischen Privatbibliotheken war.

Die ständige Zunahme der Artenkenntnis infolge zahlreicher Entdeckungsreisen und einer intensiveren Erforschung der Tierwelt der verschiedensten Gebiete verstärkte im 18. und 19. Jahrhundert das Bedürfnis nach reich illustrierten Monographien einzelner Tiergruppen oder Beschreibungen der Fauna bestimmter geographischer Regionen. Es erschien eine Vielzahl illustrierter Tierbücher, von denen zahlreiche bibliophile Kostbarkeiten darstellen. In buchkundlicher Hinsicht werden unter ihnen Insekten-, Schmetterlings-, Muschel-, Fisch-, Vogel, Pferde-, Säugetier- und Jagdbücher unterschieden. Der Kunstwert sowie die kultur- und wissenschaftsgeschichtliche Bedeutung der häufig zu Prachtwerken ausgestalteten Tierbücher beruhen vor allem auf ihren Illustrationen.

Die Erfindung der Lithographie leitete um 1800 eine Wende in der Illustrationstechnik ein, die dann im 2. Viertel des 19. Jahrhunderts den Kupferstich zunehmend aus der Tierillustration verdrängte. Ende der 30er Jahre war die einfach zu handhabende Lithographie das allgemein gebräuchliche Verfahren, das vor allem für die Illustration größerer Tiere verwendet wurde und mit seinen weichen Linien und feinen Schatten dem Künstler die Möglichkeit gab, Feinheiten des Haarkleides und Gefieders darzustellen.

So wie im 19. Jahrhundert der Kupferstich von der Lithographie verdrängt wurde, ersetzte im 20. Jahrhundert die Tierphotographie handgezeichnete und handcolorierte Tierillustrationen. Mit der Vervollkommnung der photographischen Technik wurde die Tierphotographie nicht nur zu einem unentbehrlichen Mittel der Dokumentation und Illustration von Tierbüchern, sondern zu einem Forschungsmittel, das neue Wege zum Verständnis der tierischen Erscheinung erschließt. Sie ermöglicht es, das Aussehen eines Tieres in allen Feinheiten naturgetreu wiederzugeben und seine vielfältigen Lebensäußerungen dokumentarisch zu erfassen. Eine ständig wachsende Zahl von Tierbüchern mit meisterhaften Farbphotos macht heute die Wissenschaftler und Tierfreunde in aller Welt mit der faszinierenden Schönheit der Tiere vertraut und mahnt, den nahezu unerschöpflichen Reichtum ihrer Formen und Farben durch den Schutz der Natur unserer Nachwelt zu erhalten.

Bildquellen

Ch. V. Angelo / OKAPIA S. 143
T. Angermayer (Archiv H. Lange) S. 118, 133
T. Angermayer / OKAPIA S. 77
K. Atkinson / OKAPIA S. 28, 146
Bassot / OKAPIA S. 91
BAVARIA / TCL S. 16, 33, 40, 87 unten, 93, 98, 100/101, 126, 179
G. I. Bernard / OKAPIA S. 29, 67
R. Binder / BAVARIA S. 15, 195
P. Da-Costa / OKAPIA S. 21, 84
S. Dalton / OKAPIA S. 58, 72, 181
J. McDonald / OKAPIA S. 174
D. Faulkner / OKAPIA S. 142
Fiore / BAVARIA S. 191
M. Fogden / OKAPIA S. 127, 128, 136
H. Fox / OKAPIA S. 51 rechts oben u. unten
M. Gibbs / OKAPIA S. 130
R. Günther / OKAPIA S. 60
J. Härtl (Verlag M. Herpich, München) S. 12
K. Hilgert / OKAPIA S. 8
T. McHugh / OKAPIA S. 75, 87 oben
M. P. Kage / OKAPIA S. 26, 112
H. Lange S. 184
W. Lummer / OKAPIA S. 105
A. Martinez / OKAPIA S. 145
L. Noll / OKAPIA S. 124
OKAPIA (Special Overseas) S. 51 links oben u. unten
P. Parks / OKAPIA S. 90
H. Pfletschinger (Archiv H. Lange) S. 155
F. Pölking / OKAPIA S. 107
R. Redfern / OKAPIA S. 139
B. Reif / OKAPIA S. 97 oben
H. Reinhard S. 158
H. Reinhard (Archiv H. Lange) S. 71 unten, 119, 122, 162, 171 oben
H. Reinhard / OKAPIA S. 43, 86, 159 links, 168
Nils Reinhard / OKAPIA Umschlagbild
E. Robinson / OKAPIA S. 125
E. S. Ross S. 45
W. Rüter / OKAPIA S. 53
G. B. Sandved / OKAPIA S. 97 unten
Kjell Sandved / OKAPIA S. 2/3
F. Sauer / OKAPIA S. 71 oben
Schörlitz S. 18, 79, 80, 82, 199
Schrempp / OKAPIA S. 137
Superbild (H. Schmidbauer) S. 123
H. E. Uible / OKAPIA S. 76
W. Weinhäupl / OKAPIA S. 36
T. Why / OKAPIA S. 54
ZEFA (Barrett & Mackay) S. 69
ZEFA (Bauer) S. 138, 165
ZEFA (Bell) S. 52, 102, 176
ZEFA (G. Black) S. 117
ZEFA (Boiselle) S. 37
ZEFA (J. Brandenburg) S. 106
ZEFA (Brockhaus) S. 73, 83, 159 rechts
ZEFA (Damm) S. 187
ZEFA (Danegger) S. 171 unten
ZEFA (J. McDonald) S. 160 links
ZEFA (First) S. 189
ZEFA (Flury) S. 56
ZEFA (Hackenberg) S. 13
ZEFA (Heintges) S. 182
ZEFA (Herzog) S. 68
ZEFA (Horus) S. 175
ZEFA (Lange) S. 121
ZEFA (Lanting) S. 96, 160 rechts
ZEFA (L. Meier) S. 85
ZEFA (F. Nicklin) S. 63
ZEFA (F. Patterson) S. 27
ZEFA (Studio Pierer) S. 193
ZEFA (H. Reinhard) S. 116, 140, 141, 163
ZEFA (Schafer) S. 120
ZEFA (Spichtinger) S. 104
ZEFA (W. Tolhurst) S. 103
ZEFA (Wisniewski) S. 180

Tafeln:
Cepičkă S. 167, Fig. 2–6, 8
Claus/Grobben/Kühn S. 23, Fig. 2
Fauvel S. 148, Fig. 2 u. 3
Gerstäcker S. 148, Fig. 7 u. 8
Ghiradella S. 78, Fig. 11–13
Grell S. 23, Fig. 4
Gruner S. 41, Fig. 1–4, 8
Grzimek S. 167, Fig. 7
Haeckel S. 144, Fig. 1–5, 7, 8
Haecker S. 148, Fig. 3
Haltenorth u. Diller S. 161, Fig. 1–3, 6, 7
Haupt S. 46
Kaestner S. 23, Fig. 3–6, S. 144, Fig. 7
Poisson S. 115, Fig. 1–3, 5, 10
Portmann S. 78, Fig. 1–9
Rensch S. 41, Fig. 5–7, 9, 10
Weber S. 78, Fig. 10, S. 115, Fig. 4, 6–9, 11–14
Woltereck S. 148, Fig. 1

Register

Kursiv gesetzte Ziffern weisen auf Abbildungen hin.